佐藤康行
sato yasuyuki

# タイ農村の村落形成と生活協同

新しいソーシャルキャピタル論の試み

めこん

# 目次

主要訳語・地方行政・単位・仏暦・5

序章　タイ農村研究と本書の課題 ................................. 7
　　タイ農村研究の経緯 ....................................... 7
　　本書の課題 ............................................. 10
　　分析視角 ............................................... 16

## 第1部　村落形成と住民組織

　　第1部の問題設定 ......................................... 25

### 第1章　北タイ農村 1 ........................................ 35
　　　──ランプーン県ターカート村の事例
　　1. 調査地の概要 ......................................... 35
　　2. 村役員と村落委員会 ................................... 37
　　3. 寺院と小学校・保育園 ................................. 41
　　　　3.1. 寺院・41 ／ 3.2. 小学校・47 ／ 3.3. 保育園・49
　　4. 村仕事と共有地 ....................................... 50
　　　　4.1. 村仕事・50 ／ 4.2. 共有地・51
　　5. 住民組織 ............................................. 52
　　　　5.1. 村落内住民組織・52 ／ 5.2. 村落を越える住民組織・53
　　6. 考察 ................................................. 56

### 第2章　北タイ農村 2 ........................................ 65
　　　──チェンマイ県トンケーオ村の事例
　　1. 調査地の概要 ......................................... 65
　　2. 村落の構成と運営 ..................................... 67
　　　　2.1. 村長の仕事・67 ／ 2.2. 村落委員会と組・70 ／ 2.3. 村仕事と共有地・72

  3. 寺院と小学校・保育園 ……………………………………………… 74
    3.1. 寺院・74 ／ 3.2. 小学校と保育園・76
  4. 住民組織 ……………………………………………………………… 78
    4.1. 村落内住民組織・78 ／ 4.2. 村落を越える住民組織・80
  5. バーンの守護霊 ……………………………………………………… 83
  6. 考察 …………………………………………………………………… 83

## 第3章　東北タイ農村　1 ……………………………………………… 93
  ——ローイエット県ラオカーオ村の事例
  1. 調査地の概要 ………………………………………………………… 93
  2. 村落の運営と守護霊儀礼 …………………………………………… 94
  3. 寺院と小学校 ………………………………………………………… 96
  4. 住民組織 ……………………………………………………………… 99
    4.1. 村落内住民組織・99 ／ 4.2. 村落を越える住民組織・101
  5. 考察 …………………………………………………………………… 102

## 第4章　東北タイ農村　2 ……………………………………………… 107
  ——ローイエット県旧サワーン村の事例
  1. 調査地の概要 ………………………………………………………… 107
  2. 農村開発の経過 ……………………………………………………… 111
  3. 村落委員会と組 ……………………………………………………… 114
  4. 寺院と小学校 ………………………………………………………… 117
  5. 住民組織 ……………………………………………………………… 121
    5.1. 村落内住民組織・121 ／ 5.2. 村落を越える住民組織・130
  6. 守護霊儀礼と舟競技の祭り ………………………………………… 131
  7. 考察 …………………………………………………………………… 134

## 第5章　農業協同組合の発展に関する比較研究 ……………………… 143
  1. 問題の所在 …………………………………………………………… 143
  2. 協同組合と農業・農協銀行の歴史的経緯 ………………………… 146
  3. ポーンサーイ農業協同組合 ………………………………………… 149
  4. サンパトーン農業協同組合 ………………………………………… 154
    4.1. 農業の概要と農協の歴史的経緯・154 ／ 4.2. 組織と事業内容・156 ／
    4.3. 福祉厚生事業・159
  5. 考察 …………………………………………………………………… 161

# 第2部 土地利用と生活協同

　第2部の問題設定 ................................................................ 171

## 第6章　北タイ農村 1 ........................................................ 181
### ——ランプーン県ターカート村の事例

　1. 調査地と農業の概要 ........................................................ 181
　2. 土地利用と生活の協同 ...................................................... 183
　　　2.1.「共働・共食」・184 ／ 2.2.「共働」・185 ／ 2.3. 無償の経営委託・188 ／
　　　2.4. その他の生活協同・189
　3. 考察 ...................................................................... 191

## 第7章　北タイ農村 2 ........................................................ 199
### ——チェンマイ県トンケーオ村の事例

　1. 調査地と農業の概要 ........................................................ 199
　2. 土地利用と生活の協同 ...................................................... 204
　　　2.1.「共働・共食」・204 ／ 2.2. 無償の経営委託・205 ／
　　　2.3. 有償の経営委託・207 ／ 2.4. その他の生活協同・211
　3. 考察 ...................................................................... 214

## 第8章　東北タイ農村 1 ...................................................... 221
### ——ローイエット県ラオカーオ村の事例

　1. 調査地と農業の概要 ........................................................ 221
　2. 土地利用と生活の協同 ...................................................... 222
　　　2.1.「共働・共食」・222 ／ 2.2. その他の生活協同・225
　3. 考察 ...................................................................... 229

## 第9章　東北タイ農村 2 ...................................................... 235
### ——ローイエット県旧サワーン村の事例

　1. はじめに .................................................................. 235
　2. 土地利用と生活の協同 ...................................................... 235
　　　2.1.「共働・共食」・235 ／ 2.2. その他の生活協同・238
　3. 考察 ...................................................................... 243

終 章　タイ農村の村落形成と生活協同 ...................... 247
　　　──ソーシャルキャピタル論の観点から

引用文献・273／索引・279

あとがき ...................... 285

【調査地の場所】
A　ランプーン県メーター郡ターカート行政区ターカート村
B　チェンマイ県サンパトーン郡マカームルアン行政区トンケーオ村
C　ローイエット県ポーンサーイ郡ヤーンカム行政区ラオカーオ村
D　ローイエット県ポーンサーイ郡シーサワーン行政区旧サワーン村

## 【主要訳語】

タンボン評議会　sapha tambon　1994年に廃止されるまで存続していた行政区レベルの会議で、村長の互選で選ばれた行政区長が議長をし、各行政村の村長のほか区医務員（行政区長の任命）1名、書記として小学校の校長が1人参加するほか、郡役所から開発担当官や保健指導員らが出席して構成されていた。

タンボン自治体　O Bo To: ongkan borihan suwan tambon,　英語TAO: Tambon Administrative Organization　タンボン評議会に代わって1994年に法律が制定された「タンボン評議会・タンボン自治体法」に基づき、地方行政を構成する行政区（tambon）に法人格が付与され、タンボン自治体という地方自治体が新しく組織された。タンボン自治体委員会では、区長や村長のほか各行政村から2名ずつ選ばれた人が出席して毎年行政区の予算が審議されている。村長以外の新しい2名の人をオーボートー（O Bo To）と一般に称している。

行政区長　kamnan　複数の行政村から成る行政区の長（kamnan）で、村長どうしの互選で4年ごとに選出される。

村長　phu yai ban　行政村の村長で、4年ごとに住民の選挙で選ばれる。

村落委員会　khana kamakan muban　村長のほか、村長が任命した副村長や相談役、組長など村の主な役員から構成されている村の主要な事柄を決定している会議。1983年にこうした機能が内務省によって規定された。

住民会議　prachum muban, prachum caoban　村長が召集し村人が参加して開かれる村の会議。

組　khet, khum　村の中で近隣の居住ごとに区分されている、行政指導で作られた単位。

中央基金ないし村落基金　ngoen kan klang　1980年代から作られた村が保有している資金。

地方開発促進事務所　Ro Pho Cho: samnakngan rengrat phatthana chonnabot　地方の道路敷設を主に手がけて農村開発を実施している内務省の下部機関。2001年に災害復興局等に統廃合された。

農業・農協銀行　Tho Ko So: thanakhan phuea kan kaset lae sahakon kan kaset,　英語BAAC: Bank for Agriculutre and Agricultural Cooperatives　1966年に設立された政府系金融機関で、農民に資金を貸し出す業務を中心としている。

地区基礎保健センター　So So Mo Cho: sun satharanasuk munthan chumchon　行政村ごとに保健ボランティアが保健医療活動をする施設の呼称。

保健ボランティア　O So Mo: asasamak satharanasuk muban　第4次国家経済社会開発計画（1976～81年）によって設置が義務づけられたもので、行政村ごとに村人が自分たちの中から選挙で選ぶ保健医療関係に従事する人。有給ではなく無給であるため、ボランティアと称されている。2002年から保健ボランティアは地区住民10人に1人の割合で選ぶように人数が増員された。さらに、2007年からは保健ボランティアの中から熟練した者（O So Mo Cho）を3名選ぶことになった。

内務省地域開発局　Krom kan phatthana chumchon, Krasuang mahat thai,　英語CDD: Community Development Department　内務省にはじめ1962年に設置されたが、その後改変されて地方行政局に置かれた。農村コミュニティの開発と住民参加を促し、コミュニティ・ビジネスを促進させることなどを主要な仕事にしている。

世帯基礎調査票　Khomun khwam campen phuntan kong khrua ruoen　内務省が毎年実施している世帯調査を指す。主として、世帯員の調査のほか、所有しているものや収入を調査している。

## 【地方行政】
国──県（cangwat）──郡（amphoe）──行政区（tambon）──行政村（muban）
　日本の現在の行政用語を適用してムーバーン（muban）を行政区、タンボン（tambon）を行政村という訳語をあてる人もいるが、ムーバーンを村落という観点から理解する本書はムーバーンを行政村、タンボンを行政区という訳語をあてている。

## 【単位】
1ライ（rai）　　0.16ヘクタール
1クィエン（kwian）　　1,000キロ、2,000リットル
1タン（thang）　　10キロ、20リットル
1ガーン（ngan）　　4分の1ライ
1ターラーンワー（talan wa）　　100分の1ガーン、4平方メートル（4m$^2$）
1バーツ（baht）　　1990年時は1バーツ約6.5円であった。

## 【仏暦】
仏陀の生誕から数えた年次で、西暦に543年を加えた年である。


写真はすべて各章の当該の調査地において調査期間中筆者が撮影したものである。

# 序章
# タイ農村研究と本書の課題

## タイ農村研究の経緯

　1989年のことであった。タイのコーンケン大学の先生が博士号を取得するために新潟大学に留学していたのを知り、知り合い数人で彼からタイ語を学ぶことにした。わたしたちがタイ語を学ぶことができるばかりでなく、彼を経済的に支援できるということでタイ語を習うことにしたのである。そして、タイ語をせっかく学んだのでそれを活かして研究できないかと思い、タイ農村調査をしてみたいと考えた。その後、幸運にも松下国際財団(1989年前期)に申請したタイ農村調査研究が認められたのをきっかけに、1990年に6ヵ月ほど北タイ農村調査をおこなった。これがわたしのタイ農村調査のはじまりであった。

　それまで、わたしは大学院在学中から日本の農村・漁村における家族と村落の構造と変容を主たる研究課題として社会学の調査研究をおこなってきた。その際、名もない普通の人々の生活史から歴史を把握しようとアナール派にならい歴史的に変化しにくいものと変化しやすいものに分けて重層的にものごとを把握するアプローチを採用してきた[佐藤康 2002: 4,6,8]。かかる課題を研究するためには日本社会の歴史的研究と同時に、さらに日本以外の外国研究が不可欠であると考えていた。つまり、いったん日本を離れて別のフィールドを研究しなければ、日本社会の特質を深く理解することはできないと思っていた。そうしたことを考えていたところ、タイ農村調査の機会に恵まれたのである。

　現在、タイ農村調査を始めてからおよそ19年余が経過した。その間、北タ

---

1　本書では、「わたし」という1人称を使用している。エスノグラフィーを書くのがほかならぬ「わたし」であるという点を重視しているからである[ティム・メイ 2005: 252]。

イ農村から東北タイ農村に調査地を移した。北タイよりも東北タイ農村のほうが伝統的な農村生活が残存しており、伝統と変化をよりはっきりと知ることができること、そして異なる地域も調査しなければわからないことが多いと判断したことが、東北タイに調査地を移した理由である。そうして1995年から東北タイ農村調査に取り組んだ。そのとき調査したムラがたまたまクメール語を母語とする人々が住んでいたのである。それがきっかけで、その後クメール人の農村研究をするため、1998年からスリン県の農村にフィールドを移した。クメール人の研究をこころざした理由は、クメール人のおこなう儀礼がそれまで見てきた儀礼と違うことに興味を持ったことにある。そしてその後、クメール人の農村研究の実証的データそれ自体がきわめて少ないことを知った。そのクメール人の農村研究はその後毎年調査に通い、その成果をいちはやく出版する機会に恵まれた [Sato 2005]。

　本書は、わたしが初めてタイ農村調査をおこなってからスリン県でタイ・クメール農村研究をおこなう以前までのタイ農村調査の成果をまとめたものである。時期で言うと、1990年から1997年までの期間である。本書に収録されている論文には、調査地として北タイ農村と東北タイ農村の両方が含まれている。北タイ農村はランプーン県とチェンマイ県の2ヵ所、東北タイ農村はローイエット県の2ヵ所である。ローイエット県の調査地は、1つがクメール語を母語とする人々のムラであり、もう1つがラーオ語を母語とする人々のムラである。

　タイ農村研究の経緯を振り返ると、欧米の研究が先行している。現在から見ると、1940年代に開始されたコーネル大学チームのバーンチャン研究がタイ農村コミュニティ研究の中で重要な位置を占めている。日本人のタイ農村の研究は、1950年代までは主として文献に依拠した研究にとどまっていた。文化人類学の分野では岩田慶治 [1966] や綾部恒雄[1971]、社会学の分野では水野浩一 [1981] らがタイ農村の実証研究を開始したのは1950年代から60年代にかけてである。彼ら先駆者がこれまですぐれた研究成果をあげてきたことはつとに

---

2　故綾部恒雄氏から生前、石井米雄氏や岩田慶治氏らと一緒に「稲作民族文化総合調査団」の一員として参加した1957年時の旅の話をおうかがいする機会があった。石井氏も触れられているが [石井 2003: 69]、それはとても面白い旅であり貴重な経験を拝聴することができた。また、先生のお宅におじゃまして身近に接する機会を持てたこともわたしにとって勉強になった。故綾部先生をはじめ、ご家族に感謝申し上げる。

知られているところである。

　タイ人の研究者自身がタイ農村を本格的に調査し始めたのは1970年代からであろう。その代表者はチャティップ・ナートスパーである。タイ人研究者の著書や論文は、当初英語で書いたものだけが外国の研究者から注目されていたが、現在はタイ語で書いたものも注目されつつある。タイ人研究者の数はしだいに増え、タイ語文献も併せて増えている。また、研究対象は農村ばかりではなく、政治や経済、宗教、民族、都市、環境、NGOなどの社会運動、サブカルチャーなど社会の下位分野にも進み、もはや農村研究が主流ではなくなった。にもかかわらず、どうして農村研究をいまさら世に出すのかと問われるかもしれない。その理由は、農村がタイの社会と文化を理解する上で依然として基礎を成していると考えられるからである。

　タイ農村研究は、これまで水野浩一[1981]や北原淳[1990]、口羽益生[1990]、Tanabe[1994]、重冨真一[1996]らをはじめ、すぐれた研究が数多く世に出ている。彼らの農村研究に何を付け加えることができるのか。このことが後身の課題であった。調査結果を整理してみたものの、どのようにまとめるのかという点で思考錯誤した。それが本書の出版が遅れることになった主たる原因である。1冊の本としてまとめるきっかけになったのは、鈴木規之氏と櫻井義秀氏、岩佐淳一氏らと2005年から始めたタイ市民社会論研究である[鈴木 2006; Sato 2008]。この共同研究を通して、農村の住民組織が市民社会を形成する上で重要な社会関係を形成する基盤になるかどうかを考えたことがきっかけになった。この共同研究がパットナムらのソーシャルキャピタル論を検討する機会になった。そしてソーシャルキャピタル論を勉強して考えたことは、ソーシャルキャピタルは社会によって相違するため、社会の違いを踏まえてソーシャルキャピタルの相違を明確にする必要があるのではないかと考えたことにある。このことが直接の契機になった。

　親子関係やキョウダイ、友人関係などが人々の基礎的な関係性を築いている。しかし、それはいつでもその関係が同じであるとは限らない。それでは、どのようなソーシャルキャピタルとして維持されるのか。関係が再生産されるプロセスを通してソーシャルキャピタルを検討しようと考えたのである。家族や住民組織をソーシャルキャピタル論の観点から検討した上で、それらを農民自立

論ないし市民社会論へつなげるという方向性が見えてきた。こうした理論的整理に目途が立ったことがデータを整理する枠組みになっている。くわえて、10年以上前のデータであるタイ農村の調査研究を出版しようという気持ちになったのは、グローバル化によって急激に変化する現在を深くとらえようとすれば、やはり過去の実証的なデータが不可欠であると考えたことによる。というのも、タイ政府の統計データが実にいいかげんであることを知ったからである[3]。

しかしながらタイ地域研究をしていて思うことは、実証的データの提示を重視する人が多いことである。その理由は、アジア社会研究の場合データを整理する適切な理論がないことがあげられる。そのため、データだけでもしっかり残しておこうとする姿勢が強くなる。本書にもそうした姿勢がある。他方、それと同時に、理論的整理も重要であると考えている。それは、単なるデータの提示ということはありえず、なんらかの観点に立ってデータは収集され提示されているからである。そう考えると、理論的枠組みをきちんとすることがいかに重要なことかがわかる。と同時に、狭いタイ地域研究としてではなく、第三世界論を含めて幅広く現代社会論の中で議論すること、あるいはそれにつなげて論じることが大切だと考えたことによる。

## 本書の課題

本書の内容は、主として次の2つの課題から構成されている。

1つは、タイ政府が農村開発を介して行政村を組織化したことによって、タイ農村において村落が形成されたことを明らかにすることである。近代以降に

---

[3] スリン県のある村で悉皆調査をした際、村役員が保管していた世帯基礎調査票（khomun khwan campen phuntan kong khrua ruoen）を閲覧し調査結果と照合したことがある。この調査票で記載している村人の年収が毎年同じなので村長らに質問した。村長らが説明するには、「村人に渡して記入させると間違いが多いので自分たちですべて記入する」とのことであった［Sato 2005: 278］。この調査票は、国が実施している調査で、家族員の氏名や年収などを記入して役所に提出する原票である。つまり、国家統計局が集計するデータの原票である。ほかの村でも同じように村長らが記入しているかどうか、悉皆調査した村ごとに尋ねたが、わたしが調査した村のすべてで村長ら役員が自分たちで記入していた。その結果、国のデータがそれほど信用できないことがわかったため、きちんとしたデータを残していくことが重要であると考えた。

おいても、タイ農村は政府から支援を受けることなく長いあいだ放置され、中央の政治は農民にとって縁遠いままであった［橋本 1992: 121］。村長はいても、それは名ばかりで行政上の仕事をほとんど何もしなかった。タイ政府からすると、そのことは政府が農民を掌握することができないことを意味した。そのため、行政にとって近代化を進める上で農民とのパイプを効果的に形成することが重要な課題となったのである。

タイ政府が1960年代から国家経済開発計画を進めたことが、タイが近代化を遂げるにあたって1つの画期を成している。1960年代の農村開発は反共対策という側面もあり治安維持とインフラ整備に重点が置かれた。これは1970年代前半まで続いた［ポンピライ 1992: 161; 重冨 1996: 222-223］。1970年代前半以降は、実際に農民に精米組合や貯蓄組合を作らせて農村開発を進めた。しかし、農民の組織化を行政区（タンボン）レベルで進めたため失敗することが多かった。その後1980年代以降は、そうした米銀行や貯蓄組合を行政村レベルで農民を組織化することに変更した。同時に、1970年代以降は青年会（klum yawachon）を、1980年代以降は婦人会（klum mae ban）を各村に作らせ農村開発を側面からサポートする態勢を整えた。

村落形成において転機になったのは、1983年に内務省が村落委員会を村長の単なる諮問機関から実施機関に移行させたことである［重冨 1996: 203］。これによって、村人自身が村落委員会を通して村を統治する制度が整えられた。その結果、行政村を行政の末端機構として実質的に機能させることができるようになった。と同時に、村人が自分たちの手で村を統治する態勢を整えた。それでは、タイ農村が行政村を介して村落が形成されたということは、具体的に村がどのような組織になったのであろうか。この組織の具体的な姿を把握することを最初の課題にした。

農村開発が政治的に進められるとともに市場原理が農村末端にまで入り込み、農民どうしの助け合いがなくなるにつれて、知識人の一部の人が農村文化を評価し始めた。チャティブ・ナートスパーをはじめとする共同体文化論者は、タイの農村の中に相互扶助の精神（ナムチャイの心）を見出し、それをタイ人が持っている共同体の文化として助け合うことの重要性を説いた［チャティブ 1992］。しかし、その主張は理念であり現実の姿ではないという批判を受けている［北

原 1996]。他方で、ムラにある精霊や仏教の信仰を介して人々は結びついているという見解 [Tambaih 1970; 水野 1981] や、ムラの守護霊を媒介にして有意味な空間を成しているという見解 [矢野 1984; Seri with Hewison 1990; Utong 1993; 重冨 1996: 4章; 佐藤康 2007] などが出されている。こうした動向は、精神的絆を媒介にして農村をあらためてとらえる必要性があることを示している。

　本書の第1部は、タイ行政が政治的に行政村を形成し、その結果として村落が形成された点を取り上げている。それのみならず、村人の精神的側面にも焦点を当てて村落をとらえようとした。つまり、村人にとってムラとは何かを内的かつ外的な両面からとらえようとした。ムラの守護霊儀礼や寺院の役割などを取り上げたのはここに理由がある。農村開発政策を通して行政村が整備され村落が形成されるにいたったとすれば、村落とはどのような構造をしているのか。つまり、どのような組織ができたのか。それによって人々の関係がどのように変容したのか、あるいは変容していないのか。このことの意味を住民の具体的な生産と生活の中で詳細に明らかにする必要がある。本書の第1部の課題は、以上のように、タイ農村の村落形成のあり方を明らかにすることである。

　もう1つの課題は、ソーシャルキャピタルの観点から農村住民がいかなる関係性のあいだでどのような生産と生活の協同を営んでいるのかを明らかにすることである。上記のような農村研究は、農村開発にとって村落や住民組織が受け皿になることができるか否かという点に関係する。この点は、アジアやアフリカの農村開発全般を考える場合にも参考になる。現在、国際機関による開発論はソーシャルキャピタル（社会関係資本）論の観点から論じられている（世界銀行、OECD、JICAなど）。人々の信頼関係を介して組織作りをおこない、開発の受け皿を作る方法に注目が集まっている。こうした手法を用いた開発として、

---

4　世界銀行（World Bank and Civil Societyのホームページ）、OECD［OECD 2002］、JICA『ソーシャル・キャピタルと国際協力――持続する成果を目指して――』2002年を参照されたい。また、国際連合や世界銀行、英国国際開発省などは持続的生計アプローチ（sustainable livelihood approach）を農村に居住する人々の貧困問題を解決する理論的手法として採用してきた［Turton 2000］。この中で貧困解決に有用なものとして人的資本・物的資本・自然資本・経済（金融）資本と併せて社会関係資本（ソーシャルキャピタル）が位置づけられている。この手法におけるソーシャルキャピタル概念は、必ずしもコールマンやパットナムらのそれと同じではない。なお、日本でもJICAが同様の手法を重視してきた経緯がある［田中 2007］。持続的生計アプローチは大勢の研究者によって初めて可能になる学際的アプローチである。しかし、本書は個人による社会学的研究であるため、このアプローチを採用していない。

アフリカ開発会議 (TICAD) でもマイクロ・クレジットの手法が取り入れられているし、バングラデシュのグラミン銀行などはその成功例として有名である [坪井 2006]。

　そこで、わたしはソーシャルキャピタル論の観点から次のような問いを立てアプローチしようと考えた。実際には住民組織は、組織運営がうまくいっているところとうまくいっていないところがある。それでは、その両者を分けるものは何なのか。言い換えれば、住民組織が成功しているケースは、どのような条件や事情によるのか。あるいは、失敗しているケースはどのような条件や事情の下で失敗したのか。すなわち、成功したり失敗したりするコンテキストを明らかにすることが大切であると考えた。こうした条件や事情、コンテキストは人間関係だけに関係しているわけではなく、組織を運営する能力や技術、知識などの人的資本にも関係している。そこで、ソーシャルキャピタルだけでなく人的資本なども視野に入れて議論していく。

　さらに、ソーシャルキャピタル論の観点からもう1つこころみようと考えている。それは、農村家族ないし親族に焦点を当てたソーシャルキャピタル論である。家族を成す親子とキョウダイの関係がタイ社会を理解する上で基礎である [赤木 2008 (1989): 47]。農村の中で人々が結ばれるのは、どのようなソーシャルキャピタルによるのか。なんといっても第一に家族の協同にある。とりわけ家族の一体は食事、同じ釜の飯を食べることに象徴されている。

　タイ農民は家族農業を基軸に生産と生活を営んできた。現在でもこの姿は基本的に変わらない。タイ人が家族 (khrop khrua) という言葉を用いるようになったのは、それほど古いことではない。現在でもクメール語を話す人々のムラでは、家族というタイ語はあまり使われていない [佐藤康 1999: 31-33; Sato 2000: 111; Sato 2005: 99-100]。エスニック・グループごとに話す言葉が違うし歴史的にもタイ語が普及しタイ語を話すようになる時期が異なるので容易に一般化はできないが、わたしの調査から得られたことを一般化して言えば、人々が昔から使用してきた言葉は世帯 (khrua ruoen) であった。世帯という言葉は、クメール語では世帯をマックロー (maklow) と、ラーオ語ではヒエン (hien)、ラーオ・ソーイ語ではファン[5]とそれぞれ称されてきた。ここで「世帯」と呼んでいるものは協

---

[5] ラーオ・ソーイ語のファンについては[チャウィーワン 1998: 66]を参照されたい。

同労働の単位であり消費の単位である。その後、子供が結婚し分かれて住むようになっても、それは親と子を結ぶ「近親ネットワーク」とでもいう関係にある。水野は、その世帯集団を「屋敷地共住集団」と呼んだのである。

親と子そしてキョウダイが同一の世帯を成している。この関係を表す言葉は古くから使用されてきた。前述したように、親子とキョウダイの関係がなかでも重要である。キョウダイは、クメール語ではバンパオン (banpaong)、クーイ語ではセムサイ (semsai) とそれぞれ言われているが、それは同時に親族を表す言葉でもある。そのことから、キョウダイという言葉は親族にまで拡大して理解できる意味を含んでいたことがわかる。タイ語では早くにキョウダイと親族の用語が別々になったのでわかりにくいが、クメール語やクーイ語は現在でもまだ両方を同じ用語で表している [佐藤康 1999: 33]。このことは、キョウダイが親族のはじまりを意味していることを示唆しているのではないだろうか。

タイ農民の基礎的関係性をソーシャルキャピタルの観点から把握することはこれまでおこなわれてこなかった。ソーシャルキャピタルの観点から人々の関係性を検討することは、どのようなソーシャルキャピタルがあるときに関係が維持されるのかというコンテキストを明らかにすることになる。というのは、親子やキョウダイは最初からどのようなソーシャルキャピタルを持っているのか、そしてそれがどのようなプロセスで衰退したり消滅するのかということを考えることになるからである。関係性はけっして自明ではない。それが自明であるように見える仕組みがあると考えられる。関係を築くプロセスの中でソーシャルキャピタルをとらえることが必要である。かくして親子、キョウダイの互助関係ないし協同関係の内実を明らかにすることによって、ソーシャルキャピタル論を展開することを企図した。この視点に基づく研究は、農村開発を考える上でいかなる関係性がどのようなソーシャルキャピタルによって結ばれているかを考えることにつながる[6]。

以上のようなこころみは、農村開発がますます重要性を増しつつあるなかで、農民が自立する条件について考えることにつながる。近代化の結果、農民は市

---

[6] 親子やキョウダイのネットワーク研究は既に日本では蓄積がある [野沢 2001]。しかし、高齢者世帯と子世帯の研究はあるが、親子関係やキョウダイ関係それ自体の研究は以外と少ない。また、ソーシャルキャピタルの観点に立ったそれらの研究はほとんどおこなわれていない。

場経済に呑みこまれ、農作業の協同は衰退・消滅し、農機具の機械化と出稼ぎが常態化した。1990年代半ばには、農民は大半の現金収入を農外労働に依存するようになっている。そして現在、農民は多額の負債をかかえて困窮している。その主要な借り先は政府系機関の農業・農協銀行（タイ語名略称 Tho Ko So; 英語名略称 BAAC）である。多額の借金のため、農民は負債の減免や凍結をもとめて政府に陳情を繰り返してきた。にもかかわらず、その解決策は見出されていない。こうした事情を考えると、基本的に農民が自治・自立することが重要であることを痛感する［セーリー 1992; ポンピライ 1992; ピッタヤー 1993; ユッタチャイ 2005］。いざというときに、政府は頼りにならないことはこれまでの歴史が物語っている［プラウィット 1999: 160］。UNDPも農業による農民の自立を重要視している（UNDP 2007）。タイが既に高齢化社会を迎えているにもかかわらず、社会保障の破綻が目に見えていることを考えると、農民が自立する姿勢がいかに重要であるかを痛感する［大泉 2007: 165-172］。

　農民が自立するためには家族の絆が大切である。個人の自立以前に家族の自立がある。家族が助け合わないと個人が自立するのは困難である。ついで親族の助け合いが重要である。同時に、村落内の小さな住民組織から大きな組織である農協にいたるまで組織化して助け合うことが重要である。資本主義が拡大した現在、家族の助け合いだけでは自立するのに十分ではない。ある意味で、農民にとってもっとも重要な組織が農協であるといっても過言ではない。たとえば、国連事務総長は1999年に、協同組合が社会発展において果たす可能性と貢献について各国政府に提言している。[7] 協同組合をはじめとして住民組織を育成することは、連帯経済を構築し市民社会をよりよいものにすることを目指している草の根運動に従事する人々にとっても重要である［山本純 2005; 北沢 2006］。家族を補う組織をどのように育てるのかという側面は、現在無視することができない重要なことである。

　マックス・ウェーバーは、東洋では国家に対抗するほどの自律的中間集団が育たなかったことが市民社会が成立しなかった原因であるととらえている［ウェーバー 1971: 163］。しかし、ウェーバーの指摘は、西欧とは異なるアジアでは

---

[7] 国連事務総長は1999年に協同組合が社会開発において果たす役割について提言している。次のサイトを参照されたい（http://jicr.roukyou.gr.jp/hakken/2002/115/115W-3-2.pdf, Accessed: March 2008）

そのままでは妥当性を欠くと言わざるをえない。なぜなら、アジアには地域特有の人と人を結ぶ社会制度があるからである。また、パットナムはソーシャルキャピタルを投票率や文化団体数などからとらえる見方をしたが、市民団体が自治を持ち、政府に対して抵抗できるほど強固である西欧社会とは違うアジアでは、その見方をそのまま当てはめることはできない。国家と市民との関係性が西欧と異なるからである。とすると、タイではいったいどのような見方をすればソーシャルキャピタルをとらえられるのだろうか。1つは、住民組織の成功と失敗はいかなる理由に基づいているのかという問いをめぐって考える。もう1つは、家族がもっとも重要な関係であるという立場に立ち、家族を構成する親子・キョウダイの協同をソーシャルキャピタルの観点から問うている。

## 分析視角

　これまでのタイ農村社会研究のアプローチを概観してみると、まず1950年代以降はエンブリーのいわゆる「ルース論」の考え方に依拠した調査研究が多かった。その典型は、前述したコーネル大学チームのバーンチャンのコミュニティ研究の中に見出すことができる。その後も、その影響を受けたコミュニティ研究が数多く出てくるが［Kaufman 1960; Phillips 1965; Skinner and Kirsh eds. 1975］、一方でそれに批判的な「社会構造論のアプローチ」が出てくる。その代表はポッターである。しかし、1980年以降、彼の研究は機能主義の枠を乗り越えられていないと批判された。水野浩一もはじめはエンブリーに批判的な「社会構造論のアプローチ」をしていたが、晩年の1970年代は「文化論的アプローチ」に転換している。

　1980年代後半以降は、文化の不変性を前提とする「文化論的アプローチ」に代わって変動論が支配的になってくる。これは、タイの急速な社会変動という現実をある面で反映したものである。変動論に立つといっても人によって相違している。北原淳は社会経済史という視点から変動を論じた［北原編 1987; 北原 1990; 北原・赤木・竹内 2000］。重冨真一もまた変動論の立場に立ってタイ農村社会の変化をとらえ［重冨 1996］、タイ政府やNGOが1980年代以降おこなってきた

農村開発に基づく変容をとらえた［重冨 1996; Shigetomi 1998］。その後、政治的・経済的側面ではなく、文化の側面に注目し文化面で変動をとらえる研究が出てくる。たとえば、櫻井義秀は文化様式の組み換えという視点から社会変動を問題にした［櫻井 2005］。本書は、関係形成の動態面、すなわちそのプロセスに焦点を当てて変動論を展開する。

　現在の農村研究は変動論を踏まえ、開発を促進する上でより現実的な手法を探求するものに重点が変わっている。その主要な理論として農村コミュニティ論（村落共同体という概念を使う人もいる）とソーシャルキャピタル論があげられる。前者は、開発の受け皿として農村コミュニティの形成と活動を実践的に目指している［重冨 1996; 加納 1998］。その際、村の内側から開発をとらえる内発的開発が注目されている［セーリー 1992; ポンピライ 1992; ピッタヤー 1993］。後者は、マイクロ・クレジットが開発途上国の開発手法として重視されていることに見られるように、農村開発を論じるのにもはやソーシャルキャピタル論をはずすことができない［佐藤寛 2001; Sato 2008］。とはいえ、その応用にあたってはまだこれからという状態にある［北原 2002: 302; 櫻井 2008: 22-23］。

　従来、ソーシャルキャピタル論は欧米で先行して研究されてきた。しかしながら現在では、前述したように、国際連合や世界銀行などの国際機関が「発展途上国」でソーシャルキャピタル論を応用している。日本でも注目され、内閣府が調査報告書を刊行している［内閣府 2005］。欧米以外の社会におけるソーシャルキャピタルは、欧米で見出されたソーシャルキャピタルそれ自体と性質が異なることが予想される。また、社会科学の中でソーシャルキャピタル概念はまだ新しく十分に練られているわけではないため、まだ多くの問題点をかかえている［鹿毛 2002, 2003］。問題点を整理し是正するためにも個別の調査研究を積み重ねる必要があるだろう。

　ソーシャルキャピタル論を展開するにあたって、他者が存在するようになって初めて信頼が問題になったという考え方がある［Seligman 1997: 7-8; 安達 2006a: 209; 畠山 2008］。タイの場合、王政が維持され国王の発言力は依然として強い。それゆえ、近代化が進んだといっても、タイはまだ共同体なるものが強く残存している側面がある。見方によっては、他者のいない共同体は部分的にかつ重層的にあるし、またそれはいろんな形で多様に存在している。タイでもこれま

での共同体とは異なるコミュニティ（共同体）が作られている［田辺2008］。タイには、形は違うにしろ、性質のよく似たコミュニティ（共同体）が重層的にあると考えたほうがよい。しかし、かといって他者がまったくいないというわけではない。国王が政争のたびにたえず国民の団結を口にしているのは、国民が1つになっていないからこそそれを強調していると受け取るべきであろう。

　ソーシャルキャピタル論は領域によって、また誰の考え方を用いるかによって議論が多様に分かれる。ソーシャルキャピタル論の議論は混乱していると言われるゆえんである。ソーシャルキャピタルをコネクションや人的ネットワークとして受け止めている人も少なくない。また、理論的研究と実証的研究とがいっそう独立性が強くなり離婚寸前にある。本研究はこうした状況にあってロバート・パットナムの定義に立ち返って理論的研究と実証的研究とを架橋し、そこから実りある成果を出そうと企図している。

　パットナムはソーシャルキャピタルに関して社会の効率性を高める信頼や互酬性の規範、ネットワークという社会組織の特性であると定義している［パットナム 2001: 206-207］。数量化することが困難であるがゆえに重要視されてこなかった信頼や互酬性の規範、ネットワークといった社会関係の特性が物事を効果的に進める上で重要な意味合いを持っているということを数値であざやかに示したのである。パットナムは当初、新聞購読率や投票率、文化団体数などを用いてそれを表した。しかしながら、彼が挙げる信頼や互酬性の規範、ネットワークといった社会組織の特性はきわめて曖昧であり、またアジアなど欧米以外の社会には当てはまらない指標を用いているように思われる。多くの人から批判されてきたが、新聞購読率や投票率、文化団体数がそれらの指標になるとは思えない。実際そうした理解を第三世界に用いることができない。たとえば、タイでは農協にしろ、協同店や米銀行など住民組織にしろ、それらのほとんどは政府や行政の指導下で作られていて自発的に組織されたものではない。それらの組織数が増えたからといってソーシャルキャピタルが強固になったと容易に言うことができない。新聞購読数も増えているし、また高等教育の進学率も増大している。しかし、そうした項目をソーシャルキャピタルを把握する指標として使用することはできない。パットナムのこの考えは多くの人から批判され、のちに一部撤回されている［鹿毛2002］。

とはいえ、本研究はソーシャルキャピタルの定義をパットナムを起点として考える。しかしながら、パットナムとは異なり、ソーシャルキャピタルを人と人を結ぶ価値観や規範として理解する。信頼や互酬性、ネットワークは以下のような問題を抱えているからである。その問題というのは、パットナムが提示した概念が相互に依存しあう同語反復の関係にあることである。信頼があるかないかを区別する基準は主観的な理解に関係しており、パットナムの研究でも客観的基準が見られない。信頼論はそのほとんどすべてにおいて、信頼概念の混乱があると言われている［畠山 2008］。パットナム自身、信頼それ自体の指標として互酬性をあげているくらいであり、同語反復に陥っている［パットナム 2001: 212-213］。また、つながりが深い人ほど信頼が厚いが、その反対に知らない人ほど信頼がなく受け入れないという信頼のジレンマ問題がある［安達 2006b］。

　ネットワークはどういう状態ならばネットワークがあると言えるのかという基準が曖昧である。ネットワークという用語も実にさまざまに使われるため混乱している。さらに、知り合いであればネットワークがあると言えるのかどうか。どのような状態であればネットワークがあると言えるのだろうか。ネットワークという用語にはこうした曖昧さがあるがゆえに、グラノヴェターは「強い絆」と「弱い絆」を区別したのである［グラノヴェター 2006］。それでは絆の強弱は何を基準によって測るのだろうか、その基準もまた曖昧である。

　互酬性の概念もこれまで領域によって、また人によってさまざまに異なる使われ方をされてきた経緯がある。そこで、わたしは互酬性に関してパットナムとは異なり、サーリンズの分類に沿って互酬性を議論する立場に立つ。サーリンズは贈与にあたる交換を「一般的互酬性」と呼んでいる。[8]「一般的互酬性」とは表面的には短期に愛他主義があるが、その裏には長期的に自己の利益を追求する姿がある場合である。家族どうしのあいだで見られるように、これは惜しみない贈与や「気前のよさ」として表れる。等価交換がおこなわれる場合の交換は「均衡的互酬性」と呼んでいる。これは短期的に見返りがある場合である。労働交換などがこれにあたる。もう1つ、窃盗や詐欺などただで何かを得よう

---

8　サーリンズの翻訳書ではreciprocityが「相互性」と訳されているが、本書では「互酬性」という訳語をあてた。また、鳥越に倣って「一般化された互酬性」という訳語を「一般的互酬性」、「均衡化された互酬性」を「均衡的互酬性」とそれぞれ修正した［鳥越 2008: 94-96］。

とする場合であり、これを「否定的互酬性」と呼んでいる［サーリンズ 1984: 232-236］。そして彼は、互酬性が親族との空間的距離によって円周状にとらえられると考えている［同書: 236, 240］。また、互酬性は二項間でのみ成り立つと想定されている。そのため、集団にはそれを適用できない。そのほか、サーリンズはポランニーの再分配という概念を用いる。これは集団内において中心があり、そこが資金など財や労働力を集中し、のちにメンバーに再分配する仕組みを指している。再分配は互酬性の中で中心性を持った組織化された形態である［同書: 253］。

このように、人と人の関係を説明するのに、わたしはサーリンズが提示した互酬性の概念と再分配の概念を用いる。再分配は、互酬性の原理に基礎をおいた高度に組織化された互酬性の一形態である［同書: 253］。そして最終的に本書は、人と人を結びつける互酬性の規範をソーシャルキャピタルとしてとらえ、タイ農村ではそれは「気前のよさ」と「正直・誠実」であることを指摘する。「気前のよさ」はもらったもの以上のものを相手に返済する価値観を、「正直・誠実」はルールを守る価値観・規範をそれぞれ表現したものである。これまでソーシャルキャピタルは人的ネットワークと同義に受け取られてきたが、わたしは両者を明確に区別すべきであると考えている。ソーシャルキャピタルはネットワークを作る「資本」と考えるべきである。

ソーシャルキャピタルは宗教と労働の領域を中心に把握する。なぜなら、この2つの領域は原初的社会において人々の生活を形成する基本軸を成しているからである。住民組織に関しては成功・失敗を問題にするが、その際住民組織を経験するプロセスにおいてソーシャルキャピタルが学習されると考え、住民組織の成功・失敗を考察する。説明においてはソーシャルキャピタル（社会関係資本）概念以外に人的資本や物的資本などの概念も併せて用いる。

これまでの農村開発は家族や地域組織、行政、政府などに焦点が当てられて論じられてきた。つまり、どちらかというと組織に焦点が当てられてきた。それに対して、ソーシャルキャピタル論はこれまで等閑視されてきた開発対象者個々人の人間関係に焦点を当てている。この視点の移動は意義深いと思われる。人間関係に焦点を当てて開発をとらえられる点は、ソーシャルキャピタル論のメリットである。

村人の関係を社会空間という観点からとらえた場合、どのように理解できるだろうか。ムラが1つの社会空間として理解できる。寺院はいったん集めた資金や財を再分配する仕組みを、農作業の助け合いは「一般的互酬性」の仕組みとしてそれぞれ理解できる［同書: 233］。ムラはこうした仕組みを通して共同体を成している。そして、ムラの守護霊が村人の共通の先祖を表彰している。このように、村人は1つの社会空間を共有している。村人にとって社会空間の重要なものはムラである。そして、そのムラは多くの下位の社会空間を包摂している。その1つが住民組織であり、1つ1つの住民組織はそれぞれ別々の下位の社会空間を成している。村人は住民組織である協同店、貯蓄組合などの維持運営を通して正直という価値観を学習する。住民組織はそうした場として理解できる。住民組織はメンバーが規則（ルール）や財を共有する1つの社会空間を成している。それはムラの社会空間より下位にある。

　世帯ないし家族も下位の社会空間である。その空間は親子やキョウダイから成っている。親と小さい子供が形成する世帯（khrua ruoen）のメンバーは、当初、「一般的互酬性」の関係にあると想定される。子供が小さいときは親から子供へ一方的に「贈与」がなされる。しかし長期的に見ると、これは親から子供への一方的贈与ではない。いつの日か、なんからの方法で、お返しが期待されているし、義務づけられているからである。そして、家族周期にともなって家族構成は変化していく。子供が大きくなり順次結婚し、親から財産相続を受けて独立するとキョウダイの独立性がしだいに強くなる。「屋敷地共住集団」は親と子のどちらかの世帯が独立性に乏しく、支えあわないと生活できない場合に現れる世帯間の共同形態である。「共働・共食」は子世帯の労働力を親世帯が中心となっていったん集約し、いったん親に収穫された籾米をプールし、その後親がそれを子世帯に再分配する仕組みである。[9] 親が亡くなりキョウダイが独立し協同しあわなくなると、キョウダイは「均衡的互酬性」の関係に移行していくと考えられる。

---

9　わたしはかつて労働力をプールしその後に再分配するシステムを交換の論理の1つとしてとらえた。日本のユイには有賀喜左衛門がいう「本家末家的ユイ」と「小農的ユイ」の2種類があり、このうち「本家末家的ユイ」は親方本家に奉公人や分家など多くの労働力がいったんプールされ、その労働力が再分配される労働交換の仕組みであるが、「小農的ユイ」は多者のあいだにおける対等な労働交換であることを明らかにしている［佐藤康 1984］。

本書の構成は次のとおりである。第1部は、行政村の形成にともなう村落の具体的なかたちを明らかにする。また、住民組織運営の成功・失敗のコンテキストをソーシャルキャピタル論の観点から検討する。第2部は、親子・キョウダイなどのあいだの土地利用協同と生活協同をめぐる互助の内実とプロセスをソーシャルキャピタル論の観点から検討する。言い換えれば、ソーシャルキャピタル論の観点から農村の親子・キョウダイなどの関係がどのようなプロセスを経て再生産されているのかを論じる。本書の研究の視点は、関係がはじめからそうで「ある」のではなく、そう「なる」ことに視点をおいている。現象がそうなる動態的側面に焦点を当ててプロセスを考えていく。ソーシャルキャピタル論はこれまで十分検討されてきたわけではなく、今後さまざまな視点から研究される余地を多く残している[10]。とりわけソーシャルキャピタル論は概念定義が曖昧であることから定義を明確にし、仮説として研究を実施しその成果を評定することを推奨したい。

本書は北タイの2ヵ村と東北タイの2ヵ村をテーマごとに検討する章構成をしている。北タイの村はランプーン県メーター郡ターカート行政区ターカート村、チェンマイ県サンパトーン郡マカームルアン行政区トンケーオ村、東北タイの村はローイエット県ポーンサーイ郡ヤーンカム行政区ラオカーオ村、ローイエット県ポーンサーイ郡シーサワーン行政区旧サワーン村をそれぞれ取り上げている。北タイと東北タイの農協運営の比較研究は、第1部の最後の5章に入れた。なお、本書に所収されている調査地のデータは、北タイの2ヵ村が1990年と92年から94年、東北タイの2ヵ村が1994年から97年にかけて調査したデータに基づいている。そのため、北タイ農村はタンボン自治体が成立する以前のデータであり、東北タイ農村はタンボン自治体成立以後のデータである。この点をあらかじめご理解いただきたい。

---

10 ソーシャルキャピタル論をめぐる論争は数多くあるが、それ以上に大きな問題は概念それ自体を再検討することが必要であるというほどに［鹿毛2003］、ソーシャルキャピタルの定義がばらばらで統一した見解がないことである。目下のところでは、仮説的に有効と思われる定義をし、それで現状を分析するこころみをすることを提案したい。

# 第1部
# 村落形成と住民組織

ローイエット県旧サワーン村。1995年撮影

## 第1部の問題設定

　タイ農村社会の研究は、コーネル大学チームのタイプロジェクトチームが1948年から実施したバーンチャン地区のコミュニティ調査が大きな起点を成している。バーンチャンという名前は1つの行政区 (tambon) の名前である。まず調査チームは村落 (village community) での人々の生活を知るために寺院と小学校を介した人々のつながりに注目した [Sharp et al. 1953: 17]。人々のつながりは2つの行政区にまたがる7つの行政村 (muban) から成り、この範囲が小学校に通う人の95％、寺院に寄進する人の90％を占めていた [Sharp and Hanks 1978: 23]。彼らによれば、行政村は弛緩的でありなんらまとまりを持つものではなく、寺院と小学校を介して人々がつながるコミュニティのほうが行政村よりも大切である。

　その後、この研究はコミュニティ研究と文化パターンの研究として受け継がれていく。前者は、キングスヒル [1960] とカウフマン [1960] がそれぞれ北タイと中部タイでコミュニティ研究をおこない、行政組織を対象とせずに生活圏としてのコミュニティを対象とした。その理由は、「行政村はコミュニティの恣意的な下位行政区分」[Kingshill 1960: 104] にすぎず、住民の生活にとって重要なのはコミュニティだからである。カウフマンは、コーネル大学チームが注目した小学校と寺院をもってコミュニティ統合のシンボルないし核と考えた [Kaufman 1960]。後者は、フィリップス [1965] が同じバーンチャンで文化パターンの研究をおこなっている。

　タイ農村研究の草創期において行政組織に対していまだ重要性が与えられなかったのは、主に次の2つの原因が考えられる。1つは、アメリカ農村社会学のコミュニティ研究が大きく影響を及ぼしていたこと、そしてもう1つは、タイ農村自体が行政村として政治的に村落が形成されていなかったことである。友杉孝によれば、タイ村落構造の特徴は、明確な境界を持っていないこと、共同労働組織がないこと、自治組織としての実質が乏しいこと、家族・親族の「重合的集合体」であること、流動的で歴史意識が乏しいこと、自警団に類する組織がなく、防衛的機能が弱いことである [友杉 1975: 96-98]。友杉によるこ

れらの村落の特徴は、これまでのタイ村落理解を端的に示している。タイ農村の村落構造は自治組織が弱く、村内の集団は個人的諸関係から構成されており、かつまた行政村としての機能はなんら認められないとする考えが支配的であった。

一方、エンブリーのルース論とコーネル大学チームのコミュニティ研究に疑問を抱いてタイ農村研究をおこなった人はポッターと水野浩一である。ポッターは、彼らが対象とするバーンチャンが明確な範囲を特定できず、またバーンチャンに出入りしている人々の行動範囲はきわめて広く、コミュニティ研究として多くの問題を抱えているという [Potter 1976: 2]。ポッターは北タイのチェンマイ地区（2つの行政村からなる集落）で調査をおこない、自然村 (natural village community) だけでなく行政村 (administrative village) の重要性を明らかにした。彼は行政村と集落との関係について考察し、「行政村はタイ農民の自己アイデンティティの一部でもある。…行政村の重要性、それと自然に居住しているコミュニティ［村落ないし集落］とがしばしば一致していないばかりか、寺院や小学校に通う範囲ともしばしば一致していないことが、タイ農村を著しく複雑にしている」と考えた [Potter 1976: 219]。ポッターは行政村を重視しすぎているが、彼の見解の妥当性を検討するためには行政村と集落、そして寺院と小学校などの関係を地域差を踏まえて把握する必要があるだろう。

水野は1964年から東北タイのドンデーン村の家族と親族、村落の研究に取りかかり、タイ農村の原型を把握しようと努めた。彼はタイ農村の「原組織」は東北タイにあり、そこには「屋敷地共住集団」が見られることから「屋敷地共住集団」の解明こそがタイ社会の「原組織」の把握において重要であると考えた［水野 1981: 1章］。またタイ農村は、エンブリーが言うようにけっしてルースではなく、住民は親族あるいは「屋敷地共住集団」に支えられて生活していること、およびドンデーン村の「構造と組織の弱さにもかかわらず、村は1つの機能的単位をなし」ていることを見出した［水野 1981: 160］。たとえば、ドンデーン村では、村長をはじめとする指導者が「堤防の修理、村内秩序の維持、個人と村の繁栄を願う種々の宗教行事」をおこなっている。初期の水野は、村落構造論の視点から村長などのリーダーの役割、そして村落の組織と運営などを取り上げてドンデーン村を把握しようとした。しかしその後、晩年になるに

つれてしだいに社会構造論から文化様式論へと視点を移行させ、「間柄の論理」から家族や親族、村落をとらえるように変化した［水野1981: 8章］。

　1990年代は、主としてチャティプ・ナートスパー［チャティプ1992］ら文化共同体論者とセーリー・ポンピット［Seri ed. 1986; Seri P. and Bennoun, R. eds. 1988; Seri with Hewison 1990］らNGOのリーダーによって村落共同体（village community）論が活発に論じられた。こうした主張が流行った背景として、資本主義の農村への浸透にともない人々が助け合うことがなくなったため、プラヴェート・ワシーら農村開発に取り組むNGOのリーダーや自己中心主義を批判し仏教による開発を唱えたスラク・シワラクらの知識人［Sulak 1981, 1987］、ナーン師などの開発僧［ピッタヤー1993］らが農村にある助け合いの文化を復興すべく声をあげたことがあげられる。チャティプやセーリーらは理想としての農村共同体の文化を唱え、それを農村開発の目標として設定し、現在の村に共同体を復活させようとした。近代化の過程の中で人々が物質主義・自己中心主義に陥るのを憂え、タイ文化が失われるのを恐れた人々がこうした運動を指導したのである。

　ピーター・バンダーギーストは、国家と民衆の2つの「物語」の観点から村落共同体論を以下のように分析している［Vandergeest 1993: 10］。近代の草創期においては、外交の観点から国家の領土の問題が重要な論点として持ちあがった。国家にとって領土が主題として語られ、国内的には行政上から村落の領域が近代の「物語」の主題として持ちあがった。タイが国家の近代化を進めるにあたってタイ文化は遅れており、近代化・合理化されなければならなかった。他方、「反物語」は政府や国家に対する民衆からの「物語」であり、村落は昔から自立していて調和を有し、住民は互いに助け合って生活してきたというものである。住民はそれをいま忘れているだけである。チャティプは、住民に対して「昔の良き村落共同体を復興させよう」と呼びかけているにすぎないのである。バンダーギーストはこうした2つの「物語」のいずれもが、実はイデオロギーであると主張している。すなわち、タイ政府が前者の、NGOが後者のそれぞれのイデオロギーによって「物語」を語っているのである。村落共同体論をイデオロギーとしてとらえることはある面で正しい。しかし、イデオロギーが現実を作り変えることがあるということもまた正しいと言える。その意味で、バンダーギーストの議論は言説分析にとどまっているため、表面的な研究であると言

わざるをえない。

　フィリップ・ハーシュは、「タイ村落とは何か」という問いには次の2つがあると言う [Hirsch 1991: 324]。1つは、村落が農村共同体であるか否かという問いである。もう1つは、村落が実際にあるか否かではなく、「言説のカテゴリーとして村落をとらえる」という問いである。彼はこのうち後者の視角を採用し、「村落それ自体ではなく、村落の観念を領域としての単位、押しつけられた構造、行政の装置、標準化の道具という視角から検討することが、袋小路に陥っている状況を解決する道である」と説いている。すなわち、「言説としての村落」は、言い換えれば「領域としての村落」であり、それは開発戦略の重要な一部を成している。かくして村落は開発を通して標準化され、村長は国家の口や手足として、つまり「行政の装置」として働くことになる。ハーシュは近代化・標準化の結果、初めてタイ農村に村落が形成されたと考え、村落の諸制度が官僚制化され、さらに外部の権力によって村落委員会に権威が付与され、開発が決定されている状態が生起していることを指摘している。かくして政府は、農民をコントロールしやすいように村落を形成しているということになる。

　ハーシュの問いは、30年以上前にヤングが提起した問い、すなわち「村落生活の中で何が政治的なものであるかを問う」ことと関連している [Young 1968: 73]。つまり、「村落生活の中で政治と権力が意味しているもの」を明らかにすることが大切なのである。別言すれば、住民どうしのあいだでどのように権力の行使がなされているのかを具体的に把握することが重要なのである。しかも、それは村落内での権力関係が資本によって再編されているさまを、つまり村落内の人間関係が経済的に再編されているようすを追求することによって初めて明らかになる。なぜならば、近代という過程は政治（権力）と経済（資本）とが密接に結びついて展開しているからである。その意味において、住民にとっての政治的支配と経済的支配の両面において、村落の形成過程を検討することが大切である。

　チャティプによると、前近代においては主に親族関係にある集団がいくつか寄り集まってバーン（集落）を成していた。そして、それは共同体を成していた。近代以降バーンがいくつか集められて行政村が設定され、村落が初めて形成されたと考えている。しかしジェレミー・ケンプは、近代以降に行政村が国家開発政策によって新たに形成されたということは認めているが、タイ農村にはか

つて共同体は存在しなかったと考えている。近代以前のタイの集落は、「果たして一種の共同体を成していたのであろうか」と問いかけている［Kemp 1993: 83］。近代以前のムラは伝統的にけっして閉鎖的ではなかったし、また組織化されていなかった。彼によれば、集落が領域的に共同体を成していたとする考えは神話にすぎず、かつて住民が共同のアイデンティティを持っていたのは親族がムラに住んでいたからにすぎないという。両者のあいだには、共同体とは何かという点をめぐって意見の相違がある。

　このようにケンプとチャティプとでは、村落共同体に関する見解を異にしている。両者の見解を検討するためには、まずもって集落（ban）とは何か、行政村（muban）とは何か、村落とは何か、ムラとは何か、共同体（chumchon）とは何かという点をめぐって、それぞれの概念を明確にしておく必要がある。すなわち、集落と行政村、村落、ムラ、共同体という概念の定義を明確にしておかなければならない。その上で、歴史的にそれらを考察しなければならないだろう。たとえば共同体という概念が、歴史的にはいかなる意味を持っているのかを問うてみる必要があるだろう。というのは、前近代にあっては、1つないし複数の親族が1つの集落を形成していることが多かったからである。そして、親族ごとに搖役（賦役）を提供する人がいて、同じ上司に搖役を提供する人々（賦役人）は複数の集落にまたがっていた［小泉1994］。すなわち、年貢や賦役が集落を単位として拠出されることはなかったのである。わたしは、農村に居住する人々にとってムラや共同体がいかなる意味を有していたのかを考察することが重要であると考えている。その立場からすると、家族ないし親族が協同して農業をしていたのか、また親族を越えた集落レベルで守護霊儀礼をしていたのか、あるいはムラのためにタンブンをするタンブン・バーン（tham bun ban）をしていたのかどうかといった点などを検討せずに、ムラや共同体を議論することができないと考えている。

　たとえば、農民にとって集落は祖霊に守護された独特の意味空間である［矢野1984: 104, 109, 133; 佐藤康2007: 141］。その際、祖霊は地霊と重なって表象されている［パースック／ベイカー 2006: 98-99］。ラーオ人の守護霊プーターやクメール人の守護霊ドーン・ター・ヤーイが祖霊の名称であると同時に、ムラの土地霊でもあることを想起されたい。ヤングとは異なって、ウトンは「意識的共同体

としての村落」という視点から村落を把握している［Utong 1993: 61-63］。住民は「我々の村」「我々住民」、「我々の寺院」「同じ寺院にタンブンしている間柄（tham bun diao kan）」ということをしばしば口にし、そこには「我々意識」が明らかに見てとれるという。さらに、紛争にあたって当該の人物が同じ村落の住民か否かという区別意識が住民に見られることを指摘し、行政村がある一定の範囲を社会関係の中で新たに設定する事態が現れていると考えている。このように、近代化の結果として村落が新たに形成されつつあることを指摘している。その際ウトンは、住民にとっての村落の意味を「我々意識」からとらえた。このことに見られるように、住民の意識から村落をとらえた点に特徴がある。しかしながら、ウトンがとらえた住民意識の問題はそれだけで十分というものではなく、併せて実際結ばれている関係性の側面も検討されなければならない。すなわち、共有地の利用や村仕事を取り上げて「我々意識」の社会的背景を成す村人の関係を検討することが併せて重要なのである。

　北タイ農村では、かつて集落の守護霊（pi ban）儀礼が村人に集団意識を形成する契機を付与していたと考えられている［高井 1988］。この儀礼はいまでは衰退している。東北タイ農村にもプーター（pu ta）と言われる集落の守護霊がある。東北タイにおける集落の守護霊儀礼は移住してきた先祖を祀る意味を有している。こうした集落の守護霊祭祀は緩やかながら集落の統合をもたらしている。あるいは、ムラないし共同体をなす1つの契機を成していると考えて差し支えない［佐藤康 2007: 141, 151］。また、この祠がどの集落にもあるというわけではなく、それが破棄され村の柱が村祠として新しく建てられているところもある。歴史的には村の柱は新しく建てられたものであり、古く遡ることはできない。このプーターの守護霊儀礼はムラによっては村落、すなわちムラの統合を強化する機能を有している。[1]また、ムラのためにおこなうタンブン・バーンの儀礼がムラの統合機能を果たしているところもある［重冨 1996: 179, 185］。したがって、人々の意識を無視してムラを理解することは問題があると思われる。

　北タイや東北タイでは集住単位が集落である。それに対して、中央タイや南部タイでは、集住の単位が親族である。前者では集落を、後者は親族をそれぞ

---

[1] これまで一般的に、儀礼には「強化儀礼」と「通過儀礼」の2種類があるとされてきた。このうちムラの守護霊儀礼は前者にあたる。

れバーンと呼んでいる。こうした集住の仕方の違いが守護霊儀礼の相違にも表れている。とはいえ北タイ農村では、集落の中に住む親族ごとに守護霊を有しているところもある。東北タイ農村は、ラーオ人のように移住してできた集落が多く、1つないし複数の親族がまとまって移住しているのが常である。しかし、東北タイには昔から住んでいるクメール人のムラもあるし、ラオスのチャンパーサック地方から移動してきたクーイ人のムラもある。東北タイ農村もまた一概には言えない。しかも近代以前においては、東北タイのムラは総じて自律していた［パースック／ベイカー 2006: 74, 77］。それは、周囲に広がる森に入って、食べ物を見出すことが容易だったからである。

わたしが調査の中で遭遇したバーン・プルアンには枝村があり、それ以外に数戸居住しているバーンがあった。それらが作られた歴史的推移を聞いて再現してみると、それは東北タイで広く見られたムラの成立過程が浮かび上がってくる［Sato 2005: 47-48］。はじめ1戸ないし数戸のキョウダイないし親族が居住し、その後戸数が増えていった。あるいは、キョウダイないし親族が一緒に移住した。移住した当初は戸数に相違があるとはいえ、そうした家屋群はムラというより親族集団の共同体であった。長老制によって統制されていたが、その範囲は親族であった。親族規模が拡大し、あるいは複数の親族が集住するようになってムラが成立したと思われる。親族を越えた人々の統制が必要になり、共同体が親族レベルからムラに移行した。よそ者による家畜の盗難を防ぎ、村内の争いを調整する必要が生まれ、村人を統制する必要が生じたからである［チャティプ 1987: 9］。

19世紀末にタイ農村に行政村が作られたとはいえ、村長は行政上の末端の職務をしていない。村落委員会が設けられたあとでも、それは行政上の末端機能を果たすことはなかった。村落委員会が実質的に村落機能を果たすようになったのは、1984年代以降である。またこれと同じ年以降、政府は村人に村共有の資金を設けるよう指導した［ポンピライ 1992: 162］。そのため、村の中に村落基金ないし中央基金という村の資金がしだいに作られていった。このことも資金面からも村落というものが作り出される契機になった。

本書では、以上のような歴史認識の上に立って、以下のように村、村落、ムラ、共同体、集落の概念を定義している。行政村の範囲で組織化されている場

合、具体的には村落委員会が村の運営を担っている場合に、村という用語を用いている。その意味では、村は行政村（muban）と同義に使用している。ムラは、行政村の範囲とは関係なく集落の観点から見て人々の生活がなにほどかまとまりを有している場合の集合を指す実態概念として用いている。バーンというタイ語と同義である。村落は、ムラの範囲で生活面に関してある程度まとまりを有している集合を指す分析概念である。それに対して、共同体はとりわけ同じ精霊によって守護されている人々の集合、もしくは同じ宗教・価値観を有している人々の集合を指す分析概念である［佐藤康 2007: 141, 151］。なお、集落は景観上の家屋群を指す実態概念として用いている。

　東北タイ農村の場合、集落と行政村が異なることが少なくない。たとえば、集落が1つの行政村を成していたが、複数の行政村に分裂しているところがしばしば見られる。本書が取り上げた4つの地区の中では、東北タイの旧サワーン村を除く3つの地区が集落と行政村が一致している。旧サワーン村は大きな集落であり、戸数の増加にともない、シーサワーン村とサワーン村に行政村が分裂している。1つの集落が複数の行政村に分裂したことにともない住民組織も分裂することが多く生活集団の再編が見られる。こうした場合、行政村の範囲とムラの範囲がズレることになる［佐藤康 2007: 148-149］。なお、日本の現在の行政用語を適用してムーバーンを行政区、タンボンを行政村という訳語をあてる人もいるが、農村生活を村落という観点から理解する本書は、ムーバーンを行政村、タンボンを行政区と訳している。

　農村開発にともなって作られた住民組織を考察する。それはムラを構成する主要な要素だからである。従来、タイ社会は二者関係から構成されていると考えられてきた経緯がある［重冨 1996: 1章］。しかし、重冨によれば、住民は組織を結成し規則（ルール）に従うようになった。かくして、タイ農村住民による関係形成の仕方が二者関係から集団へと変化したと重冨は理解している。それに対して、北原らは個人関係から集団へと必ずしも変化していないという見解を提示している［北原 1997; 尾中 2008］。現状では、こうした両者の見解が併存している。とすれば、農村の住民組織の関係性を検討して、組織のメンバーが規則を遵守するようになったのか、それともたとえ集団を結成しても依然として個人関係に基づいて行動しているのかを精査する必要がある。しかしながら、

こうした問いは住民組織をソーシャルキャピタルの観点から問うことにはつながらない。

　それでは、ソーシャルキャピタルの観点から住民組織をとらえるには、どのような問いを立てたらよいのだろうか。住民組織内の人間関係はどのようなソーシャルキャピタルによって形成維持されているのだろうか。この問いを次のような問いに変換してアプローチする。すなわち、住民組織が成功しているのはどのような条件や事情のときなのか、どのような条件や事情のとき失敗しているのか。成功や失敗するコンテキストを明らかにするこころみをする。それは、技能や技術といった人的資本があったからなのか、あるいは構成メンバーが知り合いだったからなのか。それとも、政府やNGOの経済的支援があったからなのか。寺院という物的資本があったからなのか。このように、住民組織を成功や失敗に導いたコンテキストを考えることにした。具体的には、住民組織の活動の中でメンバーは何を学んでいるのか、人と人を結びつける接合剤として何を学習しているのか、そして学習したことが活かされているのか否かを考える。結論を先取りすれば、それを「正直・誠実」という価値観が理念・規範として学習されていると考えた。人的資本や物的資本などもそれを考察する中で議論することにする。ソーシャルキャピタルを取り上げることそれ自体が重要というわけではなく、それをどのようなコンテキストで取り上げるのかということが重要である。そこに住んでいる住民にとってソーシャルキャピタルとは何なのか、どのように問えばそれが明らかになるのか、このことを考えることが大切である。とすると、住民組織の運営の成功と失敗のコンテキストを考えることが村人にとって大切であることがわかる。

　第1部の課題は次の2つである。1つは、北タイと東北タイの農村を対象として、行政村の形成にともなって作られた村落を具体的に明らかにすることである。具体的に言えば、村役員の仕事、村落委員会の運営、住民会議、さらに村仕事や共有地の使用、そして灌漑組合や葬式組合、米銀行などの住民組織の構成と仕組み、さらに寺院・仏教の有する意味と村落の守護霊儀礼、住民の「我々意識」の有無などを取り上げ、村落形成の内実を明らかにすることである。これは村落論の観点からの課題である。

　もう1つは、農村開発の過程で作られた住民組織を取り上げ、住民組織の運

営が成功している条件と失敗している条件などを検討することによって、ソーシャルキャピタル論の観点から住民組織を検討することである。分析視角はソーシャルキャピタル論を採用するが、その理解は研究者によって多様である。そこで、本書ではソーシャルキャピタルを人と人を結ぶ価値観や考え方としてとらえ、サーリンズが提出した再分配と互酬性の概念を用いて議論する。

# 第1章
# 北タイ農村 1
## ランプーン県ターカート村の事例

## 1. 調査地の概要

　ランプーン県メーター郡ターカート村は北タイの中心地であるチェンマイ市の南およそ25キロに位置するランプーン市から南東約20キロの所に位置している。伝承によれば、ターカート村は、その昔ビルマ軍がランプーン市に攻めてきたとき、ランプーン市から逃げて来た国王と家臣たちが住み着いた場所であると言われている。ターカートという村名の意味は、村人の話によると「タ (tha)」が川の意味であり、「カ (kha)」が牛の小便という意味である（正確には、「イアウカー」の省略である）。アスパラートという名前の牛が小便をしながら輪を描いていたのを見て、それを「ここに寺院を作れ」という神の教えだと解し、ターカート寺を作ったのがはじまりであるという。もう1つの説は、「カ」が市場を意味しており、ターカート村にのみ市場があるのは、ターカート村が最も古く人々が居住したことを示しているというものである。これらの伝承はいずれもターカート村が移住者によって形成されたことを物語っている。ターカート村はメーター郡に属しているが、メーター郡は5つの行政区 (tambon) から成っている。ターカート行政区はターカート村の名前を取って付けられているが、これはターカート村に市場があることに示されているように、ターカート村がこの周辺一帯の中心を成してきたからである。

　1990年1月の時点でメーター郡全体には64ヵ村あり、人口は35,815人である。ターカート村は、男子645人、女子707人、世帯は312戸、家族登録は347戸、平均世帯員数は4.3人である。ランプーン県の平均耕作面積は1戸平均8.8ライ (1.4ha) しかなく、全国平均26.5ライ (4.2ha) と比べるといかに零細規模か

が知られる（メーター郡役所の資料）。ターカート村の田畑の耕作面積は621.25ライで、出入作を除いて全戸で平均すると1戸2.0ライの耕作面積しかない。職業構成は、同時点で米作りにのみ従事している世帯が178戸（57.1％）、米のほか畑作にも従事している世帯が253戸（81.1％）、常設市場で商売をしている世帯は52戸、大小の店が合わせて24戸、木彫りが52人いる。したがって、田畑を所有していない世帯は59戸（18.9％）である。農村としてはかなり商業が盛んな所だと言えるだろう。零細農業のため、ラムヤイ（龍眼）やマンゴーなどの果樹生産や木彫りなどの兼業が盛んにおこなわれていて、このうち木彫りの従事者は著しく増加している。

　ターカート村の中心には市場があり、近くに寺院と小学校がある。北の川向こうには警察署と保健所（sathani anamai）がある。これらは1970年に政府が建てたものであり、行政区全体を管轄している。保健所には医師がいないが看護婦がいて医療行為をおこなっている。これはどこの保健所でも同じである。村の入り口近くにある中学校は1965年に建設されている。反対の南には郵便局が1983年に、電気会社の事務所が1986年にそれぞれ建設されている。さらに、村の北と南に1ヵ所ずつ火葬場がある。ターカート村の東には雨乞儀礼をする霊の祠があり、反対の西側には保育園（sun phatthana dek lek）がある。ターカート村は9つの組（khet）に分かれ、川の北側に組8が、さらに道路を挟んで組9があり、これらの組は村中央の市場から離れている。組9はかつてバーン・マイ（新しいムラ）と呼ばれていた所であり、その呼称からすれば、後に移住してできた派生集落であると推察される。なお、組は1989年からムアット（muat）という呼称からケート（khet）という呼称に行政命令によって変更されている。

　ターカート村の市場は、近くに居住する老人が所有している。誰でも利用してよいが、1日2バーツから5バーツ利用する規模に応じて支払わなければならない。また、常設の食料店や雑貨店が若干あり、そこにはターカート村の人々はもちろんのこと、隣のゴサーイ村、メーカナート村（山岳民族が低地に降りてきて居住している村）、ナーハー村などからも住民が買物に来ている。しかし、毎日の朝夕におかずなどの食料品が売買されているが、このとき顔を合わせる人の大半はターカート村の住民である。

行政区長村長会議

## 2. 村役員と村落委員会

　メーター郡ターカート行政区の行政区長 (kamnan) はターカート村の隣のゴサーイ村に住んでいて、ラムヤイや野菜、米などの農作物を農家から買って町に売りに行く仕事をしている。彼は現在 (1990年時点) 35歳で、妊娠中の妻と子供1人、父親、それに離婚して1人者になった兄の5人で住んでいる。彼は小学校 (4年制) を卒業した後、バンコクで8年、友人5人で中東へ3年余出稼ぎに行った。その後、村に戻ってきて木彫りをしていたが、6年前から農作物を売買する仕事に変わった。行政区長になって3年、その前はゴサーイ村の村長を2年している。

　毎月開催されるメーター郡役所での行政区長村長会議 (prachum kamnan phu yai ban) で、郡長 (nai amphoe) は各村長に行政上の連絡事項を伝達する。その数日後、タンボン評議会 (sapha tambon) ごとに行政官が各行政区に応じて詳細に行政上の連絡事項を連絡し再度確認する。行政区長はタンボン評議会を主催し各行政村から村長と相談役 (phu song khunaut)、それとターカート行政区担当の開発担

当官、農業指導員、保健指導員、区医務員（phet pracham tambon）、会議の書記として小学校の校長が1人参加する。このうち区医務員は行政区長が任命する有給の役職で、医師ではなく普通の村人の中から選ばれる。相談役と区医務員は会議に参加しないことがある。この会議は、郡役所が所有する場所と建物で開催されている。その後、村長はすぐに住民会議を開いて連絡事項を住民に周知する。こうした手順で行政上の連絡が一般の住民にまで周知されていく。

　ターカート村には副村長が4人いるが、そのうち2人は村長が選び、残りの2人と相談役は住民が選出している。村長は現在38歳で（1990年現在）、1987年にターカート村に戻ってくるやいなや村長に選ばれた。彼はオープン・ユニバーシティ[1]出のいわばエリートであり、村長に就任する以前はNGOの開発指導員を勤めていた。しかし、所属していたNGOが資金面でトラブルを起こして活動ができないのでふるさとに戻ってきた。

　村長のほか、副村長と書記がいる。そのほか村長が任命する村落委員が置かれている。村長以下上記の委員が村落委員会をだいたい毎月開いて村の行事などを決めている。郡役所が行政区長と行政村長に配布している資料である村落委員会必帯（Khu mu khana kamakan muban, n.d.）によると、以下の7つの部会がある。(1)村落開発・職業促進部会、(2)行政部会、(3)保安部会、(4)財務部会、(5)保健部会、(6)文教部会、(7)社会福祉部会の7つがある（表1）。これらは行政命令によって設けられたものであるため、基本的にはどの村にもある。[2]先の必帯によると、村長が部会長を務める部会 (1) (2) (3) と、委員が部会長を選出する部会 (4) (5) (6) (7) とがある。これらの部会委員はすべて村長が任命している。ターカート村では、村落委員会にあたる中央委員会（後述）と財務部会の仕事が重要であり、そのほかの部会は必要に応じて開かれるにすぎない。

---

1　タイは高等教育の拡大を図るため、1971年にラームカムヘーン大学を、1978年にスコータイ・タンマティラート大学というオープン・ユニバーシティを作った。高校卒業者であれば入学試験なしでこれらの大学に入学することができ、学生は働きながらラジオやテレビで学び、地方にある支部に通学して授業を受けることができる放送大学である。

2　村落委員会内の7つの部会は以下のような仕事を担当している。村落開発・職業促進部会は村の開発にあたって検討する仕事をする。行政部会は紛争を解決したり、村の統一を図ったり、民主主義を守っていく役割をする。保安部会は村から犯罪をなくし、また村を外部から守る仕事をする。財務部会は部落の資金を預金し、運用に際して適切性を検討する仕事をする。保健部会はトイレの清掃や子供の健康づくり、家族計画などに従事する。文教部会は地域の文化や習慣を守り、コミュニケーションを相互にうまく図っていく係である。社会福祉部会は住民の施設や健康づくりにあたっている。

このほかに必要に応じて部会をこしらえてよいことになっている。ただし、5名以上で9名以下の委員から構成し、村長が委員長になることという条件付きである。普通は村落委員会と呼ばれているが、当村では組長が参加しない村落委員会のことを中央委員会 (khana kamakan kan klang) と呼んでいる。村長と2人の副村長（木

表1　ターカート村の村落委員会内部会

| 部会名 | 成員数 | 部会長 |
|---|---|---|
| 村落開発・職業促進部会 | 7 | 村長 |
| 行政部会 | 6 | 村長 |
| 保安部会 | 6 | 村長 |
| 財務部会 | 5 | 委員の1人 |
| 保健部会 | 5 | 委員の1人 |
| 文教部会 | 7 | 委員の1人 |
| 社会福祉部会 | 6 | 委員の1人 |

資料）1990年聞き取り調査。

彫りの会社に勤めている人と精米・農業をしている人）、相談役、木彫りの親方でなおかつ財務部会の部会長をしている住民、財政部会委員をしている住民、大工をしている2人の計9人から構成されている。実際にはこの中央委員会だけで会議を開くことは少なく、関係の部会と抱き合わせで開かれることが多い。保健部会 (fai kicakam satharanasuk) の場合、部会長は男性であるが、副部会長のほか書記と会計などの役職には女性が就いている。その後新たに委員が追加され、保健部会委員は合計で7名に増えた。そのうち5名が女性、2名が男性である。保健部会委員のほかに、保健ボランティア (O So Mo) がいる。保健ボランティアは、第4次国家経済社会開発計画（1976～81年）の中で制度化され導入された。保健部会委員の仕事は主としてデスクワークであるが、保健ボランティアは医療知識の普及や薬の販売など実際の保健衛生活動に従事している。

　次に、村長が物事を決める手続きを具体的に見てみよう。はじめに、村長は毎月開かれる郡役所の定例会議に出席し、その後開かれるタンボン評議会に出席する。タンボン評議会の構成については前述したので省略するが、郡役所から住民に伝達したり配布しなければならないことがこのタンボン評議会で周知徹底される。村長はあえて中央委員会や村落委員会を開く必要がないものについては、放送器を用いて住民に伝えて済ます。なんらかの会議を開いて決める必要があるものについては、放送器を通じてその旨を連絡する。その際、その会議にどの委員を参加させるか、つまり誰と相談するか、すべて村長の考えしだいだという。村長をはじめとする役員は表2に示したとおりである。全員の総会を開いたほうがよい場合には、住民全体の会議を開いて決めるが、全員を

表2　ターカート村役員

| 役職 | 年齢 | 職業 | 主な経歴 |
|---|---|---|---|
| 村長 | 38 | 農業 | NGOの開発指導員 |
| 副村長 | 44 | 精米業 | リビアに6年出稼ぎしていた |
| 副村長 | 34 | 木彫りの会社勤務 | 小僧を8年、サウジアラビアに3年半出稼ぎしていた |
| 相談役 | 37 | 板金工 | たいへんまじめで善良という評判 |

資料)1990年4月の聞き取り調査。

表3　ターカート村の組一覧

| 組番号 | 世帯数 | 組長の職業 | 副組長の数 |
|---|---|---|---|
| 1 | 35 | 豚肉販売 | 2 |
| 2 | 41 | 木彫り | 1 |
| 3 | 38 | 電気工 | 2 |
| 9 | 44 | 農業 | 3 |
| 5 | 34 | 木彫り（親方） | 2 |
| 6 | 33 | 木彫り | 0 |
| 7 | 29 | 床屋（女性） | 3 |
| 8 | 24 | 農業 | 3 |
| 9 | 35 | 農産物販売 | 3 |

資料）1990年聞き取り調査。

召集する住民会議はめったに開かない。村長がよく開催して相談するものは中央委員会である。ターカート村の場合、中央委員会の委員と先にあげた7つの部会の部会長（部会のうち3つだけ村長が部会長を兼務している）、各組の組長9人が参加して村落委員会を開いている。村長が部会長をしている部会の会議は別の部会委員が部会代表として参加する。村長は寺院で村落委員会を開催していた。部会委員のほかに、村落委員会に組長を参加させている。こうしたケースは多くの村に見られるので行政指導によるものであろう。組の制度を行政的に有効活用しようとしている姿勢がここから読み取れる。このように、村落委員会に隣組の組長が参加していることは注目されてよいだろう。

　そこで、組の構成と活動について見ていくことにする。組の構成と組長の職業については表3に示したとおりである。組長は組ごとに選ばれ、長く勤めている人もいれば、1年ですぐに交替する人もいる。組によって組長を補佐する副組長の数が異なっており、副組長を何人にするかも組ごとに決めている。こうした組の形成はそれほど古いものではない。しかし、農村開発にともなって隣組の制度が新しくもうけられた。組長の主要な仕事の1つに、よその村の寺院から依頼がある寄進をそれぞれの組内の家から徴収して集金することがある。こうした寄進を集金して歩く仕事は組長の仕事の1つである。ターカート寺への寄進を集める仕事は、寺院委員会（khana kamakan wat）ではなく、それとは別に

ある仏教委員会 (khana kamakan sasana) が主としておこなう。北タイの村は歴史があるため、親族が拡散し複数の親族が同じ組を構成するにいったものと考えられる。そのため、組は親族集団とは言えない姿をとっている。本書で取り扱った村を見ても、隣組のあり方は同じではない。北タイと東北タイではムラの成立時期や事情が異なるし、さらに同じ地域のムラでも成立時期や事情が異なるためである。

表4　村長が相談する老人一覧

| 年齢 | 選出理由 | 以前の職業 |
|---|---|---|
| 72 | 元小学校長 | 左同 |
| 66 | 元小学校の教師 | 左同 |
| 58 | 各種委員を歴任 | 農業 |
| 65 | 村外から来た物知り | 農業 |
| 62 | 元区長・元村長 | 農業 |
| 55 | 元小学校長 | 左同 |
| 65 | 仲裁がうまい | 床屋 |
| 60 | 寺委員会の預金係 | 農業 |
| 81 | 元僧 | 農業 |
| 89 | 元僧 | 農業 |
| 63 | 元小学校の教師 | 農業等 |
| 97 | 最高齢者 | 農業 |

資料）1990年聞き取り調査。

ターカート村の住民ならば、誰がどの会議に参加してもよいことになっている。なかでも、村落委員会に老人2人が参加していた点は無視することができない。さらに、現在の村長は、特に老人のうちで代表的な12人の意見をよく聞くことにしている。その人たちは僧侶の経験者 (2人) や小学校の教師や校長の経験者 (4人)、村長や行政区長の経験者、それ以外には、よその事情についてよく知っている人や各種委員を歴任した評判のよい人 (2人)、仲裁がうまい人、最高齢者の老人の12人である (表4)。彼は寺院の問題をはじめ多くの問題について老人に相談しているが、問題の性質に応じてどの老人に相談するかを決める。NGOの経験から、彼は「わたしがたとえこっちの方向を指示しても、老人たちが「あっち、あっち」と別の方向を指示すれば、住民たちは老人のいう方向に付いていきますよ」と、彼は老人が伝統的に村の指導者である点を強調している。

## 3. 寺院と小学校・保育園

### 3.1. 寺院

**表5**はターカート行政区内の村々にある寺院と小学校の一覧である。この表

表5　ターカート行政区の小学校と寺院の場所

| 村落番号 | 村落名 | 小学校の有無 | 寺院の有無 |
|---|---|---|---|
| 1 | トンファーイ | 有 | 別の区の寺院に通う |
| 2 | ペヤーン | ▽ |  |
| 3 | ドーイシェ | 有 ▽ | 有 ▽ |
| 4 | ムアンカーオ | 有 ○ | 有 △ |
| 5 | ゴサーイ | ◇ | ○ |
| 6 | ターカート | 有 ◇ | 有 |
| 7 | ナーハー | 有 △ | 有 |
| 8 | メーカナート | △ | ○ |
| 9 | パラーオ | 有 | ○ |
| 10 | パダン | 有 | ○ |
| 11 | ノーンプン | ○ | △ |

注）「有」は寺院または小学校があることを示す。同じ記号は共同で使用していることを示す。寺院の○は近くの山の上にあるドーイカム寺院の共有を指す。
資料）1990年聞き取り調査。

から必ずしもどの村にも寺院や小学校があるわけではなく、複数の村の住民が同一の寺院や小学校を使用しているようすが知られる。とりわけ山頂にあるドーイカム寺は、周囲の5ヵ村で共用している。さらに特徴的なことは、トンファーイ村の住民は別の行政区にある寺院に通っている。このように、寺院と小学校は必ずしもどの村にもあるわけではなく、村によって事情を異にしている。

　これまで、タイ農村の多くの研究者は寺院をコミュニティ統合の核として理解してきた。そこで、ターカート寺の機能を住民が集会場として使用している場合と信仰の対象として使用している場合とに分けて考察してみよう。ターカート村では、行政指導で作られたフォーマル集団もしくはインフォーマル集団のほとんどすべてが寺院で会合を開催している。たとえば、青年会や老人会、婦人会などの会合のみならず、中央委員会が開催されたり、貯蓄組合（klum omsap）も寺院で毎月集金の会合が開かれている。また、幼児の体重を3ヵ月ごとに測るのも寺院でおこなっている。つまり、村内のほとんどすべての集団の会合が寺院で開かれている。

　しかし、ターカート村の住民だけが使用しているかというとそういうわけではない。米銀行（thanakhan khao）や農協（sahakon kan kaset）などの会合では、所属し

---

3　ターカート村には貯蓄組合が6つあり、古いものは1970年頃からある。これらはいずれもターカート村の住民のみから構成されており、後から加入できないという特徴を有している。ターカート村に住む元NGOワーカーの村長から、貯蓄組合は内務省地方開発局の局長ユワット博士が発明したものであると聞いた。その後、重冨がユワット氏から直接インタビュー調査をしてこのことを確認している［重冨 1998: 189］。

ている近隣の住民がターカート寺で開かれる会合に参加している。米銀行はターカート村と隣接するゴサーイ村、ナーハー村3ヵ村の農民から構成されており、農協はターカート村とゴサーイ村の農民が1つの支部を形成している。また、保健指導員がターカート村とゴサーイ村、ナーハー村の保健ボランティアを集めてターカート寺で研修会を開いている。このように、ターカート村の公的な委員会、そのほかターカート村の住民が形成しているほとんどの集団の会合がターカート寺で開かれている。そればかりでなく、ターカート村とゴサーイ村、ナーハー村の住民が所属している集団の会合などもターカート寺でおこなわれている。このように、ターカート寺は地域のコミュニティ・センターとしての機能を果たしている。[4]

表6 ターカート寺院委員会内部会構成

| 部会名 | 人数 |
| --- | --- |
| 顧問部会 | 11 |
| 寺地管理部会 | 9 |
| 財政部会 | 6 |
| 建設部会 | 10 |
| 電気設備部会 | 6 |
| 広報部会 | 2 |
| 食事部会 | 11 |
| 水調整部会 | 3 |
| 記録部会 | 2 |
| 総務部会 | 31 |
| 計 | 91 |

資料）ターカート寺院委員会台帳および1990年聞き取り調査。

ターカート寺の電気代はターカート村に1979年頃に作られた寺院中央基金 (ngoen kong klang wat) から全額支払っており、1980年代の10年間に支払った電気代は合計で90,000バーツにのぼる。この寺院中央基金は当時の寺院委員会が発議したものであり、預金の利子を積み立てて電気代に充てている。メンバーは毎年出入りがあり一定していないが、ほぼ毎年60人から70人くらいの人数にとどまり、ターカート村の全戸が加入していない。それから、寺院の庭にあるラムヤイの販売収入が寺院の運営資金に充てられている。タイの寺院は公共性が高く、住民の生活全般にわたって重要な意味を持っている。

寺院委員会は表6に示したように構成されている。こうした構成はおおむねどの寺院にも見られる。ターカート村の住民だけが委員を構成している。寺院

---

4 カウフマンは寺院が「コミュニティ・センター」の役割を果たしていると指摘している［Kaufman 1960: 113］。また、寺院が村落のシンボルであると表現しているのはポッターである［Potter 1976: 35］。なお、ウィジェイワルデネは寺院が国家か寺院自体の所有地である点を指摘し、寺院を村落やコミュニティと同一視する誤りについて指摘している［Wijeyewardene 1967: 71］。しかし、法律上はともかく、一部の王立寺院などを除いて、多くの寺院が村有地のごとく管理使用されていることは住民にとって重要なことである。

によく通じた老人たちが相談役をしており、委員長は村長が兼務している。ターカート村の住民だけが寺院委員を構成している点で、ターカート村の住民はターカート寺を村落と同一視している。「ターカート寺は村有だよ」と住民が応えていたが、こうした理解の中に住民の意識が端的にうかがえる。寺院委員会内の部会構成は各寺院によって相違しており必ずしも一律ではない。

ところで、ポッターはチェンマイ地区の事例で、組（khet）が寺院に毎日食事を持参していることを指摘している［Potter 1976: 147］。ターカート寺には僧侶（phra）4人と小僧（nen）8人が止住しているが、彼らの食事は住民が自主的に届けに来ており、ターカート寺の僧侶は托鉢に歩く必要がない。ターカート寺に運ばれた食事は、近くの別の村に住む老人が毎日食べに来ており、貧困者にたいして社会福祉の役割も果たしている。ターカート寺では、日曜日に若い僧侶が子供たちに仏教を教えるいわゆる仏教日曜学校がある。タイの寺院はもともと教場、病院、養老院、村役場、夜宿所、裁判所、博物館などの多様な場所であった［石井1975: 52, 246］。

以上のように、ターカート村の住民を中心にして近隣の住民を含めて集会場としてターカート寺を使用しており、ターカート寺が地域のセンターとしての機能を有していることが知られる。もちろん、ターカート寺において住民が宗教的行事を執りおこなうことは言うまでもない。タイでは、仏日（wan phra）が1ヵ月にだいたい4日あり、人々はその日の朝、寺院に僧侶に差し上げる食事を持参し、併せて念仏を唱える習慣がある。この仏日にはいつも50人から60人くらいの老人が出席している。村長は仏日の都度、連絡事項を参集者にマイクで伝えており、仏日が住民を参集させる役割を果たしている。そのほか、住民が一時的に僧侶になる得度式（buat）が寺院でおこなわれ、お正月（song kran）や仏陀の生誕日（makabucha）、入安居（kao pansa）、出安居（oog pansa）など特別の日には100人以上の住民が出席して功徳積み（tham bun）をおこなっている。

タイの寺院は何よりも住民にとって功徳を積む対象である。タイの農民にとって、寺院は何といっても功徳積み行為を通して精神的に安心感を得られ、自分がより幸せになる場なのである。得度して僧侶になったり、仏日ごとの功徳積みや本堂の普請などにおける幾多のタンブン（功徳積み）は、すべてそうした行為と解釈することができる。隣村の住民が宝籤にあたって大金持ちになったが、「それ

寺院での幼児の体重測定

寺院での貯蓄組合の会合

寺院の日曜学校

は前世で功徳をたくさん積んでいたからだ」と住民は解釈していた。また、「タンブンすると気持ちがいい」と語っているように、寺院は住民にとってなによりも精神的な安定感を得る場なのである。

　以上から、ターカート寺の機能を整理してみると、第1に、ターカート村の住民を中心とする集団の集会場として使用されている。このほか、ターカート村の住民が隣接する村の住民と一緒に形成している集団においては、よその住民がその集団の会合などで寺院を使用することがある。これは、ターカート寺がいわばコミュニティのセンターとしての機能を果たしていることを物語っている。第2に、ターカート寺がターカート村の住民にとって主要な功徳積みの対象となっている。この側面は、ターカート寺がターカート村の住民にとって精神的な拠り所となっていることを示しており、アイデンティティ形成にも寄与している。第3に、貧しい人に食事を提供していることに示されているように、社会福祉の機能を有していることである。第4に、次節で述べるように、ターカート寺院への寄付がターカート小学校の資金に一部回されている。これは、寺院が村落ないしコミュニティの機能を果たしている側面である。

従来、タイ政府が仏教を政治的に支配し、国家の近代化に利用してきたことが指摘されてきた［石井1975］。この側面に関しては、寺院委員会の各種委員の委員長を村長が担当していること、自分の所の寺院についてのみならずよその村の寺院からのタンブン（布施）要請に関しても、組長が各組の家から徴収して歩いていることなど、主としてタンブン（布施）の徴収に関連している。

## 3.2. 小学校

ターカート村の場合、寺院はターカート村の人々がほとんど使用しているが、表5で既に見たように、ターカート村の小学校はターカート村と隣のゴサーイ村の小学生が通学しており、1つの村の小学生だけが通学しているわけではない。タイの小学校の場合、複数の村の小学生が1つの小学校に通学している場合が比較的多い。

小学校は国立と私立とがあるが、農村にある小学校はたいてい国立である。昔は、寺院の中に小学校があった。それは寺院の一画を割いて小学校に充てたからである。ターカート村の場合、寺院の敷地を分割して小学校を作ったので、現在の小学校の名前に「寺」の文字が付いてワット・ターカート小学校（rongrian wat thakat）と呼ばれている。このように寺院の敷地を分割して小学校を建てたケースは全国的に多い。ワット・ターカート小学校の小学校委員会は校長をはじめとした教師9人のほかに、ターカート村から村長をはじめとして9人、ゴサーイ村から行政区長をはじめとして4人の計22人が委員を構成している。この委員会は年間3回、3月と6月、11月に開催され、このときに来年度予算の執行や生徒の品行状況、それから奨学金の対象者の確定などについて話し合いがおこなわれる。

義務教育はむかし小学校4年制であった。その後、1977年以降6年制に変わった。1992年に、義務教育がさらに拡大され中学校3年制までになった。タイの学校は1990年代に奨学金の給付が幅広く普及した。ワット・ターカート小学校の奨学金についてここで具体的に見てみよう。奨学金にはいくつかの種類がある。1つは「子供の日基金（munnithi wan dek）」といい、子供の日にターカート行政区の人々が小学校委員会に持ってくる金を奨学金に充てるものがある。これは1990年代から始められ、ターカート村だけに限られているわけではな

く、ターカート行政区全体においておこなわれている。2つ目は、村長が就任した3年前から毎月の給料（1月500バーツ）を小学校入学以前の子供たちを対象とした基金に充てているものである。彼はNGOの経験から「これからは子供たちの教育が大切だ」と考えている。この基金は、先生方に2％の利子で貸し出され、その利子だけが子供たちに給付されている。3つ目は、額については一定していないが、ターカート寺の僧侶が4年前から僧衣寄進祭（thot pha pa）に寄付された一部の資金をワット・ターカート小学校に提供しているものがある。この資金で放送機器やスライド映写機などを購入しているほか、一部を奨学金に充てている。4つ目は、教師9人が資金を出し合って子供1人だけに年間600バーツ貸与している基金がある。これ以外には、3年前にバンコクの企業にキャンペーンに行ってもらった奨学金がある。しかし、これはその年だけに終わり、それ以後続いていない。最後に、3年前（1987年）に日本のM村と姉妹村になったことから、1989年に初めて奨学金がM村から給付された基金がある。これは子供たち18人に給付されている最も大きな基金である。M村からの奨学金はその1年限りで終わり、その後M村の有志20名が今年から奨学金を2年間ターカート小学校に提供することになった。奨学金は小学生の中で貧しい家庭の子供たちに1人年間300バーツずつ給付されており（1つだけ貸与がある）、ターカート村とゴサーイ村両方の子供たちを対象としている。その点で、奨学金はターカート村の共有財産ではなく、ゴサーイ村とターカート村の住民を対象にしたワット・ターカート小学校固有の財産であると言えるだろう。

　そのほか、ワット・ターカート小学校では、婦人会（klum satri mae ban）が2年前（1988年）から1食1バーツと安く生徒に昼食を提供している[5]。婦人会それ自体は数年前からある。はじめは料理などを習っていたが継続せず、じきにやめている。昼食サービスは村長や校長らの考えによって実施したもので、元の資金は村長らの寄付でまかなった。当初は婦人会のメンバーが交替で食事係を勤めることになっていたが、来ない人が多くなり、1990年現在は小学校の前にある食堂が代わって校庭で給食サービスをおこなっている。

　ところで、婦人会は毎月5バーツずつ積立をしており、3％の利子で1月100

---

5　小学校の昼食サービスは、1990年代前半にタイのNGOが積極的に取り組んでいるプログラムの1つである。

バーツ、5ヵ月間で500バーツ借用できる。こうした貯蓄組合の仕事も婦人会はおこなっている。また、昨年のはじめからは村長のアドバイスで牛銀行 (thanakhan ua) を始めた。14頭の牛の提供があり、それを1頭7,000バーツの補償金で12人のメンバーが借り受け飼育し、生まれた子牛は飼育者がもらい、5年後に牛を返済する仕組みになっている。この牛銀行は現在ではうまくいっており注目に値する。組8と組9の女性は会議を開く場所から離れていることもあって婦人会に参加していない。

　脇道にそれてしまったが、小学校の校庭は地域や村の行事で利用されている。国会議員や県会議員の選挙の投票場になっており、ターカート村のみでなくナーハー村の住民が投票に訪れる。ターカート村の新年の行事は、4月のお正月のときに小学校の校庭でおこなわれている。そのときにボクシングや踊りなどがおこなわれていた。今年からは、1月18日に青年会主催の新年の行事 (ngan phon pi mai) が新しく始まり、ミスコンテストなど開催されている。このように、小学校もまた地域のコミュニティ・センターとしての機能を果たしている。

### 3.3. 保育園

　ターカート村には小学校以外に保育園がある。これまでの研究では保育園についてあまり取り上げられることがなかったので詳細に見ていくことにしよう。ターカート村の保育園は公立ではなく、住民が自分たちで作ったいわば私立である。保育園は、10年以上前にターカート村の守護霊 (sua ban) があった場所に、その祠を寺院に移して建てたものである。1990年4月の時点では、保育園にはターカート村と隣のナーハー村の児童101人が通学している。すなわち、保育園には複数の村の子供たちが通学していること、また公立ではなく、自分たちで運営している施設である。1990年代初期においては、農村では住民が自分たちで経営・運営している保育園が多かった。

　保育園の運営には保育園委員会 (khana kamakan dek lek) があたっており、委員は全員ターカート村の人が担当している。保育園の経営は、これまでキリスト教の財団 (Christian Children's Fund: CCF) から送られて来る年間約10,000バーツの資金と郡役所の補助金、それに父母が子供1人につき毎月30バーツ支払う保育費で運営されている。保育園には教師2人と行政との連絡係の計3人が勤め

ているが、これらの資金のうちから、教師1人につき800バーツずつ計2人分の給料と行政との連絡係の人に1,200バーツの給料を支払っている。なお、1990年から郡役所の補助金がなくなるという。カトリックの財団からは資金のほかに、子供たちが遊ぶおもちゃや道具などが送られてくる。そこで、保育園委員会は財団の資金を以下のように運用することを6年前に決定している。資金をメンバーに貸し出し、1人に1回3,000バーツを限度に、なおかつ1年間40,000バーツの限度内で利子2％で借用できるというものである。これは、形式上は肥料や種、農機具などの農業用の資金に運用する決まりになっているが、実際にはこれに限られていない。保育園には若干の医薬品が常備されているが、ほとんど利用されていない。

　以上、ターカート村の事例のように、保育園は小学校同様に複数の村の子供たちが共用しており、これまた小学校と同様にターカート村だけが共有財産を運用しているとは言えない。1991年に、教師たち2人が連絡係と喧嘩して、別の土地に保育園を作って分離した。公的な資金はすべて以前の保育園の連絡係に入るので、子供たちの父母から毎月支払われる保育費だけが収入になっている。保育園の分離という事態にもかかわらず、村長をはじめとして住民は「自分たちと関係がない」とこの問題に干渉しようとしない。

## 4. 村仕事と共有地

### 4.1. 村仕事

　村仕事 (tham ngan ban) は、村の全戸の世帯が出役して道路や用水、橋などの掃除と修理などにあたる共同労働である。これは国王誕生日 (wan pho) や王妃誕生日 (wan mae) などの特別の日に、組ごとに組長の指示の下でおこなわれている。村長によると、村仕事に出役しない人は出不足金が1日50バーツ課されるというが、実際に徴収されたことはない。ある組が早く仕事が終わったら別の組の仕事を手伝うこともある。しかし、基本的には村仕事は組ごとにおこなわれている。しかし、出役しない人も多く、必ずしも村規制が強く働いているとは言えない。

昨年（1989年）12月に亡くなったターカート寺の僧侶の火葬が今年4月におこなわれることになったが、そのための火葬場の準備を住民総出で数日間おこなった。この火葬場の清掃（phatthana pacha）も村仕事の1つである。このときも、必ずしも全戸が出役していない。多く見積もってもおそらく半分位の家の住民しか参加していなかったであろう。昨年（1989年）、政府の資金で設けた地下水を汲み上げるポンプの修理には、わずかな住民だけしか出役していなかった。放送器が使用される以前は、各組に連絡係がいて村長からの連絡を各戸に伝えていた。こうした仕事は毎年交替して無報酬で勤めていた。このように、村仕事といっても、実際には出役してもしなくてもよく、村規制は実質的には働いていないと言えるだろう。そもそも村仕事は、行政からの指導で始められたものである。こうした事情を考慮すると、村仕事には規制力が働いていない事情がわかる。

　村の制裁には、村仕事にともなう出不足金のほかに、現在の村長になった彼が喧嘩をしたら村と警察に500バーツずつ支払うことが決められている。こうした決まりは村長が元NGOの開発指導員であったがゆえに作られた可能性がある。とはいえ、実際にはこれまで支払われたことはない。また、村長が交替するといったん決められた規則が廃止されることが予想される。

## 4.2. 共有地

　寺院や保育園の敷地以外に共有地と言えるものは、前述した各組にある休憩所（sala phak phon）と小学校の一角に12年ほど以前（1978年）に作った新聞を読む休憩所（thi nangsuephim pracham muban）がある。各組の休憩所は各組の住民から土地を寄付してもらい、資材は組ごとの寄付で購入し、何も寄付しなかった人は労力を提供して作ったものである。現在は荒れはてて使用できない所もある。新聞を読む休憩所は、小学校から道路に面した一角を借用してその場所に自分たちで資材を購入して建てた。この資金は住民全体に寄付を募ってまかなった。しかし、一般的に施設を利用する近くの住民はそれだけ多く寄付するが、遠く離れている人たちはあまり利用しないため寄付しない傾向にある。

## 5. 住民組織

### 5.1. 村落内住民組織

　ターカート村では米銀行より早く、農民が自分たちで早くから貯蓄組合（klum omsap）を結成している。一番早く結成したものは1966年である。これは、ほかの村にも見られるが、内務省地域開発局の農村開発によるものである。この貯蓄組合は、村の中で通称「5日」と称されていて、ワット・ターカート小学校の元校長がリーダーをしている。彼の発案で貯蓄組合を個人的に始めたようである。そのほか、12年前（1978年）に作られた通称「1日」と10年前（1980年）に作られた「3日」と「9日」、それと4年前（1986年）に前村長の指導下に作られた「15日」がある。これら貯蓄組合の構成は表7の通りである。リーダーは「5日」が元ワット・ターカート小学校の校長であり、「1日」と「3日」が小学校の教師たち、「9日」が元の行政区長、「15日」が前村長である。リーダーがそれぞれ貯蓄組合を別々に作っている。こうした住民組織はリーダーの親族や親しい友人たちから構成されている。そのため、メンバーが相互に親しい関係にある。それゆえ、まだ返済不能などの問題を起こしていない。これらの貯蓄組合は、メンバーが親族や近しい人々から構成されている。このことが人的ネットワークとして機能している。後から加入が認められていないため集団の結合度が高く、貯蓄組合がコミュニティを成していると言える。

　貯蓄組合の運営等については以下の点で共通している。まず、(1)設立時に参加した人しかメンバーになれない。したがって、はじめにメンバーにならなかった人が後にグループを結成している。次に、(2)役員に毎年ないし数年おきに手当が支給されている。(3)利子のみ毎月返済すればよいことになっている。(4)利子の支払いが遅れると、1日につき5バーツ加算されている。

　多くの村人がいずれかの貯蓄組合に加入しているが、全員というわけではない。裕福な人は加入していないことが多く、借金をしたい人が希望して加入している。たとえば、一昨年の6月の時点では、通称「3日」のグループはメンバー99名中6名を除いて借金していた。借金の用途は農業関係に限らず何に使

表7　貯蓄組合一覧

| 貯蓄組合名 | リーダー | 設立時期(年) | 組合員数(人) | 貸付限度額(バーツ) | 初めの資本(バーツ) | 1990年資本(バーツ) |
|---|---|---|---|---|---|---|
| 1日（ワンティー・ヌン） | 元区長 | 1981 | 119 | 4,000 | 35,700 | 280,000 |
| 3日（ワンティー・サーム） | 教師 | 1983 | 99 | 4,000 | 29,700 | 215,052 |
| 5日（ワンティー・ハー） | 元校長 | 1971 | 61 | 6,000 | 9,150 | 159,505 |
| 9日（ワンティー・カーオ） | 元区長 | 1983 | 150 | 3,000 | 45,000 | 290,000 |
| 15日（ワンティー・シップハー） | 現村長 | 1989 | 170 | 2,000 | 85,000 | |

注）現村長は1990年時の村長である。この後1992年2月に村長は交替している。「15日」は初め3%であったが、1989年から2%に変更した。貸付利子は一律2%である。
資料）1990年6月の聞き取り調査。

用してもよい。

　ところで、「5日」への加入資格を売買する事態があった。この加入資格が3,000バーツ以上で売買されていた。それから、親の死去にともなって娘が資格を継承している場合が見られる。こうしたことは、メンバーの資格が一種の「株」を成していることを物語っている。株を成しているということは、メンバーどうしが信頼できる関係にあり、貯蓄組合が安定していることを意味している。

　これらの組織とは別に、村の中には農業用の資金を調達する組織がある。CCFの財団から毎年約10,000バーツとおもちゃ等が保育園に送られてくるので、その資金を利用して村の人々に2%の利子で40,000バーツを限度にして貸出している。これは8年前（1982年）に開始されている。そのほか、1989年から婦人会の中に牛銀行が当時の村長（元NGOのワーカー）の指導によって作られている。1992年3月現在で14頭の牛の提供があり、1頭7,000バーツの補償金で5年後に返済する約束で12人のメンバーが借り受けている。生まれた小牛は飼育者がもらえることになっている。このグループは、メンバーが親族関係にあるわけではなく、利益があると考える人が加入しており利害がなくなれば容易に脱退する。

## 5.2. 村落を越える住民組織

　メンバーが村落を越えて住民組織に加入しているものには米銀行と灌漑組合、葬式組合がある。

まず、米銀行から見ていくことにしよう。米銀行は、行政指導やNGOの指導もあり、多くの村で作られている。1983年に、ターカート村は隣接するゴサーイ村とナーハー村の3ヵ村の農民265人からなる米銀行を郡役所の農業指導員の指導下に作った。土地はゴサーイ村の人が無償で提供し、米倉の建設費40,000バーツは政府が提供してくれた資金でまかなった。はじめに、籾米か資金を何口か拠出してメンバーになる。出資金額に応じて借用できるし、かつまた利益が還付される。お米は毎年5月と11月の年2回だけ貸し出している。たとえば、1,000バーツ借用したとすると、はじめの月に130バーツ、翌月に127バーツ、その翌月に124バーツというように毎月3バーツずつ減らして支払い、10ヵ月後に103バーツ支払って返済を終わる仕組みになっている。役員は各村にいて、メンバーは役員の家まで利子のみを支払いに来ていることが多い。米銀行は後からでも加入することができる。米銀行のメンバーは3ヵ村合わせて265人いる（1990年時点）。米銀行はターカート村の住民だけがこの組合を構成しているわけではなく、3ヵ村の希望者によって構成されている。

　ターカート村には3つの灌漑組合（muang fai）がある。そのうち1つのグループが雨乞い儀礼をおこなう場所がその灌漑組合の共有地である。この灌漑組合はターカート村とゴサーイ村、ナーハー村、バーンサン村、メーカナート村のうち、共同の用水を利用している農民180人から構成されている。ほかの2つの灌漑組合はターカート村と隣のゴサーイ村、バーン・バンサーイ（ムアンカーオ村の一部）、隣接する別の行政区にあるバーン・シーパン（シーパン村に属する小さな集落）の農民のうち用水を共同で使用している150人余が構成しているグループとターカート村とバーン・ペ（シーパン村に属する小さな集落）の農民48人が構成しているグループである。1人の村人が同じ1つの灌漑組合に属しているわけではなく、水系に沿って別々に属している。

　田植え前に、各灌漑組合は用水路の清掃をおこなっている。出不足金は各グ

---

6　米銀行は、北タイのランパーン県ムアン郡ターソンポイ村のタオ師が考案し1973年に開始し、その2年後に、現在の国王が始められたと言われている［Boonrerm 1981］。重冨は、タオ師が開始された時期が1969年か1972年か不明としている［重冨 1996: 243］。なお、2002年4月20日にNHKで放送された「タイ　僧侶たちの"コメ"銀行——農村再生に挑む」では、1987年に北タイのターサワーン村のナーン・シーチョムプー師が米銀行を発案したと解説していた。しかし、1987年という時期からすると、ナーン・シーチョムプー師よりタオ師のほうが早く開始したと考えてよい。

灌漑組合の労働

ループとも1日100バーツである。用水の利用料は、2つのグループが田1ライにつき100バーツ、ターカート村とバーン・ペの農民からなるグループだけが1ライ200バーツであり、出不足金はグループによって異なっている。こうした出役義務はグループごとに決められており、またメンバーだけに課されるものであって、ターカート村の全戸に課されるものではない。出役義務はどんなに大きくても1区画の田につき1人1回であり、小さくても数ヵ所に田を分散して所有している者は、その数だけ出役しなければならない。また、1ヵ所に親子で田を所有している場合には、1人だけ出役すればよいことになっている。土地が売買されて別の人の手に渡った場合は、その土地の所有者に原則的に水利費や出役義務が課されることになる。

灌漑設備はそれほど大きなものではなく、伝統的な灌漑をしてきたと思われ

---

7 中国雲南省西双版納（シーサンパンナー）タイ族自治州においてはかつて農地の水利をめぐって共同体的規制がおこなわれていた［田辺 1978: 268］。わたしの別の村の調査地では、1つの村に1つの灌漑組合しかなかったが、それでも全戸から出役するのではなく、受益者であるメンバーのみが用水掃除に出役しており、一般的に灌漑組合に村規制を見出すことはできない。高井も調査で同様のことを見出している［高井 1996］。

る。それゆえ、灌漑組合は自生的に形成されたものであると推察される。1990年現在、小さなダムが郡役所の資金で建設中である。

　ターカート村には墓地が2ヵ所あり、これらの墓地は国有地である。2ヵ所の墓地はターカート村内ではそれぞれ利用する組(khet)が違う。村の北にある墓地は川の北にある組8と組9、そのほか隣接した行政区のよその村の一部が使用している。南にある墓地は残りの7つの組とゴサーイ村、ナーハー村の住民が使用している。筆者の別の調査からしても、このように複数の住民が1つの墓地を共用している場合が多いとは言えない。墓地には火葬する建物(maen pao sop)や休憩所が建設されている。それらは、使用しない人がいないことから、すべての住民が寄付を出し合って作った。とはいえ、火葬場の施設はターカート村全員が平等に負担して作ったものではない。

　タイのほとんどの村には葬式組合(klum chapanakit)がある。ターカート村の葬式組合にはゴサーイ村とナーハー村の一部の住民が参加している。複数の住民が互いの葬式組合に参加しているため、メンバーと村の全戸とが一致していない。ターカート村の葬式組合では葬式のたびごとに1人10バーツ支払う仕組みになっている。グループの加入単位は家族ないし世帯ではなく個人であり、1世帯から何人加入してもよい。葬式の当日人数分の金を代表者が持参している。葬式の手伝いは、親戚か否かにかかわらず、手伝ってもらったら手伝い返す相互に労働力を交換する方式である。手伝ってくれた人を覚えておいて、手伝い返すという。また、葬式は村をあげてというわけではない。葬式組合が村ごとに形成されているとしても、近隣の村を含めて個人単位で加入している。このように見てくると、葬式組合は行政指導に基づいて作られたものではなく、住民が自発的に形成したインフォーマル集団の1つであることがわかる。

## 6. 考察

　最後に、ターカート村の村落形成を整理し、その上でソーシャルキャピタル論の観点から住民組織を検討することにしよう。

　ターカート村の村を運営する機関は村落委員会である。村落委員会の部会構

成はどの村でも形式的には同じであるが、実際には村によって機能していない部会もある。また、村によって組長が参加しない中央委員会を別にもうけている所もある。村長個人によっても会議に参集する人や会議を開く回数など、実に多くの点で異なる。それゆえ村ごとに、そして村長の交替ごとに村落委員会の運営の仕方を見ていかなくてはならない。

　タンボン自治体 (O Bo To) が作られる前は、農村開発は郡役所からタンボン評議会に行政上の連絡や指示として伝えられていた。タンボン評議会には各村から村長が出席しており、村長は村に帰って住民に行政上の事項を連絡し、必要であれば関係の委員会を召集して決定する。こうした村内での村落委員会をはじめとする各部会は、行政命令によって設けられたものであり、同時に村内において村長の機能を強化し、それを通して村落を支配するものであった。しかしながら、ターカート村内でのフォーマルな部会の構成を見ると、実質的に7つの部会が重視されているわけではないことがわかる。実質的に一部機能しているのは中央委員会と財務部会のみにすぎず、ほかの6つの部会はあまり機能していない。財務部会は村の資金を扱うのできわめて重要であるため開催されている。村長は相談事項の性質によって、どの部会を開くか、どの人と相談して決めるかを自分の判断で決めている。ターカート村で一番多く開かれているのが中央委員会であった。村長が1991年に交替したが、新しい村長は、部会長を召集せずに中央委員会を開催していた。このように村長が交替することによって村落運営のしかたが異なることは、タイ農村では珍しいことではない。

　村落委員会には、隣接する住民が作る隣組の組長 (huana khet) と自発的に老人たちが参加していた。こうしたことは村によって、また村長によって相違しており、必ずしもどの村も同じメンバーないし参加者というわけではない。組長は、政府から数年ごとに支給品を貧しい住民に分配する仕事や、組内のタンブンの徴収、村長に組員に代わって貧困者医療費免除証 (bat songkhro samrap phu mi raidai noi) の申請書を提出すること等々、村内の重要な仕事を遂行している。また、組は婦人会などが活動の単位として設定されているほか、休憩所を組ごとにこしらえたり、2つの組の子供たちが隣接する別の行政区の小学校に通学しているように、組が歴史的には一定の枠組みとしての意味を生活上持っている。親族が隣接して家屋を建てているので、組がまとまりを持ちやすいと言え

る。とりわけ、組長が寺院のタンブンを徴収して歩いている点は、仏教が村落の組構成を活用していると言ってよいだろう。ターカート村の場合、仏教委員会が村長をはじめとする委員によって作られており、組長の仕事を補っている。村落の政治的運営の中に行政指導によって作られた組の組長が参加しているのは、まさしく行政指導によるものである。組が村の中で重要な役割を持っているかどうかは村によって相違するので安易に一般化はできない。なお、行政命令によって組の呼称がムアットからケートに変更されていることは、組の位置づけが行政にとって重要であり、よりはっきりと村の中で組の位置づけをしようとする行政の姿勢の表れであろう。

　それから、老人が自発的に村落委員会に参加し、村長が長老のリーダーたちに相談している点は、かつては長老制であったことをうかがわせるものである。また実際、行政が配布している必帯にも相談役という役柄で長老を随所に参加させようとしている。チャティプ・ナートスパーもまた、タイ農村はかつて長老制であったと指摘している［チャティプ 1987: 9］。村のかつてのリーダーであった一部の老人は、自発的に村落委員会に参加している。寺院を運営する寺院委員会においても、組長と老人が中心的な位置を占めている。村落委員会による村落運営によって自分たちで統治する仕組みが築かれたからといって、伝統的な政治的運営の仕組みが放棄されたわけではない。長老制の伝統的システムを活かした村落の運営がおこなわれているからである。1990年代前半においては、長老が村落内の政治にまだ参加していたことは留意してよいだろう。もっとも長老制を活かすのか、またどの程度活かしているのかは、村長の裁量によるところが大きい。

　以上のように、ターカート村においては村落委員会というよりむしろ中央委員会が村を運営している。また、そこはすべての部会が機能しているわけではなく、一部を除いて実質的には機能していない。それに対して、実質的には老人たちが村落の政治的運営において重要な役割を果たしている。1990年代前半においては、長老が自発的に中央委員会に参加していたことは注目される。

　村人なら誰でも希望すれば会議に参加できるのはほとんどの村で同じである。フォーマルな村落委員会は何かあればインフォーマルなかたちで人を取り込んで話し合いをおこない問題を解決すべく柔軟に運営されている。老人が村落委

員会に参加する姿は1990年代前半までは見られた。よその村の例を見ると、1990年代の後半以降、タンボン自治体委員（O Bo To）など村の中で経済力を持つ人が台頭してきたためであろうか、老人が村の政治に関与する機会が少なくなっている。

　これまでコミュニティを統合するシンボルとして考えられてきた寺院と小学校については以下のように言えるだろう。寺院は住民の集会場として使用されている。この側面は、寺院がムラや近隣一帯の地域センターとしての役割を果たしていると言える。小学校が国有であるのと違って、寺院は村人に言わせると「村有地」であり、住民が主体的に運営している。その点で国有地になっている小学校の敷地とは相違している（20世紀前半に小学校が設置されたときに小学校の敷地は寺院の敷地内に設けられた）。近隣のゴサーイ村やナーハー村などの人は別の寺院にタンブンに行っており、これらの村人にとってはこの寺院が村落機能を代替しているとは言えない。しかし、ターカート村では、寺院が村落の代替機能を果たしていると言える。寺院があるムラと寺院がないムラとでは寺院が有する位置づけが異なる。

　上座仏教と寺院をソーシャルキャピタル論の観点からとらえると、どのようなことが言えるのだろうか。1つは、上座仏教が人々に喜捨を説いていることである。カーシュは、タイの村人は上座仏教徒であるがゆえに経済倫理、言い換えればモラル・エコノミーを持っていると指摘している［Kirsh 1983: 865］。わたしは、カーシュが言う経済倫理を喜捨することや施しをすることを善とする価値観や規範の中に見出している。タンブンはこの喜捨の精神に基づいているし、それを奨励している。それは「気前のよさ」を要求する。施しをする精神を尊重しているからである。惜しみなく僧侶や寺院にタンブンすることはよいことである。寺院は、いわば「気前のよさ」というソーシャルキャピタルを醸成する空間である。しかしタンブンするのは来世からできるだけ早く現世へと、しかも裕福な人として戻ってこれることが「約束」されていると信じるからこそである。つまり、愛他主義の背後に自己利益の追求を垣間見ることができる［鳥越 2008: 96］。上座仏教の教えを分析すると、そこには村人と僧侶・寺院との「一般的互酬性」があることがわかる。人々は仏日や僧衣寄進祭などの際に寺院に寄進しているが、その資金の一部を寺院は小学校に回したり食事を貧しい

人に分けている。こうした点は、寺院が再分配の機能を果たしていることを示している。

　2つめは、親子やキョウダイの絆を強化している側面が注目される。息子の得度が母親へ徳を転送することになること [Kirsh 1975: 184-185]、および葬式時などの子供の得度が死者（先祖）へ徳を転送することになることを説いている [Ingersoll 1975: 226]。こうした儀礼は、親族関係の絆を強くするプロセスである。こうしたプロセスを経て親子や祖父母と孫は「強い絆」で結ばれる。

　3つめは、寺院がコミュニティ・センターの役割を果たしていることである。村役員の会議や貯蓄組合の会合、保健活動などほとんどが寺院でおこなわれている。また、寺院は人々が出会う場を形成している。これらは、寺院が村落機能を代替していることを示している。村人はもとより、村を越えて近隣の村人と出会ったり、そして一緒にものごとをする場になっている。たとえば、人々は寺院に寄進をし、その資金で本堂を新築したり、火葬場の施設を建設したりしている。つまり、寺院は人々が出会い一緒に協同行為をおこなう場を成している。

　4つめは、寺院が学校の機能を有していることがあげられる。日曜日に寺院で、若い僧侶がムラの子供たちに仏教の話を教えている。こうした姿は、寺院がそのむかし学校であったということを伝えている。

　寺院が再分配機能を有している側面はどのように考えられるのだろうか。寺院へ寄進された食事や資金は貧しい人のために使われたり、村落基金にまわされたりしている。このことは、寺院が資金や財をいったんプールした上で人々に再分配する仕組みを持っていることを意味している。こうした寺院の仕組みをサーリンズが「共同寄託」と呼んでいるが [サーリンズ 1984: 226]、ポランニーの用語を使えば「再分配」ということになる。寺院は村人がタンブンした資金や財、食事をいったんプールし、それをあとで再分配している。再分配は、高度に組織化された互酬性に基礎を置いた互酬性である [サーリンズ 1984: 253]。つまり、表面上それとわからないように、寺院には再分配のシステムが埋め込まれている。

　ワット・ターカート小学校に関しては、ターカート村とゴサーイ村の小学生が通学していること、および数年前まで組8と組9の子供たちがシーパン村の

小学校に通学していたことを考え合わせると、ワット・ターカート小学校に村落機能を見出すことはできない。しかし、村の行事が校庭でおこなわれており、場合によっては村や地域のセンターとしての機能を果たすこともある。また、保育園へはターカート村とナーハー村の子供たちが通学しているように、そこに村規制や村落機能を見出すことはできない。とはいえ、複数の村落にわたるコミュニティのセンターの機能を果たしている。

　共有地については、ターカート寺を除くと、ターカート村自体のものは保育園の敷地しかない。村仕事においては出役しない人に罰金を科しているというが、それは名目だけであり、出役しない人が多いにもかかわらず実質的に罰金を科していない。その点、日本のように村仕事が厳しく全戸の出役でおこなわれておらず、ターカート村の村仕事の中にいわゆる村規制を見出すことはできない。

　村の住民組織には貯蓄組合がある。これは近隣の住民や親族、そして個人的な知人から構成されており、必ずしも村落の機能と関係があるわけではない。たとえば、貯蓄組合にはリーダーがいて、そのリーダーの親族や仲のよい知人が同じ貯蓄組合に加入している。いくつもの貯蓄組合ができているのはこうした理由による。親族や親しい友人であれば信頼できるというわけである。

　そのほか村を越える住民組織に葬式組合や米銀行、そして灌漑組合がある。灌漑組合は複数の村にわたり、水系ごとに分かれて組織されている。清掃作業は、灌漑組合の中で村ごとにおこなわれている。それは、出役の確認が必要だからである。村を単位にする理由は、村内であれば村長の権力がメンバーにおよぶとともに、メンバーどうしが知り合いであるため出役労働を忌避することができないようにすることができるからである。こうした仕組みは、同じ村人という関係が人間関係を規制することが期待されていると言える。ある程度、こうしたことは成功している。灌漑組合による田植え前の清掃作業は欠くことができないきわめて重要な仕事である。メンバーが清掃作業をいやがらずに出役してくるのは、用水路を清掃しなければ田植えができないという事情があるからである。こうした事情があるため、灌漑組合のメンバーは労働に出役してくるのではないだろうか。なお、この地域一帯は、数年前（1980年代）に政府の資金で灌漑が整備された。

住民組織はソーシャルキャピタルの観点からどのように理解できるのだろうか。サーリンズによると、互酬性は集団にはあてはめることができず二者間のみにあてはまる［サーリンズ1984: 226］。住民組織は集団であるため互酬性論で考察することは不適切である。しかしながら、互酬性の規範論を用いて説明することはできるだろう。住民組織は規則（ルール）を遵守することがだいじである。このことは正直であることを奨励する。灌漑組合は用水路の清掃に出役が義務づけられているが、誰も清掃に出役しなければ全員が田植えできなくなる。それゆえ、規則（ルール）をきちんと遵守することが大切である。

　貯蓄組合は親族を中心に組織されており、よそ者が加入できない。それゆえ、これは一種の家族の延長と考えられる。家族は「一般的互酬性」であるから、お互いに気前よく振る舞う。こうした関係の中では問題行動は起こりにくい。貯蓄組合ができて長いにもかかわらず、活動が停止する事態にいたったことがないのはこうした事情が背景にあるからであろう。しかし、それは同時に、規則を守るということ、つまり正直であることを要求している。そうでなければ、ほかのメンバーに迷惑をかけることは必至だからである。

　要するに、住民組織では規則（ルール）をきちんと遵守することが重要である。つまり、正直であることを規範的に奨励している。これは一種のソーシャルキャピタルである。なぜなら、人と人を間接的に結びつける接着剤の役割を果たしているからである。

　ターカート村では、1991年に村長が自らが任命した副村長から辞任へと追い込まれる事態が起こった[8]。こうした権力闘争は、村長が関与したある事件をめぐる裁判闘争へと発展した。住民会議で村長が罷免され、副村長が村長の座に就き、村長は村を出ていった。こうした事例も同じ村人どうしだからといって信頼があるとは言えないことがわかる。同じ村人ということでソーシャルキャピタルがあるとは言えない。ムラは伝統的に正直という価値観・規範を醸成してこなかったからである。

　それでは、これはソーシャルキャピタルの観点からどのように理解したらよ

---

8　元NGOの村長は、1991年2月の住民会議において罷免されている。その理由は、村の仕事、たとえば水を汲み上げるポンプの修理をなおざりにしたり、自分のことばかりおこなっていたからであるという。その後、副村長が村長に選出された。代わりに新しく1人副村長が加わったほかには役員に変更がない。こうした村長の交代劇の背景には、村長と副村長どうしの権力闘争がある。

いのだろうか。サーリンズが互酬性の3番目に類型として提出している「否定的互酬性」にあたると言えないだろうか［サーリンズ 1984: 235］。これは敵対関係にあたる。「均等化された互酬性」は等価交換にあたるが、それが確保されないために出現する互酬性が「否定的互酬性」である。村長と副村長とのあいだの利害関係が崩れたところに原因がある。「正直・誠実」というソーシャルキャピタルが規範であるために、実際には人と人を結びつけていない事例であると解釈できないだろうか。

---

9　当時、ターカート村は木彫り指導などで日本のM村と交流していた。ここでは諸般の事情から、村長の何が問題なのかを具体的に記すことはできない。

# 第2章
# 北タイ農村 2
チェンマイ県トンケーオ村の事例

## 1. 調査地の概要

　調査地のトンケーオ村は、チェンマイ市の南およそ20キロの所に位置しているサンパトーン郡マカームルアン行政区にある。サンパトーン郡は9つの行政区から構成され、マカームルアン行政区はそのうちの1つである。トンケーオとは美しい木とか最高の木を、マカームルアンとは大きなタマリンドの木をそれぞれ意味する。サンパトーン郡役所の開発指導員は委員長を含めて女性が5人、そのほかに男性3人の合計8人いる。6人の開発指導員がそれぞれ1つの行政区を担当しているが、2人だけが2つの行政区を担当している。

　マカームルアン行政区は15の行政村から成っている。マカームルアン村に市場があることから、この村が地域一帯の中心を成してきたことが知られる。マカームルアン村は1つの集落が1つの行政村を形成している。表8のように、小学校と火葬場はマカームルアン行政区にそれぞれ8ヵ所と5ヵ所ずつある。トンケーオ村の住民は、隣のマカームルアン村にある火葬場(私有地)を使用している。トンケーオ村には1987年まで4年生までが通学する小学校があったが、その学校は児童数の減少にともなって廃校になり、子供たちはローンナーム小学校に通学するようになった。

　サンパトーン郡では、アンプー・クンティット[1] (amphoe khun thit)と呼ばれる、郡役場が各行政区を巡回しておこなう行政サービスを1983年以来実施してい

---

[1] タイ人の友人は、クンティット(khun thit)というのはスコータイ王朝の初代の国王、シーインタラーティット大王(Pho Khun Si Intharathit)のことではないかとし、大王が国中を歩いて統治してきたことから、それにちなんで名前が付けられたのではないかと推測している。

表8 マカームルアン行政区内における小学校と火葬場の一覧

| 村落番号 | 村落名 | 小学校の有無 | 火葬場の共同 |
|---|---|---|---|
| 1 | バンクアン | ○ | ○ |
| 2 | マカームルアン |  | 有 ○ |
| 3 | サンカヨン |  | 有 ▽ |
| 4 | パーチュ |  | ▽ |
| 5 | テーントン | ○ | □ |
| 6 | トンケーオ |  | ○ |
| 7 | ローンナーム | ○ | 有 |
| 8 | ドンパニウ | ○ | △ |
| 9 | ドンパサーン |  | 有 △ |
| 10 | マクンワーン | ○ | 有 |
| 11 | ムアンビーノーン | ○ | □ |
| 12 | サンサーイ | ○ | ○ |
| 13 | クンコーン |  | □ |
| 14 | パラバーツ |  | 有 □ |
| 15 | ノンウーン |  | □ |

注)小学校欄の「○」は小学校があることを表す。空欄はないことを表す。火葬場欄の同一記号は共同使用を表す。「有」は火葬場の所在地を表す。
資料)1990年8月聞き取り調査。

る。これは「歩く行政」とも呼ばれており、1ヵ月に1回どこかの行政区で開催し、翌月は別の行政区で開催するというやり方ですべての行政区を順番に実施している。行政サービスのほかに、老人たちの病気の診察や薬の給付を毎月おこなっている。1987年からはこのときに、郡長が貧困者医療費免除証を所持しているお年寄りにお菓子や卵、洗剤など日用品を支給している。この給付サービスは、郡長として慈悲深い「父親(pho khun)」であることを人々に知らせる機会になっている。タイ社会では伝統的に上位に立つ者が下位の者に慈悲をかけ、下位の者は上位の者に従うことが求められるわけであるが、わたしはこの伝統を垣間見たような気がした。

　チェンマイ市の北メーテンに大きなダムが1963年から建設され1972年に完成した。サンパトーン郡を含めてチェンマイ県一帯の灌漑が整備された［田辺1976: 701］。サンパトーンは農業地帯で有名であり、このダムの建設によって用水の確保が容易になった。また、この地帯はサンパトーン農業協同組合が優良な農協として有名である。特に農協が実施している福祉事業は、多くのメンバーが加入していて好評を博している。

　以下、トンケーオ村の概要を紹介する［Tambon makamluang… n.d.］。トンケーオ村はチェンマイ市の南約20キロにあるサンパトーン市からさらに東に8キロ程入った所に位置している。西にはマカームルアン村があり、東にはローンナ

ーム村がそれぞれある。1990年1月現在で、村の世帯数269戸、人口892人、家族登録 (tabian ban) が237、平均世帯員数3.3人である。1989年の人口は825人であったから、1年間に67人増えたことになる。また、世帯数と家族登録数の違いから複数の世帯で1つの家族登録している場合が32世帯あることになる。1992年1月現在では世帯数276戸、人口983人、村の面積は1,102ライ、農地面積は921ライである。平均世帯員数は3.6人である。このことから、この2年間に世帯数と人口、平均世帯員数ともに増加していることがわかる。

トンケーオ村の農業については第7章で記すので、ここでは概略のみを述べることにとどめたい。1世帯当たりの全国平均耕作面積が26.28ライ、北タイ平均が12.29ライと比べて、チェンマイ県は1世帯当たりの平均規模が8.8ライと著しく零細である [The Manager Company 1990: 59]。

## 2. 村落の構成と運営

はじめに村長の仕事、ついで村落委員会と組の構成、村仕事と共有地の順に取り上げて、トンケーオ村の村落の姿をとらえていこう。

### 2.1. 村長の仕事

この村の村長は7年前 (1983年) の43歳のときに、副村長から村長になった。それ以来ずっと村長をしている。村長の公的な仕事には、まず郡役所で開かれる行政区長村長会議やタンボン評議会に出席する義務がある。この公的な会議の後に住民に放送器を通して行政上の連絡事項を通知したり、あるいは村落委員会を開いて村役員の意見を集約したり、住民会議を開いて事案を連絡したりする。それが行政末端の役人としての村長の主要な公的仕事である。

村長の仕事は公的な仕事以外にも実に多く、その中で重要な仕事としては、村長が村の外部との交渉をおこなうことがあげられる。たとえば、郡役所の開発指導員や農業指導員の指導を受けて、村長は自ら率先して住民組織を結成している。これは、行政からの指導には村長が介在し便宜を図ることが求められていることに依っている。また、外部者が県会議員選挙協力の依頼に来訪し、

婦人会に資金援助を申し出た際、村長がその人をともない案内している。このように、政治家など外部者と住民とを結び付ける仲介者の役割を果たしている。それから、企業や村外の地主の依頼の便宜を図っている。たとえば、6年前にはチェンマイ市の人から小作人募集の依頼があり、小作人の人選をしている。また、バンコクやチェンマイ市の会社から契約栽培の依頼があったときも、村長が村人から希望者を募っている。村長が外部に対して住民の窓口になるという役割があり、外部者は村長の了承と協力がなければ住民と接触することができない状態にある。そして、住民のために自分の家の庭先に肥料を置いたり、また出荷する農産物を庭に置いたりしているが、村長は企業と住民双方に対する便宜を図っている。このように、村長が村外者との交渉や窓口になっていることが、彼の主要な仕事になっている。こんにち、そうした仲介の世話をする仕事がますます多くなっている。その仕事が村の内外における村長の社会的地位を高くしているばかりでなく、権力の足場を形成している。

　1990年現在、彼が村長在職中におこなったことは以下のことである。まず、(1)村長就任直後に、住民たちから要望のあった村の名前を記載した看板を村の出入口に立てた。それから、(2)2つの野菜卸売り業者から6年前に契約栽培の依頼があり、そのため村長が住民から希望者を募り大豆と茄子の栽培を開始した。(3)6年前に、木彫組合がNGOの資金などを利用して木彫りの研修を実施した。(4)農業指導員の指導の下に、昨年白菜の漬物組合 (klum phak dong) を結成した。村長はそのグループの代表になっている。(5)6年前チェンマイ市に住む地主の依頼で小作人を住民の中から斡旋した。その際の小作料は定額小作方式であった。(6)村長に就任したのを機に、住民会議に出席しない場合に各戸に罰金を課した。1回欠席すると50バーツの罰金 (kha prap) がある。

　この中で注目されるのは次の点である。1つは、(2)のように、企業が契約栽培方式で輸出用の野菜の栽培を依頼してきていることである。すなわち、アグリビジネスが村民を直接把握する事態が現れていることである。2つ目は、(3)や(4)のように、政府もNGOも村落内に農民の集団形成を図っていることである。3つ目に、(5)に見られるように、大規模な不在地主 (30ライ) と定額小作方式が現れていることである。4つ目に、(6)のように、村落運営の機能が強化されていることである。

これらは、結果的に村長の権限強化につながっている。日常生活の中では、村長の権威はたとえば葬式の際などに示される。火葬場で火をつける人はたいてい村の有力者であるのが普通だからである。たとえば、ランプーン県ターカート村では村長の家の祖母が亡くなったときに、郡長がじきじきに来て火を点火していた。トンケーオ村の住民の火葬においては、村長が点火していることが多く、村長が村の中で社会的地位が高いことを示している。また、タイ正月の4月15日に、日頃お世話になっている人や村長をはじめとして村内で地位の高い人や祖父母たちのもとに尊敬の挨拶に行くダムフア（dam hua）という習慣がタイにある。小作を斡旋された人が、自分が組長をしている組5の人々を引き連れて村長宅にダムフアに来ている。近くの女性たちも村長宅にダムフアに来ている。多くの住民が村長の家にダムフアに来ていることは、村長が村内における社会的地位の高いことを示している。

ところで、王妃の誕生日（wan mae）に、サンパトーン郡では郡役所まで各村の婦人会がパレードをする行事がある。その際、村長は婦人会がパレードするのに付き添い、終了後に彼女たちに昼食をご馳走している。これは、「ごくろうさん」という意味で振る舞っているそうである。村長の給料はきわめて安いにもかかわらず（1990年現在で月に450バーツ）、住民に対してご馳走しなければならない。というのは、一般的に社会的序列の上の者は下の者に対して、父親が子供たちに無償で飲食物などを恵むように、村長は住民に「父親（pho khun）」としての行為をすることが期待されているからである。

トンケーオ村の農村開発にFARMというNGOが2年前から入っている。1988年に、100人程の木彫りをしている住民がこのNGOから資金援助を受けて木彫りの研修を実施したのがはじまりである。木彫り組合の代表は村長がしているが、この研修のために代表になったにすぎない。その後、企業から野菜の契約栽培の注文があり、村長をはじめとして木彫りから野菜の契約栽培にじきに転換した人々も少なくなく、実際に木彫りをする人はいまでは少なくなっている。そのほか、FARMは婦人会の中に貯蓄組合を結成し、婦人会の育成

---

2　FARMとは、1980年8月にタイに作られたNGOであり、正式なタイ語名は、ムニティ・フーンフン・チョンナボット（munnithi fuoen fun chonnabot）、英語名はFoundation for Agricultural and Rural Managementという。

と同時に貯蓄組合の結成と育成に努めてきた。しかし、婦人会の貯蓄組合は、借金をした人が返済しないために、わずか1年と3ヵ月間で解散せざるを得なくなった。このNGOのワーカーもそれを契機にして村に来訪しなくなり、別の場所へ転任していった。また、婦人会の活動はそれを機に停滞している状態が続いている。このFARMが活動場所を選択するにあたって、郡役所や村長はなんら関与していない。ワーカーが自分でプログラムを作成して外国のNGOに申請し、認められて初めて事業に取りかかる。しかしその際、ワーカーは事前に相談に行っていないし、またプログラムが始まってからも相談していない。こうしたことは、このNGOが郡役所や村長と連携しながら活動していたのではないことを物語っている。

## 2.2. 村落委員会と組

　トンケーオ村の役員は1987年に村長が引退したのにともなって変わった。この村の村落委員会の中には、タイ政府が公に掲げた7つのフォーマルな部会がある。これらの部会名は既に第1章で詳述したので、ここでは省略する。村落委員会は毎月行政区レベルで開かれるタンボン評議会後に開催される。その後、村にある寺院で住民会議が開催される。当村が農業中心の農村であることから、村落委員のメンバーは一部を除き大半が農業従事者である。1990年当時、村の役員は村長（46歳）と2人の副村長（43歳と35歳）、相談役（50歳）、行政区医務員（52歳）、それと委員6人（35歳から49歳にかけて）の合計11人から成っている[Tambon makamluang…]。この役員は全員が男性である。村長が村落委員をはじめ役員を任命する。この村には行政区長の任命による行政区医務員がいる。彼は不耕作地主であり、自分では実際に農業に従事していない。また、相談役は農産物の仲買人をしているほかに、委員のうち1人だけ牧師がいる。彼は人柄がよく人づきあいがよいため選ばれていると言われている。この3人を除いて、ほかの役員は村長をはじめとして農業に従事している。村落委員が農業に従事している住民から成っていることは、ここの村人がそれだけ農業を重視していることをうかがわせる。会議は村長宅で開かれている。

　トンケーオ村は5つの組から構成されている。かつては、組はポークないしムアットと称していたが、数年前から現在のケート（khet）と称するように変わ

第2章　北タイ農村2──チェンマイ県トンケーオ村の事例　　71

村落委員会

った。ケートに名前が変更される前は、1組のみ副組長が2名であったが、ほかの4つの組には副組長が3名ずつ置かれていた。しかしケートという呼称になってから、副組長は置かれていない。組5の場所は、土地のない親族がいまの代から遡って4代前に住み着いた所である。こうした経緯をみると、かつては親族ごとに分かれて居住していたことがわかる。組はこうした親族集団を中心にして形成されたと推測される。近年、新しく移住して来た人は人の住んでいない土地に家屋を建て、新しい別の組として編入されている。

各組の世帯数と組長の属性は表9のとおりである。組長の仕事は、各組の家を回って、村の寺院への寄進 (tham bun) を徴収すること、よその村の寺院への寄付依頼が来たときに集めて歩くこと、葬式のあった際香典を集金すること、郡役所から数年ごとに配布される貧しい人に分配する毛布や日用品、ノートなどを各組の貧しい家に配ることなどである。1990年現在、登録上の住民は1,256人で、世帯数が237である。1世帯平均世帯員が5.3人になる。

かつては各組ごとに行政事項の連絡係がいた。組によっては、1年ごとに各組内の家々が順繰りに交替して連絡係を勤めていた組もある。しかしなかには、

表9　組の一覧

| 組 | 世帯数 | 人数 | 組長 | |
|---|---|---|---|---|
| | | | 年齢 | 職業 |
| 1 | 34 | 150 | 47 | 農業 |
| 2 | 49 | 182 | 52 | 農業 |
| 3 | 46 | 284 | 30 | ニンニクの仲買 |
| 4 | 47 | 268 | 40 | 農業 |
| 5 | 61 | 372 | 51 | 小作・床屋・ニンニク仲買 |

資料）1990年聞き取り調査。

連絡係が毎年決まっていたところもある。したがって、この連絡係の仕事は順繰りに各世帯が負担するというシステムにはなっていなかった。この連絡係には村から報酬が支払われているという人もいるし、支払われていないという人もいて定かではない。現在は、連絡係は廃止され、1981年頃から村長が放送器を使用して連絡している。放送器は国会議員が持ってきた資金援助（10,000バーツ）で購入したものであり、村の共有財産と考えられる。

　そのほか、寺院に食事を運ぶ小さな組がある。組は隣近所の5〜6戸から構成されているので、先の行政上の組より規模が小さい。毎朝、組が交替で寺院に食事を運んでいる。このことを「カーオ・パイ・ワット（食事が寺院に行く）」とか「ソン・カーオ・ワット（食事を寺院へ送る）」と呼んでいる。しかし、必ずしも当番の日に組の全戸が必ずしも食事を持参しているわけではない。また、わたしがよその村で調査してきた経験によると、持参したい人が各自食事を寺院に持参するムラもあった。当村では小さな組が互いに交替して寺院に食事を持参してまかなっている点で、寺院の維持が村落のシステムを通して維持されていると言える。寺院の井戸の修理など寺院に必要な経費は、必要なその都度、住民から寄付を募ってまかなわれている。

## 2.3. 村仕事と共有地

　トンケーオ村では、村仕事がどのようにおこなわれ、そして共有地にはどんなものがあるのだろうか。村仕事 (phatthana muban) としては、行政の指導によって国王や王妃の誕生日など年に数回、道普請 (phatthana thanon) がある。その主たる内容は道路清掃である。そのほかには、共有地や休憩所などの清掃や小学校の校庭の清掃、寺院の清掃 (phatthana wat) がある。しかし、これらの清掃には必ずしも全戸が出役しておらず、また罰金も科されていない。ここには日

本のような共同体的規制は見られない。

　次に、村落の共有地にはどのようなものがあるのか見てみよう。とりあえず寺院を除いて紹介する。住民の意識としては、寺院は村の共有という意識を持っているが、制度的には異なるからである。共有地の中には、寺院がむかし建っていたと伝えられている道路に面した所がある。ここでは、数年前から毎週金曜日に雑貨売りの行商人が店を出す定期市が開かれている。そのほか、寺院のほかに守護霊の祠（ho cao ban）や休憩所が建てられている道端の土地が共有地である。共有の建物に関しては、地元住民の牧師が村内で引っ越したために、昨年から礼拝堂を修理して会議場所として利用できるようになった建物があり、住民が会議や貯蓄組合の集金などの際に用いている。この会議の建物は、現在村落の共有物として利用されていると言える。

　ほかには、組1と組5の道路脇にある休憩所が共有物である。組1のものは県会議員の事業（住民の申請を受けて実施するプロジェクト）で、組5は近くの住民の寄付で1988年にそれぞれ建てられている。しかし、現在は荒れ果てて休憩所を使うことはできない状態にある。この休憩所は、郡役所が住民を指導して作らせたものであり、住民が自主的に作ったものではない。それゆえ、住民はこうした共有物を自発的に利用していないためであろうか、休憩所は実質的に利用されないままにある。また街灯については、電気を取り付けられる裕福な家だけが自費で街灯を取り付けており、電気代もその家で負担することになっている。そのため、街灯の電気がついているところはわずかであり、街灯があっても電気をつけてないことがほとんどである。住民は伝統的に村落の共有財産という観念に乏しいために、街灯を村落の共有財産として備え付けて利用してこなかったのである。電気代は、その後政府の負担に変わった。

　以上から、こんにちのムラの共有地や共有物などの状況を見ると、共有地はむかしの寺院の跡地などである。また、放送器などの共有物は政府から提供されたものである。村仕事に目を転じると、道普請などの村仕事も行政から指導されており、自主的におこなったわけではない。こうした事実は、政府が住民に村の共有物をもたらし、行政村が1つのまとまりを持ったものとして形成されていることを物語っている。

　村長が住民会議に欠席すると罰金を徴収するように決めたことについては既

に指摘した。この罰金は村落基金（ngoen klang kan muban）に組み込まれ、村長がよその村の寺院への寄進に充てている。村落基金は、これまで住民が何かに寄付したときなどの残額を充てもうけられたものであり、毎年1月1日の住民会議の総会において村落基金の決算と予算の報告がなされている。そのほか村落基金は寺院の電気代などの経費に充てられている。こうした村落基金の使い方は、村の共有財産として住民のために充当されていると考えられる。というのは、村落基金が個人や一部の集団のために充てられることはなく、住民全員を考慮しておこなわれているからである。こうしたことは、村落基金がもともと寺院への寄付から発生したことを物語っていると言えないだろうか。この点は、タイ農村の村落をとらえる上できわめて重要である。

## 3. 寺院と小学校・保育園

### 3.1. 寺院

　寺院には寺院を管理運営する寺院委員会がある。このトンケーオ村の寺院委員会は20人ほどの住民からなり、寺院に関するさまざまなことを相談し決定している。寺院委員会で決まったことのうち重要なことは、後に住民会議にかけられて住民の賛否が問われる。住民が寺院に食事を運んでくる仏日のときには、念仏が始まる前に村の連絡事項を村長が住民に報告することがある。ある仏日のことであるが、寺院に井戸を新しく作るので村長が寄付を持参してほしい旨の話をしていた。こうした寺院関係の寄付は集金する人がいて、住民はその人のところに持参することになっている。また寺院にはラムヤイの木があり、そのラムヤイから毎年10,000バーツ以上の収入が得られる。その売上代は寺院の維持運営の経費に充てられている。

　トンケーオ村の場合は一村一寺であり、寺院が村落の機能を代替している側面がある。たとえば、住民全戸が寄り集まる住民会議が寺院で開かれている。また、かつては婦人会長宅で開かれていた拡大役員会が婦人会長の病気を機に寺院で開催されるように変わっている。このように、寺院は住民会議を開催する場をはじめとして住民が寄り集う場になっている。このことは、寺院が一種

の村落の機能を果たしていることを物語っている。

　米銀行の米倉が寺院の敷地に建てられている。寺院は住民がもともとムラのものという共有意識を持っていたからこそ、米倉を寺院の敷地内に建てることにしたのであり、僧侶もそれを許可したと考えられる。

　このほか、寺院はとりわけ親子・キョウダイ・親族が精神的絆を形成する場であることを指摘できる。たとえば、住民は毎年お正月や収穫祭などの際、寺院に死者の供養に来ている。その際は、親族が供養に来るのが普通である。また功徳積みは、自分がより幸せになるためにおこなわれるが、それのみならず両親や祖父母などに対して徳を転送するためにおこなわれている。葬式における男の子供たちの得度がその代表的なものである。葬式や得度式は、親族が参加し協力しておこなわれるのが常である。住民にとって、功徳積みという行為は死者と自己とを結び付け、かつまた親族の結び付きを強化する機能を有している。というのも、こうした儀礼が親族の結合を確認する場になっているからである。

　住民は、同じ寺院に功徳を積みに行く人々のことを「タンブン・ディアオカン (tham bun diao kan)」と呼んでいる。この言葉は、寺院を通して住民が精神的に一体観を持っていることを表象している。また人々が「タンブン（寄進）をすると気持ちが落ち着く」と述べているように、仏教が住民に対して精神的な安定感を付与している。このように、仏教はタンブンを通して住民を精神的に安定させる機能を果たしている。

　大きな行事のときなど、寺院に寄進される食事やお菓子類はたいへん多いため僧侶だけですべてを食べることはできない。そのため僧侶は近くの雑貨店にそれを売却し、その収益金を貧しい家に分配している。毎年合計でおよそ300バーツから400バーツを約50戸の家に分配しているという（1990年時点）。こうした救貧行為は寺院の古くからの伝統的機能の1つである。寺院が特定の家を排除せずにムラに居住しているすべての貧しい人々に施し物をしている。分配する家は僧侶の判断に委せられているとはいえ、こうした機能は寺院が村落機能を代替していると考えられる。

　1988年に、トンケーオ寺院の敷地内に老人がくつろげる施設が建設されていた。寄進者の内訳を見ると、バンコクやチェンマイ市などに居住する村出身

トンケーオ寺院でのタンブン

の人々からの寄進の金額が最も多かった。寺院への寄進が行政村を越えて村出身の人々から集められていることは、彼らが母村に精神的につなぎとめられていることをうかがわせる。このことは、母村の寺院への寄進行為を通して村出身の村外居住者が精神的に母村につながれていることを物語っている。

## 3.2. 小学校と保育園

表8に見られるように、マカームルアン行政区のどの村にも小学校があるわけではない。前述したように、トンケーオ村には1987年まで4年生まで通学する小学校があったが、生徒数の減少にともなってローンナーム村の小学校に

---

3　寺院の祭りへのタンブンが、「コミュニティのアイデンティティ」を強化することはインゲルソルやウトンなどが既に指摘している [Ingersoll 1975: 238-239; Utong 1993: 68]。インゲルソルは、住民はタンブンが一緒に生活している住民相互に影響を及ぼすと考えている。ウィジェイェワルデネは寺院を村落と同義に解する誤りについて指摘している。つまり、寺院への寄進（pha pa）は当該の村落を超えてバンコクや遠く外国人などからも寄進があり、それによって維持されているからである [Wijeyewardene 1967: 71]。寺院はムラやコミュニティを越えた契機を提供しているとはいえ、そうしたことは年1回程度であり、寺院はふだんの生活の中で村人の主要なアイデンティティを形成している。

統合された。1990年現在、隣村のローンナーム小学校に通学している。子供たちは、かつてはトンケーオ小学校に4年まで通った後、ローンナームの小学校に通っていたのである。

1990年の時点で、ローンナーム小学校の校長は52歳の男性が1人、教師は女性6人、男性2人の計8人いる。生徒は1年生から6年生まで合わせて187人いる。このうち、トンケーオ村の生徒は51人いる。また、中学校への進学者は1988年が20人中7人（35％）、89年が26人中13人（50％）、90年が30人中15人（50％）となっている。中学校への進学率が多少とも増加している傾向にある。中学校が義務化される前である1980年代の中学校への進学率は、農村では50％以下から50％になりつつあったようすが知られる。昼食は9年前から先生2人が交代して食事を作り、生徒が手伝って安く食べられるようにまかなわれている。また、貧しい子供たち15人程は無料で昼食サービスを受けている。行政区全体の子供たちにはキリスト教徒のための奨学金がある。とはいえ、貧しい家庭全体に提供される奨学金制度はまだ実施されていない。

ローンナーム小学校には2つの村の代表者と教師たち15人で構成している小学校委員会がある。委員会は年間3回開催され、そこで子供たちの勉強のことや生活状態などについて話し合われている。委員会には、トンケーオ村からは村長が副議長で、副村長らが委員で合計4人が参加している。ローンナーム村も同様に村役員をはじめとして住民が参加している。このように、小学校委員会の構成は、2ヵ村の村役員を中心とした住民たちから構成されている。

こうした公立の小学校に通学しないで、私立の小学校に通学している子供もたくさんいる。それゆえ、先の数字がそのまま村の子供全員の数を表しているわけではない。零細農民や土地なし農民を除いて、多くの家庭では子供たちを私立の保育園や小学校に通学させており、私立に通学しなければ子供が高校や大学に進学することは不可能だと考えられている。

1歳から5歳までの子供は保育園（sun oprom dek lek）に通園しているが、その保育園はローンナーム小学校内に敷地を借りて数年前に作られたものである。この保育園は公立ではないが、郡役所の資金提供を受けて建物を建て、住民たちが自主的に運営している。1990年現在では、ローンナーム村とトンケーオ村の41人の幼児たちが通園している。3歳児は1人月最低100バーツ、1歳児

は月150バーツの保育料をそれぞれ支払うことになっている。教師2人の給料は保育料の中から1人につき1,200バーツずつ支給されている。

## 4. 住民組織

### 4.1. 村落内住民組織

　トンケーオ村の住民組織は、表10のとおりである。この表10のうち村落内住民組織は、米銀行から漬物組合までの5つである。

　米銀行(klum omsap yung can khao)は郡役所の指導で1981年に作られている。米銀行は78人から構成されており、村の全世帯が加入しているわけではない。メンバーになると、米銀行から米や資金を2%の利子で借用することができる。米銀行の米倉は寺院の敷地内に建てられているのは、前述したように、寺院が村落の共有であると考えられているためである。ここに寺院が村落の共有地であるとする住民の観念を見出すことができる。

　米銀行のほかに、貯蓄組合(klum omsap phuea kan phalit)がある。これは内務省地域開発局が農村開発のために普及したものであり、1984年に農業指導員の指導で設立された。農業に関連した種や肥料、農薬などを購入する際に借用することができ［klum omsap phuea kan phalit n.d.］、メンバーは1990年現在165人いる。毎月1人10バーツずつ預け入れ、また利子が100バーツにつき1.5バーツの割合(1.5%)で金を借用することができる(以前は利子が2%であった)。1990年の時点で、資金は78,745バーツ余りあり、1992年の時点では120,000バーツ余りに増加している。また、米は全部で籾米が881タンあり、籾米10タンにつき12タンを利子2%で借米することができる。いずれも返済は米の収穫後にすることになっている。利益は半分をメンバーに還元し、残りの半分のうち5分の3を役員に、残りの5分の2を資本金に組み込む仕組みになっている。

　これらのほかに婦人会がある。婦人会は政府・郡役所の指導で1980年代に結成されているところが多い［重冨 1996: 155］。しかし、実質的な活動をしているところは一般に少なく、個人的に数人が自主的に何かをしている程度の

ところが多い。FARMというNGOの指導員が農村開発に入ってから当村の婦人会の活動が活発になった。婦人会には村の大人の女性全員が加入しているわけではない。比較的裕福な家庭の女性が役員をして活動しているにすぎない。FARMは婦人会のために指導員を呼んで女性の職業研修をおこなったり、料理講習会を開いたりする事業

表10　住民組織

| 組織名称 | 設立時期 | 構成員数 |
| --- | --- | --- |
| 米銀行 | 1981年 | 185人 |
| 貯蓄組合 | 1984年 | 175人 |
| 婦人会内貯蓄組合 | 1990年 | 57人 |
| 木彫り組合 | 数年前 | 約100人 |
| 漬物組合 | 1992年 | 12人 |
| 葬式組合 | 数年前 | 1310人 |
| 灌漑組合 | 古い | 141戸 |
| サンパトーン農協 68番 | 1976年 | 43戸 |

注）婦人会内貯蓄組合は1990年5月に設立され1991年7月に活動を停止している。
資料）1990年、1992年、1993年の聞き取り。

をおこなってきた。婦人会の自立のために、婦人会のメンバーが造花を作って販売し、その収益金を婦人会の予算に充てる構想を持っていた。しかし、婦人会の中に作られた貯蓄組合の運営に失敗して解体して以降、NGOのワーカーが手を引いて来なくなり、それを機に婦人会は事実上活動停止の状態が続いている。

　その婦人会の貯蓄組合は1990年5月に設立された。期限が過ぎても借金を返済しない人が頻出し運営がうまくいかなくなったため、結局翌年の7月に婦人会は貯蓄組合を解散せざるを得なくなった。この貯蓄組合は3ヵ月後に利子の2％を含めて全額返済する仕組みになっていて、先の農業関連の貯蓄組合の方法と同じ仕組みであった。前章で見たランプーン県ターカート村の貯蓄組合の仕組みは、毎月利子のみを返済すればよく、この村のように4ヵ月後に全額返済する仕組みとは異なっている。この貯蓄組合はFARMの指導で結成されたものであるが、仕組みに無理があったのではないかと思われる。

　昨年の1月から郡役所の農業指導員の指導で結成されたものに白菜の漬物組合がある。このグループは男子7人、女子12人の計19人から構成されている。村長が代表をし、ほかに副代表、書記、会計の委員を設けている。郡役所から40,000バーツの資金援助を受けて、グループ全体で種や壺、瓶、肥料などを共同で購入して利用している。そうして、瓶詰にして仲買人に1キロ6バーツで販売しており、売上から経費を差し引いた利益を平等に分配している。

職業集団には木彫り組合がある。メンバーは約100人いると言われているが、実際には20人ぐらいしか木彫りをしていない。グループを作った後に、1988年に木彫りの研修をし、その翌年には木彫りの研修をした。初回はFARMのワーカーと郡役所の開発指導員とが木彫りについて指導し、2回目のときは、FARMから7,000バーツ、チェンマイ市にある学校から1,000バーツ、残りの2,000バーツは寄付を集めて指導員を呼んで木彫りの研修を実施している。木彫り組合は、村長が当初はリーダー役で参加していたが、ほどなく彼は木彫りをやめて先の白菜の漬物組合の結成に参加している。

　これらの米銀行、貯蓄組合や婦人会の貯蓄組合、漬物組合、木彫り組合などは自由加入制であり、個人の利害関係に基づいて結成されている。これらのうち、米銀行、貯蓄組合、漬物組合は共同の財産を持っている。たとえば、米銀行と貯蓄組合の場合は資金と米、漬物組合の場合は壺や瓶などがそれにあたる。そして、これらの集団は、代表および副代表、書記、会計などの役職を置き、メンバーが遵守すべき規則がある。すなわち、資金や米を借用できるとか、何％の利子で借金できるとか、共同で購買するとかといった何らかの申し合わせがあるため、メンバーはそれを遵守する義務がある。これに対して、1980年代に作られた婦人会や木彫り組合には、共同財産もなければ規則もない。

### 4.2. 村落を越える住民組織

　葬式組織は、商品経済が農民の生活に深く浸透してきてから結成されたものである。その点で、灌漑組合のような比較的古くからある組織とは異なっている。構成単位は個人であり、近隣の住民が加入しているため住民全員の数よりもメンバー数が多い。加入者数は1987年では1,290人前後を推移していたが、そのうち住民が1,256人いる。加入したり脱退したりすることが容易におこなわれており、出入りが激しいようすがうかがわれる。その後、1990年には1,310人にメンバーが増加している。6歳以上であれば、誰でも加入することができる。世帯ごとに1枚の券にグルーピングされていて、その券は269枚ある。つまり、世帯で言うと269加入している。このように、葬式組合は村の全人が加入しているわけではなく、近隣の村人も加入している。このことは、メンバーを村落という範囲で区別する考え方が見られないことを示唆している。

なお、1987年7月から1990年5月までの35ヵ月間で調べてみたら延べ22人が死亡していた。

　葬式組合の組合長は前の村長が担当しており、副組合長が現村長、組長は委員を担当し各組のメンバーから徴収する任にあたっている。葬式組合には次のような決まりがある。葬式をあげた家は香典の5%、すなわち100バーツにつき5バーツを葬式組合に納めることになっている。こうして集まった資金(ngoen klang kan chapanakit sop)は10,000バーツ以上ある。そしてその資金は、葬式代を借りたい人に充てられている。よその村では葬式に要するお皿や机、テントなどをこの資金から充当している所がある。しかし、この村では食器類などはすべて寺院に寄進されてあるものを借用しているため、この資金の中から購入に充てられているわけではない。葬式組合の仕組みを見ると、各組の組長が香典を集金しており、村落運営のシステムを利用して運営されていることがわかる。村外の人が亡くなったときは、各自が葬式の日に香典を持参することになっている。こんにち、葬式組合の人々が葬式の一切を手伝うようになっており、葬式組合への加入は生活上不可欠になってきている。

　村には灌漑組合が1つある。それは近隣の住民を含めて141戸から構成されている。近隣の住民およそ10人が含まれているから、村の住民は130人ほどが灌漑組合のメンバーである。しかし、この村で130人だけが実際に農業に従事しているわけではない。というのは、子世帯は親から経営を任される経営委託を受けて耕作に従事しているが、彼ら／彼女らはけっして農地の所有者ではないため帳面上登録されていないからである。田畑の登録は、すべて親の名前で記載されていて、親の死後初めて子供が田畑を相続し、子供の名前に登録が変更されるのである。このように、灌漑組合はメンバーが地主に限られているため自由に加入できるというわけではない。

　サンパトーン郡一帯は古くから開けたところであり、かなり以前から農民は自分たちで灌漑をしていたと思われる。田辺は、北タイ盆地は政府事業として灌漑が発展したところとして考えているが、それでもチェンマイ盆地の周辺や山間の支流は伝統的な灌漑に依存していたと想定している［田辺 1976: 699］。メーテン・ダムが1972年に完成して以降も、わたしが調べた限りでは、この一帯は伝統的な灌漑をしてきたと思われる。

灌漑組合には田植えの前などに用水の清掃 (ki muang) が年2回あり、この出役に参加しなければ罰金を1日50バーツ支払わねばならないことになっている。清掃などの出役義務はグループのみに課されており、メンバーではない世帯は出役しなくてよい。出役は、世帯員のうち誰が出てきてもよい。なぜならば、組合は世帯単位で構成されており、個人単位で構成されているわけではないからである。

このように見てくると、灌漑組合は村外者が含まれているため、灌漑組合が村落機能を持っているとは言えないことが知られる。したがって、灌漑組合がメンバーに対して村の住民か否かという枠組を押しつけているわけではないことがわかる。

サンパトーン農協の事業の中に社会福祉事業がある。この村のメンバーは、この事業の中で「68番」と呼ばれているグループ (klum) を成している。サンパトーン農協が福祉事業を始めたのは1976年からであり、既に長い歴史を持っている。1990年現在で、マカームルアン行政区では15ヵ村中11ヵ村がこれに加入している。トンケーオ村は43世帯が加入しており、269世帯中15.6％の加入率である。60歳以下の健康な人ならば誰でも組合に加入することができ、死亡したり負傷したりした場合に保険がもらえる制度である。各集団にはそれぞれ委員長、副委員長、書記、会計、集金係がいる。メンバーが死亡すると、1人5バーツを支払うことになっている。1993年8月現在で、メンバーは全員で13,756人いて、合計68,780バーツ集金される。そのうち、集金係に5％、農協に3％支払うことになっているため、結局喪家が60,000バーツ余りをもらうことになる。加入している当人が死んだ場合にのみ、保険金が夫婦の片方に支払われる。したがって、親が死んでも子供はもらうことができず、親子はそれぞれ別個に加入しなければならない仕組みになっている。サンパトーン農協の福祉事業は歴史もあり、充実した内容で全国的に注目されており、研修に来訪する人が後を絶たない (第5章参照)。

## 5. バーンの守護霊

　村落を家々の連合体としてではなく、村落独自のシステムとして考える場合、村落の祭祀儀礼の有無を検討しなければならない。

　この一帯では、集落（ban）を守護する霊はチャオ・バーン（cao ban）と呼称されている。村落内の4ヵ所に、チャオ・バーンの祠が6つある。1ヵ所だけ3つの祠が建っている。また、1ヵ所だけチャオ・バーンが屋敷地内にある。このチャオ・バーンだけは屋敷地を所有している1つの親族を中心にして祀られている。ほかのチャオ・バーンは、親族関係とは無関係に近隣の人々が祀っている。この守護霊は親族の守護霊でもなければ村落の守護霊でもない。4ヵ所ごとに近隣の人々が祭祀している。これらの守護霊ははじめ親族ごとに祀られていたのであろうが、その後人口が増加し、親族が散ってしまったために、現在ではそれが忘れられてしまったのであろうと思われる。祭祀の日は毎年6月と決まっているが、日にちはそれぞれ違っている。これらの守護霊は、現在、それぞれの祠のある「地区を守護する」と考えられている。したがって、祠の近くに住む住民が祭りの日に祈願に行くが、だからといって近くの人が全員行くわけではない。都合が悪くて祈願に行かない人もいる。また、結婚式後や遠くに旅立つときなどに、結婚の幸せや旅の安全をチャオ・バーンに祈願する人もいる。精霊儀礼は家族や親族、さらに村人を結びつける重要な絆であり、人々のまとまりを表象している。


## 6. 考察

　本章は、トンケーオ村の村落を事例にして、村長の仕事や村落委員会の役割、共有地や共有物の利用の仕方、あるいは寺院や小学校の機能、灌漑組合や葬式組合、米銀行、貯蓄組合などの住民組織の仕組み、バーンの守護霊儀礼などを取り上げ、村落がどのように形成されているのかについて検討してきた。最後に、村落形成の内実を整理するとともに、住民組織をソーシャルキャピタル

論の観点から検討を加えることにしよう。

トンケーオ村は、行政村と集落の範囲にあるムラとが重なりあっている。まずこの事実を踏まえておこう。村長の主要な仕事は、まず第1に行政末端の事務をしていることである。モアマンが村長の両義的、境界的役割について指摘しているように [Moerman 1969]、村長が郡役所からの連絡を住民に連絡したり、税金を徴収したり、住民に行政上の手続きを教える仕事をしており、現在に至るまで既に長いあいだ行政と住民との橋渡しの仕事をしてきている。

村落委員会に関しては、次のことが言える。村長が村落委員会を開催して決定した後に、住民会議にかけて決定していることは、村長をはじめとする村落委員会は行政による住民支配を補完していると言えるだろう。そのほか、トンケーオ村にも7つの公的な部会がある。その機能を見ると、実際に財務部会は機能している。具体的には、住民が財務部会長に支払う必要がある資金があれば持参し、部会長はそれを銀行に預け入れているからである。しかし、ほかの部会はほとんど機能していない状況にある。これは、農民がもともとこれらの部会を自発的に結成したものではないため、住民が積極的にその集団活動に取り組んでこなかったことに依る。いずれにしろ、村長と村落委員会の権限が強化され、その結果として村落運営の機能が強化されていることは確かである。

村長は住民にとって上に立つ人であり、いわゆる「父親」のような慈悲ある役割を果たす義務があると考えられている。村長が婦人会のメンバーにごちそうを振る舞っているのはこうした理由がある。住民は伝統的に村長にいわゆる「父親」のような役割を求めてきたし、だからこそ村長の言う言葉に耳を傾けて来たのである。こうした村長の行為を「プラクン (phra khun)」という [ヘンリー／スチャダー 2000: 117-118]。そうしなければ、彼は住民の信頼を得ることはできないのである。こうした村長の役職が持つ性格は、むかしからこんにちに至るまでなんら変わることなく続いている。これは、ムラという社会空間を共有している者が村長に対して抱く気持ちである。

従来、小農から成り立っている村落においては、村長の権威はたいへん弱く、強い指導力を持っていないと考えられてきた。村長は住民が自主的に選出した村の代表であり、政府はそれを追認して村長として認めているにすぎなかったからである。こうした村では、村長は住民の理解と承認が絶えず必要であり、

それなしでは解任させられてしまう。理解してもらうためには、村長は住民の「父親」の役割を果たし続けなければならないのである。しかしながら、その「父親」が住民会議にどの家も必ず出席しなければならないという義務を課したことは、別言すれば村長が住民会議に欠席した場合に罰金を科したことは、これまでのように自発性に任せていたのでは人が集まらず会議の運営に支障が生じるからであろう。このように住民に対する村長の権限が強化されており、その結果として村落支配が進行していることがわかる。

　この村の共有財産の状況について見ると、住民は郡役所の指導で休憩所を村の共有地に建てたり、郡役所の農業指導員の指導で米銀行を結成し米倉を寺院の敷地に建てたりしている。こうした背景には、寺院の敷地は住民全員の共有地として昔から考えられている点を見逃すべきではない。農業関係の貯蓄組合では昨年から役員の自宅に代わって、毎月旧礼拝堂の会議場所を利用して集金している。また、この村では1979年頃に連絡係を廃止し、県会議員が放送器を県の予算で購入してくれたので、現在村長は放送器を用いて住民に連絡している。放送器は村長宅に置かれているが、それは村の共有財産である。

　住民にとっては、これらの共有物を通して村落が1つのまとまりを持ったものとして立ち現れていると言える。こうした背景には、行政指導によって村落運営の機能の強化がおこなわれている状況がある。郡役所などによる指導によって、住民が共有地や共有物を利用しつつあることが、住民が村落の共同性という観念、つまり「我々意識」を作る土台になっていると考えられる。

　それにくわえて、この村には村落基金がある。住民会議に欠席すると、欠席にともなう罰金が村落基金に組み込まれるようになっている。村落基金の一部はほかの村の寺院への寄進に充てられている。この使い方は、個人や一部の集団のために使用せずによその寺院に寄進しているという点で、誰もが納得できる使い方をしている。ほかの村の寺院からタンブン（寄進）の依頼がある。その都度、組長が各組を回ってタンブンを集めているが、これは普通行政村ないし村落（ムラ）が集金を取りまとめる単位として扱われているため、タンブンの総額が少なかった場合などに、村長の判断で村落基金がその補塡に利用されている。それゆえ、こうした行為は寺院が村落機能として組み込まれていることを示唆している。村落基金がいつ頃から設けられたのか定かではないが、タック

シン政権が導入した村落復興基金、いわゆる「百万バーツ」以前に、村落に共有の財産が作られていたことに注目してよいだろう。

村落基金はいくつかの方法で調達されている。たとえば、NGOによる資金提供の残りや住民の寄付、そして村の共同財産の売買や運用で村の資金を作り出している。この村では、住民の寄付の残りと罰金で村落基金の原資を作っている。こうした村落基金は、住民に対して村落が住民1人1人から独立して存在するムラの共有財の存在を意味している。

村仕事に関しては、行政・郡役所は村落開発として清掃を指導してきた経緯がある。そのようすを見ていると、住民は必ずしも全員出役して道路清掃をしているわけではない。欠席しても別に罰金を取ることはないということであるが、自主的に村仕事に出役することが当然のようにあてにされている。村仕事にあまり出役しないと村で悪評が立ち、その後の生産・生活活動に支障が生じることがある。そのため住民は悪評が立つのを恐れて、村仕事に適度に出役するのが普通である。しかし、そうした村仕事に出役する義務の観念はきわめて弱いこともまた確かである。こうした村仕事のルースさは、協同活動が伝統的に自発的に参加する仕組みから成り立っていたことを傍証すると言えるだろう。これは人々が持っている「レオテーのハビトゥス[4]」である。

北タイと東北タイの村落儀礼について、タネンバウムの知見に基づいて整理してみよう。東北タイにおけるラーオ人などの村落の守護霊祭祀は村の先祖の祭祀でもある [Tannenbaum 1992]。しかし、村の柱 (sao ban) は見られない。柱というのは、村落を新たに開拓したときに村落の基礎の柱として設けるものである。その反対に、タイ・ルー族[5]やタイ・ロン族には村の柱はあるが、村落の守護霊は村落形成時の先祖霊ではない。北タイには村落の守護霊はない。その昔、集落を開拓したときの先祖霊はある。しかし、その先祖霊は親族ごとにあり、集落に必ずしも1つというわけではない。また、村の柱はないという。

---

4 「その人の気持ちしだいでよい」とするレオテーの考え方は上座仏教の基本的な考え方に由来すると思われる。仏教は自分から自発的に意志することを尊重しているが [石井1975]、このレオテーの態度は仏教によってのみ形成されたわけではなく、併せて歴史的社会的に形成されたものである。本書ではハビトゥスという概念を用いるが、煩瑣になるのを避けるためハビトゥスが成立する「界」概念を用いないで議論していく。

5 タイ・ルー族は中国雲南省西双版納（シーサンパンナー）から19世紀に移住してきて、タイ北部に居住しているルー族。タイ・ロン族はタイに居住しているシャン族。

## 第2章 北タイ農村2——チェンマイ県トンケーオ村の事例

　19世紀末頃までは、北タイの農村ではいくつかの親族が集まって1つの集落を形成してきた。そのころは、守護霊（チャオ・バーンないしスア・バーン）は親族単位に祭祀されていたのであろうと思われる。それに対して、東北タイには村落の守護霊として開拓時の先祖霊があり、村の守護霊がある。住民はみんなでその霊をムラの守護霊として祀っている。またタネンバウムの見解とは異なり、わたしの調査地では村の柱がある所もある。東北タイでは、1つの集落がムラを成していたと言える。このように、北タイと東北タイの守護霊のあり方が相違しているのは、集落と行政村のなりたちが異なっているからである。

　寺院に関しては、ソーシャルキャピタルの観点から以下のようなことが言える。1つは、上座仏教が人々に喜捨を説いていることである。これはどの寺院でも等しく見出される。タンブンは喜捨の精神に基づいている。寺院は仏日などに僧侶が人々に説教を説いている。布施をすることの重要性や親孝行、生き物を殺さないこと、互いに助け合うことなどを説いている。こうした教えから人々は再分配や互酬性の規範を意識することなく昔から学んできた。それがソーシャルキャピタルを形成している。

　タイの寺院は、誰がどの寺院にいついくらタンブンしてもよい。これは、住民がレオテーのハビトゥスを形成する上でたいへん重要な価値づけを果たしてきた。というのは、仏教は長年にわたって人々のものの考えかたや性向などを形成してきたからである。もちろん、仏教が一方的に社会生活を規定しているわけではなく、仏教も社会から規定されている。とりわけ、家族が仏教を規定する場として重要である。

　2つめは、当村が一村一寺ということで、寺院が村落機能を代替していることである。たとえば、住民会議が寺院で開催されたり、村長が仏日に連絡事項を住民に連絡したりと、寺院が住民の集う場になっている。そうした村落機能を見出すことができる。つまり、寺院が一種の村落機能を果たしている。このことは一村一寺の場合にどの村にも広く見られる。仏日や僧衣寄進祭など、年間を通して仏教行事の機会は、村人が出会う場である。言い換えれば、仏日や僧衣寄進祭などは村人が知り合う機会を再生産している機会である。こうした寄進行為を通して、村人は頻繁に、またはたまたま知りあうことになる。こうした出会いは昔からタイ農村にあったことであるが、どの寺院にも大なり小な

り共通している。これを一般化して言えば、寺院は社会関係が接合される場であるということが言える。

そのほか、住民は葬式のときに寺院の机や食器類、テントなどを借りて使用しており、それらは住民にとって村落の一種の共有財産を成している。この点においても、寺院が一種の村落機能を持っている表れである。

3つめは、寺院が再分配の機能を有していることである。人々は寺院へ金銭のみならずさまざまな物を寄付している。布施の中身は、金銭や僧衣、食事、菓子のほか、なかには戸棚や扇風機などの生活用品などもある。寺院が資金や物品をいったんプールし、そのあと人々に高価なものは売却し、廉価なものは再分配している。それは、寺院が村落機能を代替しているということである。たとえば、ムラが寺院を介して貧しい人に食事などを再分配していると考えてよい。貧しい人を救済する寺院のこうした行為はどの寺院にも見られるものであり、ここだけに見られるわけではない。政府や郡役所から施される毛布などの品物も一種の政府による再分配である。これは、自生的に形成されたというよりも権力的に上から温情として付与されているので、寺院を介する再分配とは性質を異にしている。

4つめは、寺院が住民に「我々意識」を作り出していることである。同じ寺院に功徳を積みに来る人をタンブン・ディアオカンと言っている。これは「ともにタンブンをする間柄」という意味であり、住民が精神的に一体観を持っていることをうかがわせる。5つある組が毎日交替で寺院に食事を持参し村落全体として寺院を支えているのは、寺院を大事にする住民の価値観や考えの表れである。

次に、住民組織のうち、まず灌漑組合を取り上げて見てみよう。灌漑組合は伝統的灌漑をしてきたため、1960年代以降に新しく作られた組織ではない。むしろ自発的に結成されたと考えてよいだろう。北タイ農村では、チェンマイ盆地を除いて、灌漑は川の氾濫を利用したものであった［田辺 1978; Tanabe 1997］。灌漑は農民が自生的にグループを結成しておこなったものと考えられる。灌漑組合はこの村に1つしかなく、メンバー141人のうちトンケーオ村の住民はおよそ130人であるのでほかの村の住民が含まれていることがわかる。親世帯から一部農地の経営権を任されている子世帯は灌漑組合に登録していないので、こ

の数字がそのまま自作農民の世帯数を表すわけではない。実際にはそれより多い世帯が稲作に従事している。それはともかく、灌漑組合に村外の人が加入していることがわかる。このことを考えると、灌漑組合はそのまま村落機能を代替しているとは言いがたい。また灌漑組合では村落が領域として枠付けされていない。さらに、灌漑組合の加入や脱退は、住民が自由にできるわけではなく、また用水の清掃に出役しなければ罰金を科されることになる。つまり、メンバーは明確な権利と義務を持っているのである。メンバーの権利と義務が明確であるとはいえ、なかには都合が悪くて清掃作業に出役しない人もいる。出役しないかといって罰金を取ることは実際にはしていない。しかし出役しないことが繰り返されると、当人の悪評が立ち、人間関係に支障をきたすおそれがある。それを避けるために、都合が悪くなければ出役するのが普通である。したがって、昔からある伝統的な灌漑組織は規則を守るということを教えていると言える。しかしながら、灌漑組織は「正直・誠実」というソーシャルキャピタルを学習させているにもかかわらず、それが身体化されるにいたっていないのである。

　それでは、この村で新しく結成された組織はいかなる特徴を持っているだろうか。たとえば、葬式組合の仕組みについて見ると、第1に、葬式組合が資金を調達してメンバーに便宜を図っていること、第2に、村外の人々が加入できるようにしている点で村落が領域として枠付けられていないこと、第3に、メンバーが死んだときに1人10バーツ支払うことなどの規則があること、そして第4に、メンバーの出入りが多いことに示されているように、割と簡単に加入できることである。葬式組合のこうした特徴は、上位にある農協の仕組みほどの厳格さがない。農協は、農業・農協銀行の仕組み、すなわち5名で1班を構成し、連帯責任制で資金を借りるという仕組みを取り入れているし、葬式組合も同じ仕組みを取り入れている。葬式組合は、原資を増やす必要があるため積極的に加入者を受け入れている。

　葬式組合は、組合員からすると、葬式時にそれ相当の資金が受け取れるのでたいへん助かっている。組合員は組織に加入してメンバーの死亡時に10バーツを支払うことが義務づけられている。その代わり、葬式時には多くの資金が受け取れる。これは、加入するメリットが大きいという点で加入者を増やすことにつながっている。経理は組合事務所がおこなっているため、メンバーは規

則を守ることだけでよい。それが利益へとつながっている。この場合、ソーシャルキャピタルは規則を守ることが大切ということになるだろう。「正直・誠実」こそが大切というわけである。

次に、米銀行や貯蓄組合、木彫り組合や白菜の漬物組合、婦人会内部に貯蓄組合などはどのような特徴を持っているかを整理しよう。まず、こうした組織は政府およびNGOの指導の下にいずれも経済的利害関心から結成されたものである。そして、誰がリーダーであるか、誰に誘われたかという要素も関係している。これらの協同集団は二者関係から成っているのではなく、メンバーシップが明確であり何％の利子で借用できるといったような規則（ルール）がある。米銀行や貯蓄組合、漬物組合は、資金や壺、瓶などの集団に共同の財産があり、それらの運用をめぐって規則がある。そしてメンバーが行政村内に限られている。

それに対して、当村の集団の中で木彫り組合だけは唯一きわめてルースであり、メンバーシップも明確ではない。また、共有財産も持っていない。村長が木彫りから野菜の契約栽培や白菜の漬物組合に乗り換えたことに見られるように、住民が各自の利害によって容易に脱退する事態が起こりうる。ある住民の話によると、木彫り組合は実質的に木彫りの研修を受けるためだけに集団という体裁を採ったにすぎない。形だけの組織ということがわかる。それゆえ、この組織では何の規則も学習することができない。

また婦人会の貯蓄組合が容易に解体したことに見られるように、規則を守らない事態が発生すると、たちまち集団が崩壊する可能性がある。組織がメンバーに「正直」というソーシャルキャピタルを学習させることができなかったことを示している。

同じ村落に居住する人々が婦人会や木彫り組合、貯蓄組合、米銀行などの住民組織を形成している。これらの組織は、一部婦人会などを除いて、加入にともなって経済的利益を得られる人だけが加入している。米銀行は行政指導で作られ、貯蓄組合は自発的に作られたものである。いずれの住民組織ともメンバーが相互に利益で結びついている。メンバーは同じ村の人であるが、メンバーの全員が互いに知り合いとは限らない。加入資格は同じ村の人という条件があるだけである。メンバーの紹介が必要ということもない。加入にともない利益

がある点が組織への加入を促す要因である。しかし、規則を守るという「正直・誠実」さを新たにハビトゥスとして身につけなければならない。

　婦人会の貯蓄組合や漬物組合、木彫り組合などは規模が小さいこともあり、お互いによく知っている人から構成されている。そのため、メンバー相互の顔見知りどうしという関係がグループの存立を担保しているように思われる。それでは、どうして婦人会の貯蓄組合は崩壊したのだろうか。それが崩壊したため、婦人会それ自体が活動の停止を余儀なくされている。その理由は、利子を含め元金を返済できなかった人がいたことである。こうした返済不能な人がいて貯蓄組合が崩壊したケースはよその村の調査でもわたしは目にしているので、こうした事態がそれほど珍しいわけではない。それでは、どうして婦人会内部の貯蓄組合の崩壊を防ぐために、問題を起こした人を助ける人がいないのだろうか。この点を理解することはタイ社会を理解する上できわめて肝心である。その理由として考えられる要因の1つは、人々が相互に不干渉であることを指摘できる。これは伝統的にレオテーというハビトゥスが身についているからである。そのほかに関係する要因としては、婦人会には女性が誰でも自由に加入できるという点と、くわえて婦人会のメンバーであれば誰でも貯蓄組合に加入できる点があげられる。婦人会は親族を中心に構成されているわけではなく、村の女性であれば誰でも加入できる。そのことが、メンバーが互いに強い絆で結ばれていないことの背景にある。そのほか、経理のノウハウをきちんと知り、帳面を管理できる人がいないという点があげられる。組織を運営するには、メンバーが規則を守ることも大切であるが、それとともに経理を管理できる人がいることが大切になる。これは人的資本の重要性ということになる。

　ソーシャルキャピタル論の観点から婦人会内の貯蓄組合の活動が停止した事態に関して整理すると以下のようになる。

　1つは、同じ村人という人的ネットワークが機能していないことである。

　2つめは、集団が設けている規則を遵守することが求められる。それは「正直・誠実」を重視する価値観である。ソーシャルキャピタルの観点から言うと、規則違反を犯すということは「正直・誠実」が人と人を結びつけていないことを意味している。組織に加入して「正直・誠実」という理念が学習されていないということである。

3つめは、上座仏教が人々に喜捨を説いているが、いつどれほどの金額をタンブン（寄進）してもよいという価値観を説いてきたことである。農村に伝統的にある価値観や態度を見ると、この上座仏教の価値観が歴史的に基層を成している。人々はこの価値観をレオテー（あなたの気持ちしだいでよい）というハビトゥスとして身につけている。これは、人々に自由の価値をもたらした。こうした自由でレオテーな価値観が、同時に、他人への不干渉をもたらしている。
　4つめは、庇護を求める態度が村人の中にあることである。喜捨の態度が表だとすると裏の反対側にある価値観である。つまり、布施を受けることを是とする価値観がある。庇護者から庇護されることを許容する価値観である。貯蓄組合が解体しても、政府か資産家の誰かに助けてもらえればよいという姿勢が潜在的にある。こうした姿勢が組織の崩壊を招く原因の1つとしてある。
　5つめは、利子や返済の仕方などをきちんと記帳し借り手に返済の確認をすることなどを、係が怠っていることがあげられる。経理係ないし代表者は会計経理のノウハウを学習して身につけておくべきである。組織は維持するために組織を運営する技術を習得している人が必要になる。これは人的資本ということになる。人的資本を欠いていると組織の運営に支障が起こる。組織の維持運営において、人的資本が必要とされる。

# 第3章
# 東北タイ農村 1
## ローイエット県ラオカーオ村の事例

## 1. 調査地の概要

　調査地は東北タイのローイエット県ポーンサーイ郡ヤーンカム行政区ラオカーオ村である。バンコクから高速バスに乗っておよそ8時間でローイエット県スワンナプーム市に到着する。そこから車でおよそ30分のところにラオカーオ村がある。ラオカーオ村は幹線道路から外れており、田圃の中のまだ舗装されていない道を通って行かなければならない。雨の日には道がぬかって思うように車が進まないことは日常茶飯事である。伝承によると、ラオカーオ村の住民は1887年にシーサケート県ラーシサライ郡バンダーン村から移住してきた。その後、人口増にともない70〜80年前に1キロほど離れたところに枝村が2ヵ所できた。そこに親族が分かれて住んでいる。したがって、これら3つの村は互いに親族関係にある人々が住んでいる。

　ポーンサーイ郡はポーンサーイ行政区やシーサワーン行政区、ヤーンカム行政区など5つの行政区から構成されている。ポーンサーイ郡全体の人口は増加傾向にあり、1990年の時点で、平均世帯員数は郡全体で5.9人、ヤーンカム行政区では7.1人である。ヤーンカム行政区には村が6つある。いずれの村もムー（村の略称）の番号で呼ばれており、ラオカーオ村はムー3にあたる。

　1997年現在、ヤーンカム行政区全体では1,097戸、うち農家は1,053戸、人口は5,691人、平均世帯員数5.2人である。耕地の面積は、田が26,295ライ、畑は535ライ、桑畑は271ライ、果樹が489ライ、野菜畑が353ライ、森林が6,900ライ、農家1戸平均で田は約25.0ライである（ポーンサーイ郡役所の資料）。

　ラオカーオ村の人口および世帯数は、1996年現在で登録人口は618名、世帯

数が91である。実際には村にいない人を除くと、95年の時点で558人が居住しており、未登録の世帯がほかに2つある。小学生の12歳以下の子供は114人、60歳以上の高齢者が36人、公務員が10人いる。

　政府・郡役所は1982年頃に寺院の裏にポンプを据えて水を汲み上げ、用水路を建設している。水の利用者は1メートルにつき60サタンの金を電気会社に納めなければならない。この結果、農民は灌漑用水が利用できるようになったが、用水の量が少なく潤沢ではないため、1996年のように雨が降らない年などは灌漑用水の設備があるとはいえ水不足は解消されていない。

　1997年の時点でラオカーオ村の人口は男性が235人、女性が269人の計504人で、世帯は95戸、平均家族員数は5.3人である。1996年の時点では、人口618人、60歳以上は36人 (5.8％)、12歳未満の子供たちは114人 (18.4％) である [Samnakngan kaset amphoe phonsai 1997]。

## 2. 村落の運営と守護霊儀礼

　1996年現在の村長は1952年生まれで、それまではバンコクでタクシーの運転手をしていた。村長就任後、出稼ぎをやめて村に留まっている。副村長のうちの1人は1957年生まれで、就任以降バンコクでの出稼ぎをやめ、村に留まって農漁業をしている。もう1人は1953年生まれで、以前から村で農業をしてきた。

　ラオカーオ村にもターカート村で見た7つの公的な部会がある。村落委員は9名から構成されており、その会議は村長宅でおこなうことが多い。そのために、村長宅では玄関前に椅子を備え付けて便宜を図っている。住民会議は人数が多いので休憩所でおこなっている。村の財産は中央基金 (munnithi klang) と呼ばれている。この村落基金は財務部会長が管理しており、その職は村長が兼務している。保健部会委員の仕事は分担して実施している。また、文教部会員が小学校委員会関係を担当している。ほかの部会は実質的には活動があるわけではない。これらのほかに女性部会がある。

　政府・郡役所は1993年から地区基礎保健センター (sun satharanasuk munthan

chumchon　略してSo So Mo Cho）を置いている。センターの仕事は、基礎的な治療と看護、体重測定、ピルなどの薬の支給、コンドームの支給、家庭常備薬の販売、血圧測定、尿に含まれる血糖値、視力検査、マラリアの疑いのある人の血液を採取して係官に送ること、水質検査（バクテリア検査）、痰を調べて病原菌検査、便を調べて寄生虫の卵の有無を検査することである。センターの仕事は保健ボランティア（O So Mo）がおこなっている。ラオカーオ村には保健ボランティアが12名いて、このうち村落委員3名が保健ボランティアを兼務している。内訳は男性4名、女性8名である。彼らは分担して次にあげる活動をしている。環境衛生、保健教育、初期の治療、村の中で信用のある薬草を探しだすこと、母親と幼児の健康管理、家族計画、交通事故防止、エイズ管理、歯科衛生、当地域に多い病気の防止、きれいな水を探すことである。住民の保健相談にあたって、毎週担当者の曜日を決めている。担当者の氏名と曜日は村の中央にある休憩所に張られている。保健部会委員の活動は住民の健康管理などのデスクワークが多いが、保健ボランティは実際に保健活動をしている。

　保健ボランティアは第4次経済社会開発計画（1976～81年）の中でプライマリーヘルスケアの計画が実施されたことによって各村に設けられた。しかしながら、農村医療における保健部会委員と保健ボランティアの活動は実際あまり活発ではない。保健部会委員の活動は住民の健康情報を収集する仕事をし、保健ボランティアが上記の地区基礎センターの活動を担当している。しかし住民はセンターを利用するのはヨード液を買いに行くとか体重を測定するとか、ごく簡単なことでしか来ない。その理由は、住民が衛生の重要性について知らないこと、あまり村の保健活動を信用していないため病気のときには町の病院に行くことなどがあげられる。こうした傾向は多くの村で共通している。

　村の開発に関することでは、政府・郡役所が94年に村の8ヵ所に電柱を建てたことがあげられる。電気代は電柱を建ててある家が負担しているが、それには年間110バーツの補助が村からある。その資金は、村落基金の中から支払われている。1996年現在、村落基金の額は1,000バーツぐらいしかない。なくなったら寺院での僧衣寄進祭の際、寺院から分けてもらう。

　この村では、1988年に村を地縁ごとに7つに分けて組（khum）を作り、各組に組長（huana khum）を置いた。これは、政府・郡役所の指導によるものであり、

NGOも同時に組の設置を指導してきた。組の名前は各組の組員が決めたものであり、組のメンバーは地縁によって分かれている。振興組などの名前が組の名前として付けられている。88年以前は、村は組に分かれておらず、村全体が1つの単位をなしていた。組長が置かれてからは、組長も村落委員会に参加している。

村仕事は国王の誕生日（10月5日）と王妃の誕生日（8月12日）、新年（1月1日）と正月（4月13日）の年間4回している。自分の家の庭や道路の清掃をしたり、公共用地の清掃をしている。この村仕事は必ずしも村の全戸からの出役を義務づけているわけではないが、全国一律に行政から指導があり始められたものである。

村の守護霊祭祀（liang pu ta）は男性の司祭が執りおこなう。村のある男性に頼んで、精霊プーターを絵に描いてもらったら背の高い男が石を両手で持って木に向かって祈りを捧げている光景を描いてくれた［佐藤康 1998: 108］。村人は供物を持参して先祖祭祀に参加する。といっても、希望者だけが参加している。その後4、5日後に、タンブン・バーンを村人みんなでおこなう。

## 3. 寺院と小学校

ムー4とムー5はかつてはラオカーオ村の枝村であった。かつてはまだそれぞれ寺院を持っておらず、ラオカーオ村の寺院に通っていた。寺院がそれぞれ作られてからまだ10年にも満たない。

ラオカーオ寺院は、本堂の建設に1988年に取りかかった。休憩所も建設予定とのことであるが、1995年現在では古いものを用いている。この寺院には僧侶が5人いるが、いずれも若く年輩者がいないため、1995年からは引退した元行政区長が念仏のリーダーを務めている。

本堂の建設費には100,000バーツほど預金されているが、これでも建設費には不十分である。僧衣寄進祭（pha pa）がおこなわれ、寄進の大半が建設費に充てられる。その際、その一部を村落基金にあたる中央基金にまわしてもらい、村の基金が減少したときには補填するようにしている。

第3章　東北タイ農村1──ローイエット県ラオカーオ村の事例　　　97

　ラオカーオ小学校は、1940年にラオカーオ村の寺院の敷地内に作られた。その後、1977年に現在の地に移っている。その翌年に、小学校の義務教育の年数が4年制から6年制に変わっている。ラオカーオ小学校にはムー3とムー4・ムー5・ムー6の4ヵ村の子供たちが通学している。幼稚園の児童が56人、小学校の児童が175人、教師が10人いる。教師の男女別構成は、男性が7名、女性が3名である。ラオカーオ村小学校の小学校教育委員会(khana kamakan rongrian)には、教師が男性のみ5名と通学している4ヵ村の村人の10名が参加しているが、女性の村人は1人も参加していない。

　小学校には、教師と生徒が協同で結成した「ラオカーオ村学校協同組合(sahakon rongrian ban laokhao)」がある。これは、文具類や飲食類を子供に販売し便宜を図っているもので、生徒が自主的に運営している。教師が1人100バーツずつ支出し、生徒は1株3バーツで合計10株まで取得できる形で資金を調達した。協同組合の役員は合計13人いるが、そのうち男子は委員長と書記の2人だけで、ほかの副委員長、会計、商品検査係、広報委員などは全員女子である。会計や商品検査係など仕事が細かく根気のいる役職は女子が担当し、委員長は男子がするという特徴がうかがえる。この学校協同組合の役員構成上の特徴は、女子が就いている役職が「家庭内領域」の延長にある点にある。教師は責任者が女性の先生で、相談役は男性と女性の教師が1人ずつ当たっている。種々の問題があって1997年以降は、学校協同組合の活動は停止している。

　1996年現在、この小学校には貧しい家庭の子供たちが66人いると、教師は調査の結果判断している。ほかの小学校と比べても多い数である。政府の援助は1995年から始まり、児童1人につき5バーツずつ、95年が40人分、96年が60人分提供されている。

　小学校ができる前は寺院が唯一の教育機関であった。男性だけが僧侶になれることから、男子は識字率が高く、女子は識字率が低いという状況が長く続いた。このように、小学校教育が寺院・仏教と関連して発達したために、タイでは歴史的には教育という営みが長いあいだ男性に偏っていた。しかし、現在女子の進学率がめざましい。

　そこで男女間で進学に関して差があるかどうかを表11から見てみることにする。まず、1992年から中学校の進学率がきわだって高くなっていることが

表11 ラオカーオ小学校進学者数・進学率

| 年次 | 生徒数 | | | 中学校進学者数 | | | 中学校進学率(%) |
|---|---|---|---|---|---|---|---|
| | 全体 | 男子 | 女子 | 全体 | 男子 | 女子 | |
| 1991 | 35 | 15 | 20 | 14 | 5 | 9 | 40.0 |
| 1992 | 36 | 13 | 23 | 27 | 11 | 16 | 75.0 |
| 1993 | 41 | 22 | 19 | 35 | 22 | 13 | 85.4 |
| 1994 | 33 | 19 | 14 | 30 | 16 | 14 | 90.9 |
| 1995 | 19 | 8 | 11 | 18 | 7 | 11 | 94.7 |
| 1996 | 38 | 25 | 13 | 34 | 21 | 13 | 89.5 |

資料）ラオカーオ小学校内部資料。1997年調査。

わかる。この点については、1992年から中学校が義務教育になったことが指摘できる。進学率に関しては、1994年以前は男子の進学率のほうが女子よりも高かったが、それ以降は逆に女子の進学率のほうが男子よりも高くなっている。次章で取り上げるシーサワーン行政区のバーン・サワーン小学校の進学率を見ると、94年度は13人中6人が進学で男子46％、女子は19人中6人進学で32％となり、1995年から男女とも100％の中学進学になっている。中学への進学率の上昇は、中学校が義務教育化されたことにともなうものであることは言うまでもない。

　小学校には食堂がなく、商売人が食べるものを売りに来ている。奨学金は中学校に進学した1人が年間2,000バーツずつ、1996年から日本のNGOからもらっている。ほかに、村の中央基金が1995年に10,000バーツを小学校に寄付している。この資金は銀行に貯金し、その利子を用いて鶏の雛を買って飼育しているほか、豚を2頭購入して飼育している。豚は成長して大きくなってから売る予定である。政府からの援助がないときには、村々を子供たちや村の役員の人たちと一緒に歩いて籾米を分けてもらい、その籾米を売って資金を捻出し貧しい子供に支給してきた。

　ここで押さえておかなければならないことは、農業をする際には学歴は無関係であったが、工業化以後の現在では就職するにあたって学歴が大きく関係しているということである。工業化以後、女性のほうが男性に比してたくさん都市に就職していることは統計上知られている［篠崎 1995:109］。子供に対する親

の希望を聞くと、男女ともできれば大学まで出て公務員になってほしいという声が聞かれる。不安定な収入ときつい労働の農業に比べると、公務員は収入が安定していて社会的地位も高く、望ましい職業ということになる。

## 4. 住民組織

### 4.1. 村落内住民組織

　地方開発促進事務所がヤーンカム行政区一帯に協同店を作る指導をおこなったのは、1982年のことである。ちょうどこれと同時期にNGOも協同店作りの指導をおこなっており、両者の指導でラオカーオ村を含めて周囲一帯の村々に協同店が作られた。ラオカーオ村などこの一帯では協同店のことを、NGOの呼び方を用いてコン・トゥン・パッタナー（khong thun phatthana）と呼んでいる。協同店には委員長をはじめ副委員長や書記、商品検査係などがいる。メンバーは40人ほどで始め、1株20バーツで1人5株100バーツを支払い運営資金にあてた。1995年にはメンバーが60人ほどにまで増加した。毎日2人ずつ交替で店番をし責任を平等に分担しあった。しかし、これまでも問題がなかったわけではない。その問題は、メンバーの中で酒好きな人がいて店番に来ない、来ても店番が勤まらないということがあり、帳簿も計算が合わないという事態が頻発したことである。そのため、1995年に協同店は閉鎖された。また、6年ほど前に個人商店ができ、そちらのほうが繁盛する事態が生じていた。1997年現在、まだメンバーに株価100バーツずつが払い戻されていない。委員長は村長が務めているが、村長にはこの問題を解決する気持ちは見られない。

　この事業の失敗を検討する前に、ほかの集団について見ることにする。まず、政府が米倉(can khao muban)を作ったのを機に、ラオカーオ村の農民が1985年に結成した農民組合(klum songsoum kaset)がある。これは、メンバー1人12キロの米を提供し、飯米に困ったときに借りることができる米銀行である。米倉を建設した土地は無料で借りている。はじめメンバーは40人ほどであったが、現在(1996年)では80人に増加している。組合長・副組合長・書記・会計・委

1　ヤーンカム行政区にある10の行政村のうち米倉を政府が作ったのは4ヵ所だけである。

員7人の合計11人が役員をしているが、いずれも無給である。利子は10％に決めているので、100キロの米を借りると110キロ返済することになる。現在およそ30人が米を借りている。一番多く借りている人で300キロくらいである。

ユニオンという貯蓄組合[2]が1992年に結成されている。メンバーははじめ40人ほどであったが、1994年には60名ほどに増えている。1ヵ月10バーツ以上でいくら貯金してもよい。利子は3％で1,000バーツぐらいまで借りられる。預金はいつでもよい。しかし、借りる日は決められた日に集まってもらって希望者に均分に貸し出している。これは当時、県会議員の妻が持ち込んだものである。彼女は居住している村の貯蓄組合の再建にあたって、全国組織のNGOクレジット・ユニオンに参加して新たに再建した。ほかの村々に呼びかけてクレジット・ユニオンを普及している。したがって、この貯蓄組合の運営方法はどこも同じである。この組合はまだトラブルが発生していない。これ以外にも1994年に65名で結成した貯蓄組合があり、資金は37,000バーツほどある。

そのほか、1993年に精米所組合が作られている。これは、NGOのGRID（The Grass roots Rural Intergrated Development Project）が持ち込んだプロジェクトによって、GRIDが50,000バーツを貸してくれたのを元手にして建物を建設し精米機を購入して、農民が運営を開始したものである。はじめに1人1株250バーツを出し合い、それを運営資金にした。メンバーははじめ54人であったが、その後1996年には62人に増えている。メンバーの精米料金は無料であるが、精米で出た籾殻は精米所に渡すことになっている。精米所は3ヵ月ごとに住民に2キロ1バーツでその籾殻を販売し、その収益で電気代を支払い、精米所の世話をしている組合長の村長と副組合長の副村長、相談役の3人に利益の13％を支払っている。土地を貸してくれた人に2株500バーツを提供している。50,000バーツは借りた資金であるので、当然返済が義務づけられている。しかし、いつまでという期限がついていない。今のところ、そのうち40,000バー

---

[2] 一般的にはクレジット・ユニオンと呼ばれている。このグループは、タイ全土に支部を持っているNGO（Union Credit Leagues of Thailand）である。クレジット・ユニオンは1965年に"Soon Klang Thewa Credit Union"という名前で作られ、その翌年にthe Catholic Council for Social Developmentの財政援助を受け発展した。現在の組織ができてタイ政府から正式に認められたのは1979年である。そして2003年現在、クレジット・ユニオンのグループ数は839、メンバー数は383,234人、資産7,167,240,352.25バーツにまで拡大している（http://www.fao.org/docrep/006/ad491e/ad491e04.htm, Accessed June, 2008）。

ツ返済しているとのことである。

　こうしたやり方を採用したのは、村の個人が経営する精米所の方法が影響している。その人は1983年に初めて精米機を購入して精米を始めたが、料金を取らず籾殻を受け取り、現在（1997年）もその方法を継続している。このため精米組合の場合、メンバーから料金を取ることは、組合への加入それ自体を困難にしたと考えられる。そのほか、薬基金が1992年に作られており、資金は3,000バーツある。

### 4.2. 村落を越える住民組織

　まず、政府関係機関が行政村ないし集落を越えるレベル、たとえば行政区の範囲や複数の行政村の範囲などで作った組織から取り上げていこう。1987年から水道敷設事業が開始され、1993年に水道が利用できるようになった。この水道はムー3とムー4、ムー5の3ヵ村に一斉に供給されている。1メートルあたり3バーツの料金で使用料金を徴収しているが、薬品代と電気代、人件費などに充当され残金はほとんどないようである。そのせいであろうか、残金の使い道などは目下のところまったく考えていないようである。

　自分たちで自発的に結成したものに葬式組合（klum chapanakit sop）がある。これには、世帯番号の登録をしていない2戸を除いて全戸が加入している。加入している全戸が1戸20バーツを支払う決まりになっている。ラオカーオ村だけの葬式組合は1989年に結成されたが、その後1993年に近隣の4ヵ村が合同し、一緒に葬式費用を工面している。

　1994年にヤーンカム行政区の範囲に住む農民でヤーンカム稲作農民組合（Klum kasetrakon tham na yankam）を結成した。この住民組織は、政府の資金で米貯蔵庫が建設されるということを契機にして結成された。1996年現在で、メンバーは328名に増加し、さらに倉庫が建設中であった。これは、政府サイドが資金を出し、指導者に研修を受けさせ米の販売を自分たちでやらせようとしたものである。既にシーサワーン行政区にはシーサワーン稲作農民組合が1988年に結成され独自に活動していた。この組合の問題を聞いてみると、米の販売流通の情報やルートの確保などがむずかしく、なかなか営業利益が伸びないということであった。こうしたことを踏まえて考えると、農民自身が米の流通面

に参加するには、克服しなければならない問題が山積していると思われる。

そのほか、農民たちが自分たちで森林保護に立ち上がっている。彼らはムーン川近くの3,000ライの土地の森林保護に取り組んでいる。政府・業者による森林伐採が進んだため、土地の提供を話し合いで決め、さらにNGOのGRIDの協力を得て森林保護に取り組んでいる。GRIDは各村の村長と副村長を集めて森林保護の研修をしている。研修に要する費用はGRIDが負担して進めている。また、婦人会にゴザ作りの指導援助を開始したが、これも村を越えてムー3とムー4とを1つにしてまとめて実施している。

## 5. 考察

最後に、ラオカーオ村における村落形成のようすを整理し、くわえて住民組織をソーシャルキャピタル論の観点から検討することにしよう。

ラオカーオ村は行政村とムラの範囲が重なっている。ラオカーオ村の歴史を見ると、組は1988年に初めて形成されている。1980年代前半までは、村長や副村長、村落委員といった行政上の役職は作られていたが、それは名ばかりであり実質的な仕事はほとんどないに等しかった。村落が行政村として機能するのは、村落委員会が行政末端組織として機能するようになった1984年以降であろう。各種部会の実際の活動は乏しく、村落のレベルではプーターの守護霊儀礼と寺院の運営だけが機能していた。住民組織にしても1980年代以降、政府・NGOの指導を受け形成されたものである。したがって、1970年代まではこれといった組織が村落内にはなく、二者関係によって農作業が営まれていたと考えられる。

プーターはムラの守護霊であるが、その儀礼に参加するのは村人全員ではない。しかし、儀礼がムラのまとまりを表象している。東北タイでは、ムラの守護霊儀礼がムラを1つの意味空間として表象する機能を有している。この点は、北タイのムラとは相違する。

ラオカーオ村の寺院では、仏教行事は村を越えた人々を一堂に会する機能を持っている。この村の寺院は村を越えて近隣の人々が集う場を形成している。

行政村を越えて人々が寺院の運営を話し合う機会を持っているという意味で、寺院は出会いと話し合いの場を成している。そして、タンブン(寄進)された資金の一部をラオカーオ村の中央基金に回している。こうしたことは本書で取り上げたほとんどの村で同じである。前述したように、寺院が資金をプールして再配分する役割を有している。つまり、このことは、寺院にはムラの再配分機能が埋め込まれてあることを物語っている。

ラオカーオ小学校には4ヵ村の子供たちが通学している。小学校は村落を超えた機能を有している。近隣の人々は運動会などの際に小学校で出会う。小学校が近隣の人々の出会いの場を成している。ラオカーオ村にある小学校には協同組合があり、教師と生徒は互いに助け合って活動してきたが、活動を停止せざるを得なくなった。これは、指導するリーダーに問題があるのだろう。売れなくなったときにどうするかを考えないとならないし、資金不足が生じたときにどうするかを考えておかなければならない。こうしたノウハウがきちんとしていなかったのだろう。さらに、貧しい子供にしか来ていない給食費をほかの子供たち全員に平等に配分している。こうした事例は多くの小学校で見られる。このことは、小学校が贈与の機関としての役割を果たしていることを物語っている。

政府とNGOが村人に作らせた協同店や米銀行などは当初行政村を単位としていた。参加方式は個人の自由意思に基づいているため、ムラの全戸が加入しているわけではない。このラオカーオ村でも同様である。各種村落内集団のメンバーが同じ行政村の人に限られていることは、メンバーが日ごろ頻繁に出会う人から構成されている。

ほかの組織への参加を見ても、人々は自分が利益を受けられる限りにおいて参加している。精米組合や貯蓄組合のクレジット・ユニオンなどを見ても、組織参加が全戸ではなく一部にとどまっているのはそのためである。精米組合の役員によると、村には個人的に無料で精米している人がいて、そちらに米を持っていく人もいる。そのため、精米組合には全戸が加入していないのである。また組織のルールが明確に決められていても、実際に運用する際に十分それが自覚されていないため徹底されていない。少なくとも組織を指導するリーダーが組織運営に十分に通じていない。それゆえ、問題が起こったときにリーダー

がすぐに解決するのは困難である。

　この村では協同店が崩壊している。その理由は、帳簿の管理がいいかげんであったことに起因する。それでは、帳簿のつけかたがいいかげんであった人や借金で買っていた人が村の中で村八分になっているかというとそうではない。また、協同店の委員長を務める村長自身、問題を解決し事業の発展を考えることなく事態をそのまま放置している。誰も個人の資産を投げ出してでも協同店を再建しようとしない。ほかの村でも協同店や貯蓄組合が崩壊しているケースがたくさんある。重冨が調査したシーポーントーン村はこの村から近いところにあるが、そこでも貯蓄組合が崩壊している。その理由として、帳簿の記載や退会の仕方などの方法が統一されていないため、村人がグループの経営管理に不信を抱き加入しなくなったことを指摘している［重冨 1996: 150］。本書の第2章で扱ったトンケーオ村の婦人会の貯蓄組合の崩壊も同様のことが原因であった。この問題を解決するために、シーポーントーン村ではクレジット・ユニオンの指導を受け貯蓄組合を作った。経営管理をきちんと制度化したことで、この問題が解決された。組織を運営するために、経理のノウハウを知った人が必要なのである。このことは、経営管理の技能を持つということ、つまり人的資本が組織を運営する上で重要であることを示している。

　以下、ソーシャルキャピタル論の観点から住民組織を検討してみよう。協同店にしても、すべての組織のメンバーは同じ村人である。もちろん、全員が知り合いである。それでは、同じ村人が信頼関係にあるかというと、そうとは言えないように思われる。ツケで購入したまま返さない人がいる。村人全員が親族ではない。それゆえ、親族ではない村人は自らが責任を負う必要がない事柄には手を出さない。

　1つは、どのように協同店を運営するかノウハウをよく知らないという問題がある。この点は既に指摘したところである。組織運営において人的資本がきわめて重要な要素を成している。2つめは、組織が「正直・誠実」を学習する場にならなかったことがあげられる。どうしてそういう学習の場にならなかったのだろうか。その理由の1つは、自分たちで問題を解決する姿勢が弱いことである。それでは、どうしてそうした姿勢が弱いのだろうか。その理由は、他人からの贈与を待つという姿勢である。言い換えれば、これは庇護を受ける態

度である。表面として自分から喜捨をする習慣があるが、その裏面として他人から庇護を期待する姿勢がある。わたしが調査している別の村でもこれと同じように住民組織の活動が停止している事態はたくさん見られる。別の村ではどのように協同店の崩壊の問題を解決したかというと、政府が2006年に提供したSML[3]や2007年に提供した「幸せの基金[4]」(kong thun yu di mi suk) を協同店の再建に充てていた。つまり、お互いに自分たちの力で解決したのではなく、政府資金の援助を待って解決している。このような解決方法は、自分たちで解決するという主体的な姿勢がなく、国や資産家から庇護を受ける姿勢である。

このようにとらえると、協同店が崩壊したのはメンバーが相互に知り合いであるか否かということが問題ではないことがわかる。むしろ、政府やNGOがリーダーに研修を積む機会を提供していれば崩壊しないで済んだかもしれない。その意味では、協同店を運営する技術的ノウハウを習得しなかったことが主たる原因かもしれない。崩壊してしまったために、メンバーは組織を通して「正直・誠実」というソーシャルキャピタルを学習する契機を失ってしまった。

---

3　SMLとは、タックシン政権が2005年に実施した農村対策であり、農村の規模（Small, Middle, Large）に応じて政府が付与する交付金の規模が異なることからつけられた略称である。農村居住人口の規模に応じて、すべての行政村が交付金を受け取ることができる。
4　2007年にスリン県チョンプラ郡で調査した聞き取りによると、「幸せの資金」は、2006年にクーデタで誕生したスラユット政権が農民向けに提供した資金である。

# 第4章
# 東北タイ農村 2
## ローイエット県旧サワーン村の事例

## 1. 調査地の概要

　旧サワーン村は東北タイのローイエット県ポーンサーイ郡シーサワーン行政区に属する。バンコクから高速バスに乗って8時間でスワンナプーム市に到着する。そこから東南方向におよそ12キロ離れたところに旧サワーン村がある。旧サワーン村は、現在（1995年）はサワーン村とシーサワーン村に行政上分けられているが、以前は同じ1つの行政村を成していた。もともとは1つの集落が1つの行政村を成していた。しかし、1988年以降人口の増加にともない、シーサワーン行政村がサワーン村から分離し行政村として独立した。このように、人口の増加にともなって集落が行政上二分されることは、東北タイにはよく見られる。行政村に分かれたからといって、旧サワーン村のまとまりがなくなったわけではない。本章で見るように、かつて行政村を成していた旧サワーン村は1つの集落であるが、その範囲でまとまりがあり「ムラ」を成している。

　行政上の村番号は行政区ごとに村番号が付けられている。サワーン村はもとのままムー4であるが、シーサワーン村は行政村として独立し、最後の村番号になるのが普通であるため、シーサワーン村の村番号はムー10になっている。サワーン村とシーサワーン村が属するローイエット県ポーンサーイ郡内の各行政区の人口は、**表12**のように推移している。人口は1980年以来漸増し、1989年をピークにして減少へと転じているようすがわかる。1981年にヤーンカム行政区が作られたほか、1991年に新しくターハトヤーオ行政区がサームカー行政区から分離してできた。

　**表13**はシーサワーン行政区の人口の推移と世帯数の推移をそれぞれ示した

表12 ローイエット県ポーンサーイ郡内各行政区内人口の推移

| 行政区 | 1980 | 1981 | 1982 | 1993 | 1984 | 1985 | 1986 | 1987 | 1988 | 1989 | 1990 | 1990 (世帯数) | 1992 | 20 |
|---|---|---|---|---|---|---|---|---|---|---|---|---|---|---|
| ポーンサーイ | 7,468 | 8,022 | 8,133 | 3,218 | 8,299 | 8,582 | 8,571 | 6,160 | 5,905 | 5,893 | 5,678 | 1,092 | 6,045 | 6, |
| シーサワーン | 5,490 | 5,731 | 5,807 | 5,827 | 5,926 | 6,161 | 5,926 | 6,879 | 6,996 | 7,088 | 6,525 | 1,039 | 6,227 | 7, |
| サームカー | 5,963 | 6,269 | 6,355 | 6,410 | 6,552 | 6,888 | 6,921 | 8,595 | 8,762 | 8,839 | 7,621 | 1,293 | 3,851 | 4, |
| ヤーンカム |  | 3,303 | 3,368 | 3,394 | 3,444 | 3,619 | 3,515 | 4,326 | 4,394 | 4,419 | 3,940 | 557 | 3,704 | 4, |
| ターハトヤーオ |  |  |  |  |  |  |  |  |  |  |  |  | 4,113 | 4, |
| 計 | 19,101 | 23,330 | 23,663 | 23,879 | 25,250 | 25,250 | 24,933 | 25,960 | 26,057 | 26,239 | 23,491 | 3,981 | 23,940 | 27 |

注)世帯数の単位は戸、ほかの単位は人数である。ターハトヤーオ区の人口は資料が入手できなかった。
資料)ポーンサーイ郡役所台帳より作成。1994年調査。2005年はhttp://www.smso.net/Amphoe_Phon_Sai.による。

ものである。人口の増加にともなって、1980年からの13年間に区全体で5つの行政村が新たに作られている。シーサワーン村とサワーン村に関して顕著な特徴として指摘できることは、サワーン村の世帯数は一貫して増加しているのに対して、人口が1994年に70人余減少していることである。またシーサワーン村の場合は、世帯数が1995年に8戸増えているが、人口は94年に160人余激減していることである。この点についてのわたしの質問に対して、人々はバンコクへ出稼ぎに出ている住民が1995年7月施行の国会議員選挙にともなって籍を移動させたからではないかと指摘している。[1] シーサワーン行政区内における1世帯あたりの平均世帯員数は、1982年の時点ではおよそ6.8人であったが、1995年にはおよそ5.5人にまで減少している。

サワーン行政村とシーサワーン行政村の2つの行政村(旧サワーン村)の年齢別人口の内訳を見ると、0歳から12歳までの子供数はサワーン村が198人(21.7%)、シーサワーン村が145人(29.2%)、60歳以上の高齢者(高齢者の定義が90年代の初めは60歳であった)はサワーン村が65人(7.1%)、シーサワーン村が20人(4.0%)である。したがって、12歳から60歳までの生産人口は、両方の村ともおよそ70%いる。また、貧困者医療費免除証の保持者数を見ると、サワーン村が118人(13.0%)、シーサワーン村が67人(13.5%)いる。[2] これらの数値は、経済的に貧しい農民が多い東北タイの状況を反映したものであると考えてよいだろう。

---

1 この解釈は住民の説明である。わたしはこれまでの経験からこの説明は妥当性が高いと考えている。
2 この割合はサワーン村とシーサワーン村のそれぞれの行政村の人口を母数にしている。

表13　シーサワーン行政区の人口と世帯数の推移

|  | 1982 | 1983 | 1984 | 1985 | 1986 | 1987 | 1988 | 1989 | 1990 | 1991 | 1992 | 1993 | 1994 | 1995 |
|---|---|---|---|---|---|---|---|---|---|---|---|---|---|---|
| 人口 | 4,855 | 4,925 | 5,088 | 4,742 | 5,185 | 5,319 | 5,486 | 5,610 | 5,731 | 5,789 | 5,835 | 5,811 | 5,901 | 6,027 |
| 世帯数 | 714 | 802 | 846 | 833 | 853 | 893 | 927 | 948 | 957 | 999 | 1024 | 1025 | 1052 | 1093 |
| 平均世帯員数 | 6.8 | 6.1 | 6 | 5.7 | 6.1 | 6 | 5.9 | 5.9 | 6 | 5.8 | 5.7 | 5.7 | 5.6 | 5.5 |

注) 1985年の世帯数は台帳に記載されている数値に誤植があると思われるので修正をくわえた。
資料) シーサワーン行政区診療所台帳より作成。1996年調査。

　農業は主として天水に依存して雨季作米を年に1回耕作している。耕作面積132,857ライのうち126,250ライで米を作っており、その面積は実に93.6％を占めている。このうちウルチ米の生産は95.2％、餅米は4.8％の生産高である[3]。餅米は自給用に、ウルチ米は主として販売用に生産されている。

　男女とも独身の若者はバンコクへ出稼ぎに行く人が多く、田植えと稲刈りのときには親元に帰ってきて農作業を手伝っている。また、既婚の女性は家にいて子供の育児をしたり、あるいは蚕を飼育して絹織物を織っている。既婚男性の場合は、田植えと稲刈りのときには自宅にいて農作業に従事するが、その期間以外は出稼ぎに出ている人が多い。子供が大きくなると、女性は家に残り、男性はバンコクに出稼ぎに行く。出稼ぎの種類としては、男性の場合バンコクでのタクシー運転手が最も多く、ついでサームローの運転手などである。未婚女性の場合は、バンコクの工場での仕事や女中が多い。2000年以降になると、小さくても子供を祖母にあずけて若い男女は2人ともバンコクに出稼ぎに行くケースが多くなる。

　東北タイの多くの村々は、ここ100年から200年ぐらいのあいだに新しく移住して作られた歴史を有している。旧サワーン村は、複数の親族が一緒に150年以上前にスリン県タートゥム郡プラサート村から移住してきたクメール人であると伝承されている。周囲の村はすべてタイ・ラーオ人（ラオスから19世紀にタイ東北部に移住してきたラーオ語を話す人々）であるが、旧サワーン村だけがタイ・クメール人（タイに住んでいるクメール語を話す人々）であり、日常生活の言葉はクメール語とラーオ語（イサーン語）が混ざって使用されている。同じ村人どうしで話す場合はクメール語、よそから移住してきた人やよその村の人と話す場合はラーオ語やタイ語を用いている。彼らの場合、自分たちがクメール人である

---

[3] ローイエット県ポーンサーイ郡役所の内部資料による。

表14 サワーン小学校卒業生の動向

|  | 1991年 | 1992年 | 1993年 | 1994年 | 1995年 |
|---|---|---|---|---|---|
| 小学校卒業者数 | 41 | 37 | 38 | 31 | 32 |
| サワーン中学校進学者数 | 17 | 20 | 32 | 15 | 27 |
| スワンナプームの中学校進学者数 | 6 | 8 | 3 | 8 | 4 |
| 進学者の割合 | 56.1 | 75.7 | 92.1 | 74.2 | 96.9 |
| 就職者数 | 18 | 9 | 3 | 8 | 1 |
| 就職者の割合 | 43.9 | 24.3 | 7.9 | 25.8 | 3.1 |

注）単位は人数である。1995年に連絡がとれなかった学生が8人いるのでそれを除いた。この数値を就職者に含めると、95年の進学率はかなり低くなる。
資料）サワーン小学校台帳より作成。1996年調査。

というアイデンティティは、明らかに言葉によって確認されている。後述する村落の守護霊（don ta）の儀礼の際には必ずクメール語を用いて唱えなければならないことになっている。それのみならず、日常生活においてもクメール語を用いており、クメール語が話せるか否かということがよその人から自分たちを分ける重要な指標になっている。

　次に、旧サワーン村の子供たちの進学状況について取り上げてみよう。表14はシーサワーン小学校の中で、当時の進学と就職の状況を整理したものである。この表を見ると、小学校卒業生のうち中学校への進学者が多くなったのは1992年以降であることがわかる。このことは、中学校が義務化される1992年までは小学校のみ卒業して就職する人が多かったということである。それに対して、10代の青年は中学校以上に進学する人のほうが多くなっている。周囲の小学校4校を合わせてみると、1995年の小学校卒業生78名中61名、78.2％が進学している。95年の中学校進学者率はラオカーオ小学校では94.7％であった（表11）。裕福な家庭の子供は地元の小学校に通わずスワンナプーム市の小学校に通うことが多いを考えると、進学率は先の数値よりやや高くなるものと予想される。こうした進学率の上昇は、子供の教育に対する支出が著しくなっていることを物語っている。そして、こうした子供たちの進学は両親がより多くの現金収入を求めて出稼ぎに出ていることに支えられている。こうした事情が、両親の出稼ぎが常態化している背景にある。

## 2. 農村開発の経過

　はじめに、行政上の推移を見ておくことにする。村落委員会の設置は、ある住民によると1957年であるという。この年次については、文書などの裏付けがあるわけではない。村落委員会は、この村にも第1章に記した7つの部会がある。

　1977年にシーサワーン行政区がサームカー行政区から分離し、そのときに行政区長や行政区長補佐 (sarawat kamnan) が置かれている。その後、1988年にはシーサワーン村が旧サワーン村から行政上分離している。こうした行政上の分裂は人々の日常生活においてはさほど変化は見られない。それではなぜ分離したかというと、1つは行政範囲が小さくなるとそれだけ住民の意見が反映されることがあげられる。それから、人々の意見では、新たに村長と副村長が任命されることになり、彼らは給料がもらえるようになることがあげられる。この後者は、村にあまり収入になる仕事がないことを考えると、村人にとってとても重要なことであると思われる。

　シーサワーン行政区がタンボン自治体 (O Bo To: ongkan borihan suwan tambon) に指定されたのは1996年5月である。そのため、サワーン村（ムー 4）とシーサワーン村（ムー 10）から2人ずつタンボン自治体委員（委員のことをオーボート [O Bo To] と称している）が毎月開催されるシーサワーン・タンボン自治体委員会に出席している。タンボン自治体委員は、村人全員によって選挙で選出される決まりになっている。選ばれた2人は新しく村落委員会の相談役も兼務するようになり、実質上の新しいリーダーになりつつある。タンボン自治体委員が村のリーダーになる事態は、わたしが調査した限りでは、どの村でも見られている。村から村長だけが参加していたタンボン評議会 (sapha tambon) が廃止され、村長以外の村人が行政区全体の開発を審議するタンボン自治体委員会が新しく設けられたことが村に与えた影響はことのほか大きい。

　次に、開発の経緯をまとめておこう。政府はインフラ整備として各村に電気と水道の設備を作っていった。旧サワーン村では、電気は1979年頃に使用可能になり、水道タンクは1992年に作られている。このうち、屋敷地内の水道

設備は各自の負担でおこなっている。電気代は料金を徴収する係が現在では徴収しているが、以前は近隣に住んでいる県会議員（の代理）が徴収していた。これは、その係の親戚が電気代を徴収する事務所に勤めていたからである。また、水道代は旧村単位にいる3人の係が料金を徴収している。水道組合では行政区長が名目上組合長に就いているが、それ以外に事務長が1人、委員が4人いる。事務長は月700バーツ、料金を徴収する委員3人は月200バーツの報酬がある。そのほか月700バーツで1人雇用していて、その人が毎日水道の元栓の開閉をしている。各世帯ともメーター保管料5バーツと1メートルにつき3バーツで単価計算される水道料金を毎月納める決まりになっている。この水道料金は、自分たちで管理して運営している。電気代や人件費、水に入れる薬代などを支払うと、現在残っている資金は10,000バーツほどであるという。

　そのほか、地区基礎保健センター（sun satharanasuk munthan chumchon: So So Mo Cho）が村にある。ここには保健ボランティア（O So Mo）がいてヨード薬やその他の薬の販売、それと熱を測ることなどをしている。保健ボランティアには報酬があるわけではなく、会議に出たときだけ足代と昼食が提供されるだけである。この地区基礎保健センターには保健ボランティアが計10人いて、2人ずつが1組となり仕事を分担している。内訳は男性4人、女性6人である。また彼らは受け持ちの家を分けているが、それは行政村の行政区分を踏まえている。彼らは研修を積んで薬品類について知識を得、担当者各自が担当する家を決めて訪問看護している。

　道路の舗装は、1995年に国会議員の予算で村の一部の道路舗装がおこなわれ、これで村の主要な道路はほとんど舗装されることになった。道路舗装には一部国会議員個人の予算が充てられている。しかしそれ以外に、郡役所がサワーン村の裏に橋を架け、道路をつなげる計画があったので、96年に139,648バーツの政府予算が充てられ工事がおこなわれたのにともない道路舗装もおこなわれた。前述したように、1996年にシーサワーン行政区がタンボン自治体に指定されたため、シーサワーン・タンボン自治体委員会において村ごとの開発計画が検討されている。予算リストを見ると目下のところ開発計画が目白押しである。

　まずはじめに、これまで政府・郡役所によって作られてきたものだけを取り

地区基礎保健センター

上げてその概略を見ることにする。1996年から97年にかけて実施される予定の事業をあげてみると、道路の舗装に1,400,000バーツ以上が、衣服作りと衣服織りのグループの支援に合計176,000バーツが、少年少女のグループ支援に21,000バーツ、保育園への支援におよそ80,000バーツなどが予定されている。

そのほか、政府・郡役所の資金援助で1996年には保育園（sun phatthana dek lek）が700,000バーツの予算で建設されているし、寺院の敷地内に僧侶用の台所が100,000バーツの予算で建設中である。同時に、この年に組ごとに休憩所などを作るように指導され、自分たちで寄付を出し合って各組ごとに休憩所を作っている。この休憩所は、組ごとにおよそ2,000バーツずつ集められ、敷地は組長が提供して建設されたものである。そのほか、郡役所の開発指導員（phatthanakon amphoe）の指導で、各家が各自の費用で国旗を掲げたり、道路際の垣根を修理したり、96年の村のようすは前年までとは一変した景観を呈するに至っている。

上記以外で主要な開発事項は、ある国会議員が1993年に国の予算（50,000バーツ）を活用して村長宅に放送器を設置している。放送器がないときは、寺院に昔

からある太鼓を打って住民に連絡し寺院に召集したり、危険があることを知らせてきた。太鼓を用いて連絡するという方法は、わたしが調査した範囲では、どの村でも聞くことができた。1990年代前半に、僧侶が人々から寄付を募って集めた資金で寺院に放送器を設置したので、人々は寺院の放送器を用いるようになった。これが、村に放送器が設置された最初である。調査地の寺院には僧衣寄進祭が年間3回ある。これは、僧侶に黄色の僧衣を奉納する儀式である。村人以外に、バンコクなどに出稼ぎに出ている人が帰ってきたり、あるいはバンコクから知り合いが寄進の呼びかけに応えて来てくれたりして、彼ら／彼女らが僧衣や金銭を僧侶に寄進する。この儀式のおかげで年間300,000〜400,000バーツぐらい集めることができるという。この僧衣寄進祭で集めた資金で必要な物を購入したり、ときには旧サワーン村に資金の一部を分けたりする。この資金は、村落基金に組み込まれることになる。旧サワーン村の村落基金が不足すると、村人は僧衣寄進祭をして資金調達してきたのである。

## 3. 村落委員会と組

　先に述べた行政村の分離に関しては、住民の要求によって郡役所が決定することになっている。1988年に旧サワーン村からシーサワーン村が分離したのもその例外ではない。しかし行政上、村が2つに分かれたからといって、すぐさま行政の下部組織や生活のグループが2つに分かれるわけではない。たとえば、村を行政的に統制する村落委員会や住民会議は以前のまま一緒におこなっている。ムラの守護霊儀礼は昔と同じく集落単位で執りおこなっている。この儀礼を集落単位でおこなうところはあるが、村落委員会などの行政上重要な役員会が合同で一緒におこなっているところはきわめて少ない。こうしたことの背景には、このムラがクメール人であり、周囲のラーオ人から自分たちを共に区別していること、すなわち自己アイデンティティを周囲との関係から得ていることが考えられる。
　1995年現在、シーサワーン行政区の行政区長はサワーン村に住んでいる59歳の男性で、彼は33歳のときに村長になり、行政区長に37歳で就任し、以後

## 第4章　東北タイ農村2——ローイエット県旧サワーン村の事例

シーサワーン・タンボン自治体委員会

現在までその職に留まっている。他方、シーサワーン村には村長がいる。行政区長と村長以外の役員には、サワーン村に行政区長補佐が2人とシーサワーン村に副村長が2人いる。通称「小会議 (prachum yoi)」と言われている村落委員の小さい会議は、サワーン村とシーサワーン村が一緒に行政区長宅で開催されている。このように2つの行政村に分裂したあとでも一緒に村落委員会を開いているケースは少なく、2つの村が同じ村の住民であるという共同意識が強いことを示唆している。かつては、委員長と2人の相談役のほかに、サワーン村の人が5人、シーサワーン村の人が8人の合計16人で委員会を構成していた。しかし、新たにこの会議には行政区長と行政村長のほかに、副村長と行政区長補佐、それと新しくシーサワーン・タンボン自治体委員の2人ずつが相談役として出席するようになった。そのほか、各部会の部会長もしくは代理が7人、村落委員が16人、それから1996年から組が新しく作られたことにともなって新たに組長9人が参加しており、合計40人余が村落委員会に参加している。またそれら以外に、女性部会と葬式部会の部会長が村落委員会に出席している。もちろん、参加したい住民は誰でも参加できるので、誰が会議に出てはいけな

表15　各組の概要

| 組名 | 世帯数 | 男性 | 女性 | 自動車 | オートバイ | 自転車 | 耕耘機 | 牛 | 水牛 | ポンプ |
|---|---|---|---|---|---|---|---|---|---|---|
| 開発北 | 37 | 110 | 113 | | | | | | | |
| 創造 | 32 | 94 | 97 | 2 | 22 | 35 | 8 | 26 | 27 | 6 |
| 中央団結 | 24 | 56 | 80 | 5 | 13 | 24 | 8 | 13 | 21 | 1 |
| 開発店 | 46 | 82 | 75 | 1 | 19 | 45 | 14 | 23 | 24 | 14 |
| 吉祥豊饒 | 26 | 69 | 61 | 3 | 16 | 11 | 4 | 15 | 19 | |
| 幸せな繁栄 | 26 | 68 | 65 | | | | | | | |
| 診療所 | 21 | 46 | 50 | | 9 | 25 | 2 | 28 | | 1 |
| 曲がる方向 | | | | | | | | | | |
| 合力 | | | | | | | | | | |

注）「曲がる方向」と「合力」は掲示版がなく数値が不明。空欄は記載されていないため不明である。
資料）各組の掲示版より作成。1996年調査。

いということはない。この村落委員会の会議は寺院で開かれている。

　村落委員会には、ターカート村で見たように、財務部会をはじめ保安部会、文教部会、保健部会、村落開発・職業促進部会、社会福祉部会、行政部会の7つの部会がある。各部会は各組からそれぞれ1名ずつ出て委員を勤めている。これらの部会のうちで重要なのが村落基金 (ngoen klang　直訳すると中央資金) をあずかっている財務部会である。その部会長には行政区長が就いているが、別の1人の委員が銀行に預金して通帳を保管している。ここでは、旧サワーン村に村落基金が創設されていることが注目に値する。こうした村落委員会の下位の部会も2つの行政村が一緒におこなっている。

　組 (khum) は1996年に行政指導で新しく結成され、組長が新しく選ばれている。それぞれの組のメンバーは行政村の枠を踏まえて選ばれている。つまり、サワーン村とシーサワーン村の行政区分を大枠にして組が設定されている。この点は、行政に関する事柄は行政村ごとに取り組まなければならないということを無視できないことを示している。組は全部で9つある。その名前は「開発北」「創造」「中央団結」「開発店」「吉祥豊饒」「幸せな繁栄」「診療所」「曲がる方向」「合力」というものである。表15は各組の概要である。組のメンバー数は一律ではなく、構成単位は世帯である。

　また、寺院委員7人の各自の担当行政区域と9つの組の範囲が重なっていないことにも注意したい。というのは、寺院委員は行政とは関係ないのに対して、

組は行政が行政村を運営するために作られたものだからである。寺院委員の受け持ちの範囲には名前はないが、新しくできた近隣組には先に記したように行政の指導により組の名前が付けられている。しかし、組は集団ではなく人を結びつける1つの枠である。行政指導による組単位の集団行動はあるが、集団への帰属意識はほとんどない。

さらに注目されることは、組ごとに休憩所が建設されているが、休憩所内に掲示板を設置するという申し合わせを守っていない組が2つあることである。組長が看板を掲示しないのならそれでよいとする人々のレオテーのハビトゥスがある。この姿勢は、誰が会議に参加してもよいというレオテーの姿勢とも通じている。こうした姿勢は村人の中にあるハビトゥスであろう。

## 4. 寺院と小学校

シーサワーン村が新しく行政村として分離したからといっても、寺院が新しく別に建設されたわけではない。サワーン村とシーサワーン村の2つの行政村の住民は以前と同様に同じ寺院に通っている。調査地の寺院の正式名称は、「所縁サワーン寺院（wat sawan arom）」という。この名称は旧サワーン村、つまり集落全体を意味しており、現在の行政村の枠のサワーン村を意味しているものではない。日常生活において、寺院に行くのは仏日が多い。仏日に寺院に行く人は功徳を積む気持ちを持っている人であり、彼ら／彼女らからは寺院の位置に関して遠くて困るという不平はなんら聞かれない。

表16は、シーサワーン行政区内の寺院と小学校の共有状況について示したものである。この表から、シーサワーン行政区内でも寺院や小学校が複数の村で共有されていることがわかる。複数の村が一緒に共有していることもあれば、1つの村だけが使用していることもある。寺院は一般的に生活のさまざまな面において集落を代替する機能を果たしていることが知られる。旧サワーン村の寺院を例に取ると、後述するような村落委員会や住民会議、その他の婦人会などの住民組織全般の会議はもとより、米銀行の米倉を寺院に建設したり、王妃の誕生日（wan mae）の祝賀行事、国会議員や県会議員などの選挙、郡役所の開発官

表16 ポーンサーイ郡シーサワーン行政区内の寺院と小学校一覧

| 村番号 | 村落名 | 寺院 | 小学校 | 母村番号 | 村設立時期 |
|---|---|---|---|---|---|
| 1 | ポーンドゥアン | 有 ○ | 有 ○ | | |
| 2 | セーボンターク | 有 □ | 有 □ | | |
| 3 | ドーンカーム | 有 | 有 | | |
| 4 | サワーン | 有 △ | 有 △ | | |
| 5 | ドンマークファイ | 有 ◇ | 有 ◇ | | |
| 6 | ホアドン | 有 ◎ | 有 ◎ | | |
| 7 | ノーンセーン | ○ | ◎ | | |
| 8 | ノーンパヨーム | 有 | □ | | |
| 9 | ノーンサアート | ◇ | ◇ | | |
| 10 | シーサワーン | △ | △ | 4 | 1989年 |
| 11 | ボケーウ | ◇ | ◇ | 5 | 1992年 |
| 12 | ホアドンノーイ | ◎ | ◎ | 6 | 1992年 |
| 13 | トゥンサケー | □ | □ | 2 | 1993年 |
| 14 | ポーンナーガーム | ○ | ○ | 7 | 1994年 |

注)縦欄の同一記号は共同使用を、「有」はその所有場所をそれぞれ表す。
資料)シーサワーン行政区保健所台帳より作成。1995年調査。

などの説明会、幼児の健康診断、および住民の運動など、公的な行事すべてが寺院でおこなわれている。毎日なにかしら寺院でおこなわれているのが常である。寺院を利用している数を数えれば膨大になるだろう。

1996年に婦人会が幼児を教育する保育園を建設した。住民が寺院の敷地内に保育園を作ったのは、寺院が旧村レベルの住民全員の共有物だからである。このように見ると、住民に関わるすべてのことが寺院でおこなわれており、寺院が一種のムラ機能を果たしていることがわかる。ここでは特に人々が寄り集う範囲が行政村の範囲ではなく、旧村の範囲である点に注意しておきたい。それは、別言すれば、寺院が住民の共有であることに裏付けられているからであろう。寺院の土地はもちろん住民の共有物ではないが、建物は一種の共有物として扱われている。その理由は、寺院への寄進すべてを村人が提供するとともに、僧侶も村人が昔からなってきたという経緯があるからだろう。

寺院の運営に関するのは寺院委員会 (khana kamakan wat) である。この委員会は行政上の公的な委員会ではないが、村落を考える際に非常に重要なものである。寺院委員は「寺院を支えるお年寄り (ta yok wat)」とも呼ばれている。寺院委員が選出される範囲は、旧サワーン村のときには7つの範域に分けられていたが、新しく行政村が出来て以降もこの範域は変わっていない。そのため組長 (huana khum) とも呼ばれている。その理由は、組長が寺院委員を兼務しているのではなく、寺院委員が組長を兼務しているためである。かつては4つに分割

第4章　東北タイ農村2──ローイエット県旧サワーン村の事例

王妃誕生日（ワンメー）の行事

されていたが、その後1人が死亡し、さらにもう1人が辞めたので新たに5人を選出したため、1996年現在7人が寺院委員の任に就いている。7人の寺院委員は住民会議で全体の代表者として選出されているが、その7人の内訳はサワーン村の人が4人とシーサワーン村の人が3人から構成されている。彼らには各自の受け持ちの範域が決められており、受け持ちの家々から寺院への寄付を徴収する仕事をしている。寺院委員は住民と僧侶とのあいだに立ち両者をつないでいる。彼らは寺院委員会の会議に出席し、寺院の行事などあらゆることにたずさわっている。寺院が住民の生活全体にとってたいへん重要であることを踏まえると、寺院委員の役職がいかに重要であるか推察することができる。

　寺院に関して注目される点は、住民が功徳を積む行為として多額の寄付をおこなっていることである。周知のように、こうした住民の寄付によって、寺院のすべての経費がまかなわれている。1995年現在、布施堂と台所、塀の建設が進められている。合計で7,000,000バーツ以上の建設費用が見込まれている。これらの資金は、住民の寄付とバンコクから僧衣寄進祭に来る人々の寄付によって調達される予定である。この「所縁サワーン寺院」でも一部の資金を旧サ

ワーン村の村落基金に配分しているがゆえに、村落基金の維持・運営にとって寺院からの寄付がたいへん重要な意味を持ってくるようになった。

　バーン・サワーン小学校にはサワーン村とシーサワーン村の子供たちが通学している。それゆえ、小学校委員会のメンバーは、教師以外は全員サワーン村とシーサワーン村の人々である。1995年現在、バーン・サワーン小学校の小学生のうちで、教師が貧しい家庭と判断している子供は54人いる。政府からは年間50人分までの貧しい家庭の子供への補助金が来ているが、小学校としてはその資金を子供たち全員の昼食代の経費に充てている。わたしがいろいろな小学校で聞いている限りでは、どこの学校も子供たちの昼食代に充てられていた。この資金は、中学校が義務教育になる以前は、中学校の生徒は対象外であった。

　中学校の場合は、7つの行政村から、集落で分けると計4つの村から子供たちが通学してきている。それゆえ、中学校はけっして行政村や集落の範囲で完結していないことがわかる。バーン・サワーン小学校は、1923年に創設されたたいへん古い歴史を持っている。義務教育令が1921年に発令されており、全国的に見ると1923年の小学校創立がもっとも早いものになるだろう［野津 2005: 99］。バーン・サワーン小学校には1984年から幼稚園が、1992年からは中学校が小学校にそれぞれ併設されている。中学校の併設は1992年に中学校が義務教育になったことによるものである。

　奨学金の受給者は全員が中学生であり、小学生は対象外である。当時小学生は義務教育で授業料が無料であるが、中学生は義務教育ではなく授業料が無料ではなかったために奨学金があった。小学校に張り出してあった一覧表によると、1994年からは農業・農協銀行から500バーツもらっている中学生が1人、宮澤喜一元総理大臣の名前の付いた奨学金から1,000バーツもらっている中学生が1人、日本の経団連から2,000バーツもらっている中学生が1人いた。1995年は日本のNGOから2,000バーツの奨学金を受けている人が3人いる。これらの奨学金の中では日本の元総理大臣の宮澤氏の名前を付したものと経団連のものは数年前から開始されているが、日本のNGOは1995年に初めて支給されている。

第4章　東北タイ農村2——ローイエット県旧サワーン村の事例　　　121

サワーン村協同店

## 5. 住民組織

### 5.1. 村落内住民組織

　次に、新たに結成された村落内住民組織を取り上げることにする。ポーンサーイ郡一帯の村々では、内務省の地方開発促進事務所（Ro Pho Cho）の所員が1980年代に協同店（rankha chonnabot）の創設を推奨して歩いた。ヤーンカム行政区の村々で協同店が作られたのは1983年であった。このときには、政府系機関だけではなくNGOも同時にこれを人々に指導している。また、1984年に旧サワーン村でも米銀行が作られているが、これはじきに崩壊している。これに関しては資料がないため、また村人が崩壊したことを語りたがらないことから、崩壊した理由を知りえなかった。

　旧サワーン村に協同店が作られたのは1989年である。これは、周囲一帯の村と同じく、地方開発促進事務所の所員の指導によって設立された。協同店の正式名称はサワーン村協同店という。この協同店が作られたときには、既

表17　サワーン村協同店の推移

| 項目 | 1989 | 1990 | 1991 | 1992 | 1993 | 1999 | 1995 |
|---|---|---|---|---|---|---|---|
| 組合員数 | 82 | 93 | 93 | 104 | 122 | 133 | 134 |
| 延株数 | 244 | 442 | 442 | 518 | 536 | 536 | 666 |
| 事業資金 | 24,400 | 44,200 | 44,200 | 51,800 | 53,600 | 65,000 | 66,600 |
| 利益 | 55,774 | 75,026 | 130,815 | 198,062 | 250,000 | 242,600 | 260,454 |
| 役員報酬 | 8,366.1 | 11,253.9 | 19,622 | 28,629 | 37,500 | 48,520 | 52,090 |
| 予備費 | 8,366.1 | 11,253.9 | 19,622 | 38,129 | 50,000 | 36,390 | 39,068 |
| 店の改善費 | 5,577.4 | 7,502.6 | 13,081 | | | | |
| 配当金 | | | | 76,344 | 100,000 | 97,040 | 117,204 |
| 株式配当金 | 33,464.4 | 45,015.6 | 78,489 | 47,715 | 50,000 | 60,650 | 52,090 |
| １人当たりの配当金 | 680 | 807 | 1,906 | 1,904 | 2,049 | 1,824 | 1,943.68 |

注）単位は組合員と株数を除きバーツである。
資料）サワーン村協同店のパンフレットより作成。1996年調査。

に行政村としては2つに分かれていた。そのことを考えると、名称に付している「サワーン村」は旧サワーン村のこと、つまりバーン・サワーンを意味している。

　協同店の委員長に行政区長を選出しているほか、事務長、副事務長、帳簿係、書記2名、商品検査係8名の合計14名を選出して活動を始めた。当初、協同店は寺院の近くの空いている家を1ヵ月100バーツで借りて店の営業を始めた。そして、翌年以降利益のうちから隣の土地を購入し、75,000バーツ余の資金で店を建てた。こうした資金には、店の利益の一部を割いて充てている。

　協同店の構成員は1株100バーツで1人5株まで所有することができるが、それ以上は認められない決まりになっている。これは1995年現在も変わっていない。多くのメンバーは最高額の500バーツまで株を購入しているが、それ以下の400バーツだけ株を購入している人と300バーツの人がそれぞれ1人ずついる。協同店の運営の推移については表17に整理した。この表から利益が増大していることがわかる。協同店の運営がきわめて順調であると言える。1989年当初はメンバーが82名だったのが、1995年現在134名に増えている。これらのことから、いかに順調に展開してきたかをうかがうことができる。その成果に対して、1993年に地方開発促進事務所から表彰されている。

　利益は年度ごとに15％を役員の報酬に、15％を予備費に、10％を店の維持費

に、残りの60％をメンバーへの配当金に充てている。この割合は1995年に変更され、役員報酬が20％に増額され、配当金は45％を購入金額に応じた配当、20％を株に応じた配当に改めた。予備費の15％は変わっていない。店舗係には、月の利益の25％が毎月配分されている。利益は月によって著しい差があるため、利益が多く報酬が多い月は一部の報酬を保管しておいて、報酬が少ない月にそれを補填して調整している。表18は1ヵ月間の収支状況である。利益が267,498バーツあり、経営が順調であることがわかる。

　協同店の構成に関してみると、旧サワーン村の全戸が加入しているわけではない。旧サワーン村の集落に住んでいる人であれば、誰でも希望すれば加入できる。しかし、旧サワーン村以外に居住している人は加入できないし、またよそへ移住した人も加入できない。だからといって、店で買い物ができないということではない。メンバー以外の人が買ってもよいことはどこの協同店も同じである。このように、メンバーの枠は旧サワーン村、すなわち集落にある。しかも、加入単位は世帯である。1つの世帯のうち誰か1

図18　サワーン村協同店の1ヵ月の収支状況

| 項目 | | 金額 |
|---|---|---|
| 1 | 財産 | |
| 1.1 | 現金 | 113,268 |
| 1.2 | 預金 | 3,139 |
| 1.3 | 商品 | 107,251 |
| 1.4 | 債務者 | 24,900 |
| 1.5 | その他 | 90,000 |
| | 計 | 338,558 |
| 2 | 債務 | |
| 2.1 | 借金の利子 16,338 前月まで 4,270 | |
| 2.2 | 衛生費 2,500 婦人会費 1,260 組合費 600 | 4,260 |
| | 計 | 4,260 |
| 3 | 財産合計(1-2) | 334,298 |
| 4 | 事業株式 | 66,800 |
| 5 | 利益(3-4) | 267,498 |
| 6 | 前月までの利益 | 227,251 |
| 7 | 前月までの債務(5-6) | 40,247 |
| 8 | 商品販売係報酬(7の25％) | 7,044 |
| 9 | 純利益(5-8) | 260,454 |
| 10 | 配当金(9の40％) | 117,204 |
| 11 | 商品購買額 | 1,571,451 |
| 12 | 100バーツ購入に対する利益 | 7.15 |
| 13 | 株式配当金(9の25％) | 52,090 |
| 14 | 100バーツの株に対する利益 | 77.97 |
| 15 | 役員報酬(9の20％) | 52,090 |
| 16 | 予備費と店の改善費(9の15％) | 39,068 |

注)単位はバーツ。項目内の番号は左欄の番号。
資料)サワーン村協同店内部資料より作成。1996年3月調査。

人加入すれば、同じ世帯員であれば誰が買い物をしてもよい。加入単位が世帯である点に注目したい。というのは、タイ農村の住民組織は単位が世帯ではなく個人というケースが多いからである。

　サワーン村とシーサワーン村の協同店への加入者数を見ると、はじめはシーサワーン村の人はいなかったが、その後数人が加入した。このようにシーサワーン村の加入者が少ない理由として、シーサワーン村の居住者は協同店が遠いことがあげられる。近くに個人商店があるのでそこで買い物を済ませ、わざわざ協同店まで買い物に行く必要がないからである。こうした側面を見ると、村のどの場所に公共物を建てるのかといった地理上の位置の問題が意外と大きいことがわかる。また、協同店以外に店が3戸あり、これらの家やこの親戚や近くの利用者が協同店の組合に加入していない。

　新しい組織として、このほか米銀行がある。1995年現在の米銀行は1984年創設時の米銀行とは別のものである。古い米銀行は郡役所の開発指導員の指導を受けてできたが、これは崩壊した。崩壊した原因については不明である。新しい米銀行は協同店の活動の中から派生的に作られた。協同店のメンバーが同じメンバーの中から賛同者を募って1991年に米銀行を設立したのである。そのため、米銀行のメンバーは協同店のメンバーであることが義務づけられている。こうした点は、ほかの米銀行に見られない点である。したがって、この米銀行は、先のように政府機関の指導によってできたものではなく、自分たちの力で設立したものである。とはいえ、既に米銀行という組織は多少とも経験済みであり、そのノウハウを知っていた。米銀行の委員は委員長をはじめ、副委員長、事務局長、会計、書記、対外交渉係、記録係、検査係、資料係、相談役の計10人から成っている。米倉は、寺院内に既に建設されていた以前の米倉を利用している。

　表19は米銀行の経過について整理したものである。当初メンバー数は92名でスタートしたが、1996年現在は133名に増加している。新しく協同店のメンバーになった1人がまだ加入していないとはいえ、協同店のメンバーのほぼ全員が米銀行のメンバーになっていると考えて差し支えない。

　米銀行の場合、メンバー1人につき300バーツを加入金として支払う決まりになっているが、帳簿を見るとまだ全く加入金を支払っていない人が19名い

表19　米銀行の推移

|  | 1991 | 1992 | 1993 | 1994 | 1995 |
|---|---|---|---|---|---|
| 預米人数 | 82 | 60 | 73 | 17 | 7 |
| 預米量（年間） | 8,200 | 5,900 | 4,700 | 2,200 | 1,100 |
| 預米量　合計 | 8,200 | 14,100 | 18,800 | 21,000 | 22,100 |
| 借米利子合計 | 1,620 | 3,860 | 5,180 | 7,620 | 18,280 |
| 共同収穫米 |  |  | 8,896 | 7,780 |  |
| 地主支払米 |  |  | 2,668 | 2,334 |  |
| 共同収穫米貯蔵 |  |  | 6,228 | 5,446 |  |

注）単位はバーツである。空欄は不明である。
資料）サワーン米銀行の内部資料より作成。1996年調査。

る。そのほか、まだ100バーツしか加入金を支払っていない人が16名、200バーツしか支払っていない人が32名いて、都合67名がまだ加入金を完納していない。こうしたことは、米銀行のメンバーが合意されたルールを遵守していないことを示している。さらに、利子は2％で、米100キロにつき20キロの米を付け足して収穫後に返済する決まりになっている。しかし、現在ではこれまた返済が遅れる人が出ている。よく言えば融通性があるということになるが、それにしてもルールを守らない人が多い。こうした本人の自由を重視する態度を、わたしはレオテーのハビトゥスという概念でとらえている。こうしたことは重冨が指摘しているのとは異なり、集団のルールを遵守する態勢がまだできていないことを物語っていると思われる。

　米銀行の運営は比較的安定していると言える。その理由としては、1993年から開始したメンバー全員による米作りにある。31ライの田を借り受け、収穫米の3割を田を貸してくれた人に支払い、残りの7割を米銀行に納める仕組みを導入したのである。表19に見られるように、1993年には6,228キロ、翌年の94年には5,446キロを米銀行に納めている。これは収穫米の7割にあたる。これによって在庫不足が解消され、加入金を完納しない人が出ても支障がなくなった。メンバー全員でおこなう田植えと稲刈りに参加できない人は代わりの人を出すか、罰金1日100バーツを出すかしなければならない。しかし、代理を出さないからといって実際には罰金を取ったことがないそうである。また、メンバーどうしのあいだで耕耘機のない人に融通しあうことを申し合わせで取

り決めている。取り決めの内容は、耕耘機を借りた人は貸してくれた人に50バーツと油代45バーツを提供するというものである。

　こうしたことを自分たちで考え実行していったことは、協同店の成功による自信に裏付けられていることは間違いないだろう。返済されない場合などの対処の仕方について聞くと、まだそうした返済しない例はないとのことである。万一そうした場合が発生したときには、米銀行の委員会が持たれ、その場で借米の継続を認めるのか否か、さらに借米させてもよいかどうかなどを、当該の人の事情を考慮して改めて決めることになるだろうと説明していた。このように、自主的に結成された米銀行では、運用は比較的弾力的におこなわれている。これは、これまで長い間培ってきた住民の知恵である。すなわち、各人の気持ちを大切にすることは、できるだけ紛争を起こさない対処の仕方なのである。これがタイ農民のレオテーというハビトゥスである。

　米銀行のほかに、自分たちで考えて設立したものに貯蓄組合（klum omsap muban sawan）がある。協同店の事務局長がこれに副委員長として役員に加わっているように、グループの代表や会計などの役員は協同店で経験した組織を運用するノウハウをある程度熟知している人々が勤めている。役員は協同店とは別に帳簿の付け方などについてあらかじめ研修を受けているが、協同店の経験が活かされていることは確かである。

　貯蓄組合は1994年の4月に180名ほどで話し合いを持ち、その年の6月に設立の運びとなった。その年の10月にはメンバーは206名に、96年の4月現在では298名に増加している。2年間に100名以上の人が新たに加入しており、メンバーの内訳は男子が72名、女性が226名いて、女性のメンバーが多くを占めていることがわかる。役員は、委員長と副委員長、事務局長など10名いるが、サワーン村出身者がこのうち9名、シーサワーン村出身者が1名である。ここでも、行政村単位ではなく集落すなわちムラ単位で結成されているようすがうかがわれる。

　貯蓄組合のメンバーは、1世帯から何人加入してもよく、たとえ子供でも加入できることになっている。貯金は1株10バーツ単位で、預金利子は銀行より1バーツ多い利子で運営されている。他方、借金は利子2％で10,000バーツを限度に貸りられることになっている。保証人にはほかに住民が1人必要とされて

いる。また返済が遅れた場合には、利子が2％から3％に増えること、緊急時には5,000バーツまで1年間無利子で借りられることになっている。事務所はメンバーの便宜をはかって村の真ん中にほど近い家を1月150バーツで借りて充てられている。その家に毎月1日、10日、20日の月3回、メンバーが借用もしくは返済に訪れている。

表20 貯蓄組合の概要

| 項目 | 1995 | 1996 |
|---|---|---|
| 組合員数 | 240 | 298 |
| 株式資本 | 146,660 | 342,290 |
| 貸付金 | 139,795 | 729,300 |
| 貸付金利子 | 12,982 | 196,512 |
| 預金 | 45,000 | 299,817 |
| 現金 | 57,432 | 7,783 |
| 日当（日当・食費） |  | 4,908 |
| 事務所借用費 |  | 1,109 |

注）単位は組合員を除きバーツである。なお、数値はいずれも当該年4月1日付である。
資料）貯蓄組合の内部資料より作成。1997年調査。

表20は、その貯蓄組合の運営状況である。1996年4月現在で、現金は7,783バーツあり、預金額は299,817バーツ、株式資本が342,290バーツ、貸付金729,300バーツ、貸付金利子が196,512バーツである。また、利益は次のように配分されている。利益の60％はメンバーへの配当金に、10％は役員報酬に、20％は予備費に、残りの10％は役員のバンコクでの研修費に充てられている。こうした運営のようすは事務所に掲示してあり、誰でもその内容を容易に知ることができる。これは協同店でも同様であるが、情報公開の観点からたいへんすぐれた民主的手法である。というのは、ほかの村に見られるように、一般的に資金の隠匿や横領が後を絶たず、そうした問題で崩壊するケースが少なくないからである。

貯蓄組合の帳簿には、紛失したときに新しい帳簿を作る上での決まりごとなどが記載されている。このほか、貯蓄組合を通してどのようなことが学べるのかということが記載されている。すなわち、貯蓄が目的であること、それ以外には正直、自己本位からの脱却、団結、新たな知識を吸収できる、新たな考え方を身につける、責任を負うことを学べる、お互いの関係を築くことができる、と謳われている。こうした標語が実際に活動を通して学習されているかというと、そうとは簡単に言えない。

そのほかの組織としては、シーサワーン婦人会（klum mae ban sisawan）がある。この会は、農業普及所の普及員（cao nathi kaset amphoe）による強い指導によって促され1987年に作られた。婦人会の主要な目的は、蚕の桑の栽培や絹織物の

販売を協同でおこなうことである。そのほか、魚油の生産などもしていたが、これはほどなくやめてしまった。設立の2年後の1989年には、郡役所が無料で土地20ライを貸してくれたため、婦人会のメンバーを含めて130人が土地を分割して桑を自分で育てることにした。はじめは、婦人会ではメンバー1人あたり200バーツ徴収した資金と県会議員の援助の資金で桑を購入して取り組んだ。メンバーは当初60名であったが、96年には14人増えて74名になった。その後95年には1人200バーツずつ徴収して運転資金を補充している。

　前述したように、婦人会は1996年になって自分たちで企画立案し、寺院に保育園を建設して運営を始めた。これに要した費用3,000バーツは自分たちで調達した。この保育園は、政府・郡役所が資金援助を申し出たため、公有地に新しく建設されることになり、寺院に建設した保育園はその後解体されている。保母も自分たちでまかなう必要がなくなり、保育園では新たに2人の保母を採用できるようになった。役員には委員長、副委員長、書記、会計など9名いて、サワーン村とシーサワーン村のどちらの住民からも選出されている。1996年の8月現在では、保育園の園児は43名いて、園児1人につき1月90バーツの保育料を保護者が支払っている。その後は、政府の資金援助が予定されているので月40バーツに支払えば済むということである。

　先の貯蓄組合とは別に、郡役所の開発官の指導を受けて、女性たちを中心に1994年に111名で貯蓄組合を作っている。これは、1つの家族のうちから何人加入してもよいことになっており、1995年8月には176名にメンバーが増えている。メンバーの内訳はサワーン村の人が117名、シーサワーン村の人が59名である。組合長がサワーン村の行政区長、副組合長がシーサワーン村の村長、それに書記と会計、5名の委員が役員をしている。加入したときに100バーツを納め、その後は毎月1日に組合長宅に1株20バーツずつ納めている。したがって、1996年の10月までには各自が260バーツ払い込むことになる。利子1.5％で資金を借りられ、12％の利子で預金できる。また、利益のうち5％を役員に報酬として配分している。この貯蓄組合はもう1つの貯蓄組合が順調に運営されているので、それを参考にして運営されている。

　そのほか、一部の女性たちが絹織物グループを結成している。絹織物グループの目的は、メンバーが作った絹織物を協同で販売することである。しか

しながら、まだ実際には販売したことがない。希望すれば誰でも加入できる。できた織物はたくさん貯まってからまとめて都市に売りに行く予定であるという。

東北タイには通称クレジット・ユニオンと称する貯蓄組合が多く見られる。それはこの村にもある。これ

**資料1　クレジット・ユニオン「道徳5か条」**

| | |
|---|---|
| 1 | 互いに誠実であること。 |
| 2 | 公共のことに尽力すること。 |
| 3 | みんなで責任をとること。 |
| 4 | 互いに同情しあうこと。 |
| 5 | 互いに信用すること。 |

資料）Klum omsap phuea kan phalit, *Sumut satca sasom sap*. 1996年調査。

は、1996年に県会議員の妻の指導を受けて21名で結成された。名前は「生産のための信用貯蓄組合」(omsap satca sasomsap phuea kan phalit)という。この貯蓄組合は、内務省地域開発局が農村開発のために実施している開発政策の1つである。その地域開発局の政策は、農村居住者が自発的に組織化して自立した生活をいとなむことを目的としている。住民に貯蓄組合を結成させることもそうした政策の1つである。政策を実行する担当者は、こうしたこころみがソーシャルキャピタルの育成に関連していることを強調している。

この貯蓄組合の役員は先の貯蓄組合の役員が兼務している。これについてはできたばかりであることもあり、また活動の内容についてはほかのクレジット・ユニオンと同じであることから、ここでは省略することにする。なお、グループの役員は貯蓄組合とクレジット・ユニオンの役員が兼務している。こうした融通性のある態度は、わたしの言うレオテーのハビトゥスにあたる。このグループの預金手帳の裏には**資料1**のような「道徳5か条」が記載されており、メンバーに協力しあうことの大切さが精神的に説かれている。この内容は、一般的に普及している貯蓄組合の預金手帳の裏に記載されている内容と同じである。このなかで、「誠実」であることが謳われていることは注目される。

最後に、1985年以前に自発的に結成された葬式組合 (klum chapanakit sop) を取り上げてみよう。このグループは、メンバーシップが2つの行政村を合わせた旧サワーン村の範囲である（当時は、行政村であった）。葬式を出した家に全戸が10バーツずつ寄付することを取り決めたものである。加入者数を調べてみると、香典を徴収する委員が複数いる上に、委員も帳簿の付け方がわからないため帳簿がきちんと記載されていなかった。このように、かつての葬式組合のや

り方は各個人の自由に任せるやり方であった。まさしくレオテーのハビトゥスがかつての習慣であった。しかしその結果、組織運営はうまくいかなかった。その後、きちんとまとめて帳簿をつけるということを委員が覚えてからは、必ずしもまだ十分とは言えないまでも、誰が香典を納めていないかがひと目でわかるように改善された。こうして記載の仕方が改められたのは、委員が帳簿の付け方を習得した1995年以降である。しかしそれでも、それ以後の帳簿を検討すると、香典を納めたことが記載されていないケースが1件だけあった。この点について委員に聞くと、「これはほかの委員が徴収しているはずだ」と話していた。住民組織の規則がレオテーのハビトゥスを変えたと言えるかというと、そうとは簡単に言えないことがわかる。

## 5.2. 村落を越える住民組織

　旧サワーン村のレベルを越えて、農民はシーサワーン行政区稲作農民組合 (klum kasetrakon tham na tambon sisawan) という組合を結成している。この組合は、県農政事務所と行政区農政事務所の指導の下に1988年に56名で結成されたものである。その後1994年の時点で、メンバーが13ヵ村にわたる計305名に増加している。この組合は、農民自身が籾米を集荷し販売する組織である。また、組合内部にシーサワーン行政区農民肥料組合 (klum pui kasetrakon tambon sisawan) が県会議員の指導で結成されている。組合が政府機関から肥料を安く分けてもらい、それを5％の手数料を差し引いてメンバーに提供するものである。そのため、市場で肥料を購入するよりも、安く肥料を手に入れることができる。

　その後、1992年にシーサワーン行政区とサームカー行政区とヤーンカム行政区の3つの稲作農民組合の有志が政府やNGOから資金援助を受けて精米機を購入し、シーサワーン行政区稲作農民組合の事務所に精米機を設置して精米事業をその翌年から開始している。これは「精米所」と呼ばれている。政府が資金援助をしている意図は、農民に米市場に参入させて米市場の競争を企図したものであると、農民のリーダーは説明していた。[4] 資金の援助を受けて精米機や土地、米倉などを建設し、メンバーの農民から籾米を買い上げ、それを精米

---

4　この「精米所」について、重冨が言及しているので参照されたい [重冨 1996: 301]。

して販売することによって利益を生み出そうとするものである。ここでは1日8トン、1ヵ月200トンの米を精米できる。そのため、シーサワーン行政区稲作農民組合でも、「精米所」に籾米を売るようにメンバーを督励している。このほか、1994年の時点では、「精米所」は近くの川の流域に2,500ライの森林を植林しているほか、水牛銀行として24頭所有している。

## 6. 守護霊儀礼と舟競技の祭り

　東北タイの農村を歩いていると、屋敷地に立てられている祠が北タイのようにサーン・チャオ（san cao）やチャオ・ティ（cao thi）と呼ばれていないことに気がつく。一部の屋敷地にはタイ語でサーンプラプーム（san phra phum）と称する屋敷地の霊を祀る祠が建てられている。すべての屋敷地というわけではないが、これはどのムラでも必ずいくつか見られる。ほかに、サーンピアンターと呼ばれる祠が建っているところもある [Sato 2005: 166]。これは、サーンプラプームより背丈が低い祠である。家族が病気などをしたとき、霊媒師からこの祠を建てるように言われて建てた祠である。家の内部には仏壇（hing phra）がある。そのほかには、個人の守護霊であるクルーと言われるものが祀られている家もある。これも、家族が病気などをしたとき、霊媒師がクルーを作るように指示したのがきっかけで祀っている。

　前章で見たように、東北タイ農村にはラーオ語でプーター（pu ta）と呼ばれる、ムラを守護する精霊がある。プーターとは、標準タイ語では父と母の両方の父を表す言葉である。しかし、それが転じて父系母系双方の先祖全体を指し示す意味でも用いられている。旧サワーン村においても、昔から旧サワーン村を守護してきた守護霊がある。旧サワーン村はクメール人のムラであるため、この守護霊儀礼をクメール語でドーン・ター・ドーン・ヤーイ（don ta don yai）、略してドーン・ターと呼んでいる。この村の守護霊儀礼は祖先を祀る儀礼である。祖先が土地霊として住民を守護すると観念されている。

　前述したように、このムラの人々はもともとスリン県タートゥム郡から移動してこの地にやってきて、この地が水の便がよいので住み着いたと伝承されて

いる。クメール語を話すタイ・クメール人である。移住してきたとき、当時の集落を守護してもらうために母村の守護霊を分祠して守護霊の祠を設けたのである。祠の中には男女2体のご神体があるが、この神はこの地を開拓した祖先を表している。この男女2体のご神体のこともドーン・ターと呼んでいる。昔は、精霊が今以上に災厄をもたらすと考えられたことは確かである。そのため、精霊信仰が以前は人々を強く規制し、守護霊儀礼の祭祀も集落が1つのまとまりあるものとして重要な意味を持っていたことは間違いないであろう。言い換えれば、集落が人々が住む上で1つの意味空間を成していたと言えよう。その点、こんにちのほうが宗教的に守護霊儀礼の持つ意味が弱くなっており、集落を統合する機能も弱くなっている。

　旧サワーン村が2つの行政村に分かれても、以前と同じく旧サワーン村の人々がお参りに来ている。なぜなら、これは旧村単位にあたる集落に住む人々を守る精霊であることに変わりがないからである。住民がお参りに来るのは、病気になったときや毎年決められた祭りのときである。わたしが調査で滞在中病気になったとき、住民はわたしをともないお酒と線香、花、茹でた鶏などを持参してドーン・ターに治癒祈願に行った。もっとも、最近では病気になったら病院に行くのが当たり前になっているが。またタイではヨレーと呼ばれている日本の世界救済教が1991年から普及し始め、1996年現在ではこの村に50人以上の信者がいる。そうした新興宗教がはやっていることもあって病気のときにドーン・ターのお参りに来る人が少なくなっている。また、この村の場合、霊媒師は既に亡くなり代わりが誰もいないままである。

　ムラの守護霊を祀る日は、クメール人の場合、「陰暦」で「rem 14 kham duan 10」の日と決められている[Sato 2000: 113; Sato 2005: 157]。1995年は9月22日、96年は10月10日がその日にあたった。その日は、親戚や知人などが家に来るので一緒にお酒を飲んで楽しく1日を過ごす。夕方から夫婦両方の実家を訪ね双方の先祖祭祀に参加する[5]。このときには両親が中心になってクメール語で先祖祭祀の祈願を述べる。これが終わって6時過ぎ頃から村のドーン・ターの祠に

---

5　東北タイの親族は双方的であると考えられている[竹内 1989]。クメール人のムラやローイエット県ヤーンカム行政区ラオカーオ村の調査において夫婦双方の実家に行って先祖祭祀していたことを併せて考えると、この一帯でも親族が双方的であることが確認できる。他方、北タイのピープーニャーの祖霊信仰は母系と考えられている。

舟競技

茹でた鶏とお酒などを持参し祈願に行く。祭祀の当日は、夜の7時過ぎ頃から寺院に行ってお参りをする。その後、寺院の敷地内で朝までお酒を飲んだり踊ったりして過ごす。もちろん、家に帰りたい人は帰ってよい。

　翌日には舟の競争 (kaeng rua yao) がムーン川である。9時頃から寺院の裏を流れるムーン川で、近隣の村々から20艘ぐらいが集まって競争する。その後、寺院で報賞式をおこない夕方4時頃に終わる。

　こうした村の守護霊儀礼と川での舟の競技を見てみると、行事に参加する単位はいずれも旧サワーン村である。この範囲は行政村ではない。行政村としては行政上2つに分離したとはいえ、村の行政でさえ2つの村が一緒におこなっている。まして日常生活は行政村の範囲とは関係ない。住民にとって重要なムラの守護霊儀礼や祭りはまして行政区画と関係ない。同じクメール人が住んでいるサワーン村とシーサワーン村が1つに区画される集落の範域、すなわちかつての旧村の範囲が重要視されている。旧サワーン村は行政上分裂したとしても同じクメール人であるという意識が強く、同じ村人というアイデンティティを持っている。この意識は、村人が置かれている状況によって作られている。

すなわち、こうした意識は、周囲の村がラーオ人であり、ここだけがクメール人が住んでいること、先祖を同じくする移住の伝承を共有していることに影響を受けている。その意味で、この旧サワーン村の範囲は村人にとって重要な意味空間を成している。


## 7. 考察

　最後に旧サワーン村の村落形成のようすを整理するとともに、ソーシャルキャピタル論の観点から住民組織を検討してみよう。
　農村開発の過程を振り返ると、これまでは国会議員や県会議員といった政治家個人の予算という形でさまざまな農村開発援助がおこなわれてきた。これは、政治家にとっては集票に都合のよいものであった。しかし、シーサワーン行政区が1994年にタンボン自治体に移行したことにともない、シーサワーン・タンボン自治体が新たに行政区の開発に関して予算を決定する場になった。このタンボン自治体を通した開発方法は政治家個人の予算ではないため、個々の政治家の集票活動に直接には結びつかない。その点で、政治の腐敗を産む土壌を解体することに役立つことが期待される。その一方で、タンボン自治体委員が新しい権力保有者として現れている。
　この旧サワーン村の中で組の結成の仕方や保健ボランティアの活動などを見ると、行政村が行政上の大きな枠組になっていることを確認することができる。行政が住民に組を作らせ、組長を村落委員会に組み込んだことは、村落委員会をより確実な権力機関にしていると考えられる。しかし、行政上分かれたとはいえ、村落委員会を2つの村が合同でおこなっていることは人々が我々意識を共有していることを示唆している。旧サワーン村は人口増加にともない行政村が2つに分かれたため、行政村とムラとの範囲がずれたケースである。
　はじめに、開発の受け皿として結成された組織の検討をすることにする。これまでの組織を分類すると、行政とNGOによる指導によって結成されたもの、それに自主的に結成されたものの3つに分類できる。このうち政府の指導で結

成されたものは協同店と婦人会、後に結成された貯蓄組合である。NGOの指導で作られたものはクレジット・ユニオンと絹織物グループである。協同店の内部に作られた米銀行および最初に結成した貯蓄組合、葬式組合は、住民が自主的に結成したものである。ここで確認しておきたいことは、これらの組織のいずれも行政村が下部単位として設定されていないことである。行政村ではなくて、集落つまりムラの範囲であることに注目しておきたい。

協同店は自発的に結成したものではなく、政府機関である地方開発促進事務所の職員による指導を受けて結成した組織である。この協同店の運営は、現在（1996年）たいへん順調にいっている。どうして運営が成功しているのだろうか。協同店の仕組みは、購入すればするほど利益が還元されるという形で利用が促進されており、その意味では協同組合に見られる手法を採用している。この意味で、協同店は市場経済に対応した経営形態の1つであると言える。この手法はどの協同組合でも採用されており、別段それ自体特異なものではない。

婦人会も政府系機関が指導してできたものであるが、協同店と同様のことが言える。婦人会のメンバーが熱心に桑の栽培や絹織物の販売に努めているし、さらに自主的に保育園建設に取り組むなどたいへん活発に展開している。女性のグループが活発に行動し、さまざまな生活改善に努めていることは、いかに女性を中心とした開発が生活の向上にとって重要であるかということをうかがわせる[6]。東北タイは昔から女性が実家にとどまり、男性が婿入りしてくる慣習があったので、男性以上に女性のほうが家族の中心的位置を占めている［佐藤康 1998: 101］。その点で、女性を中心にした農村開発が積極的に進められるべき背景がある。

そのほかに、シーサワーン行政区稲作農民組合と「精米所」も行政の指導によって結成されたものである。シーサワーン行政区稲作農民組合のうちで有志のグループが結成した肥料グループは、政府・郡役所から肥料を廉価で配分してもらえるため、メンバーも「安いので助かる」と言っているように、それなりにうまくいっている。「精米所」の場合は、政府やNGOの資金協力を得てい

---

[6] ローイエット県にあるポンマーイ（Phon Mai）という名前のNGOは、付近の農村女性に機織りの指導をおこなっているとともに、その販売活動を展開しており、女性の開発が一定の成果をあげている例である。なお、このポンマーイの活動に対しては、日本のNGO（手織物を通してタイ農村の人々とつながる会）が支援している。

て、政府の意図が米市場への農民の参入による競争の活性化にあること、および農民が米の流通を押さえて営業することが目下のところ困難であることから、現在の農民にとっては「精米所」は必ずしも農民が必要とするものではないように思われる。その理由として、メンバーの農民が必ずしも精米所に米を持ち込むことが義務づけられていないことがあげられる。また「精米所」の運営は、農民のメンバー1人1人の手を離れて運営されている。この運営に関わっているのはNGO関係者で、現在県会議員としている人である。一部とはいえ、組織の運営のノウハウを知っている人がいることは重要である。

　政府の指導によって結成されたこれらの組織には規則（ルール）が定められている。メンバーがルールを遵守されているから運営が順調にいっているのか、運営が順調だからルールが守られているのか断定できない。わたしが調べたほかの調査地ではほとんどの協同店が赤字でうまく運営されていなかった。

　ここの協同店がうまく運営されている理由を考えてみよう。

　1つは、事務局長が会計の研修を受けており、複雑な収支の計算がきちんと処理されている。帳簿係が毎月きちんと帳簿を点検しているのは、何よりも事務局長の管理運営能力がすぐれていることに関係している。たとえば、事務局長は収支状況をきちんとメンバーに提示できるように印刷物にして公開している。彼はその能力が評価され、[7] 1996年にシーサワーン・タンボン自治体委員に選出されている。

　2つめに、店舗係を含めメンバーが遵守しなければならないことが**資料2**のような規則として店やパンフレットなどに明記されている。もっとも、こうした規則をつくり遵守することを求めているということは、逆に規則に記載されているようなことが、これまで普段からおこなわれてこなかったということである。規則があるからといってそれが遵守されていると解釈することはできないだろう。たとえば、葬式組合の香典の支払い状況を見ると、きちんと支払われていないことからもきちんと規則が遵守されていないことがわかる。とはいえ、こうした規則が店舗に掲示され、人々に意識を常に喚起していることはメンバ

---

[7] 事務局長たちが研修を積んで会計や経理のノウハウを習得していることは、貧困解決に取り組むプロジェクトにおいて採用されている持続的生計アプローチに見られる5つの資本、すなわち人的資本・物的資本・自然資本・金融資本と併せて社会関係資本（ソーシャルキャピタル）のうち、人的資本に入るであろう（序章注4を参照）。

ーが学習する契機になっている。その点で、重要なことである。こうした標語は規範ないし価値観を教えているからである。規則の標語の中に「正直」であることという態度が奨励されている。クレジット・ユニオンの標語には「誠実」であることが奨励されている。規則を守ることは「正直・誠実」になることである。この社会的性格が人を組織につなぐ接着剤の役割を果たしている。

**資料2　サワーン村協同店規則**

| | |
|---|---|
| 1 | 正直が大切である。 |
| 2 | 会計は重要な仕事である。 |
| 3 | 在庫を点検する。 |
| 4 | 2つ以上に分割して販売しない。 |
| 5 | 集金したら預金する。 |
| 6 | 商品管理を怠らない。 |
| 7 | 悪いことの集まりに出席しない。 |
| 8 | 常会にはすすんで参加する。 |
| 9 | 事業に縁故主義をもちこまない。 |

資料）サワーン村協同店の掲示より作成。1996年調査。

　3つめに、2人の店舗係が誠実でまじめなことがあげられる。この2人とも協同店の会議で選出された。周囲の協同店で閉鎖のやむなきにいたったケースがある事情を踏まえると、店舗係の人選がいかに重要であるかを知ることができる。男性女性1人ずつが店舗係になっているが、彼ら2人とも身体に障害がある上に性格が誠実である点に、この2人が選出されている理由がある。お客がたくさん来るかどうかも、ある面では店舗係の人柄にかかっていることを考えると、店舗係の仕事が重要であることが指摘できる。住民は村の中で生活していくために配慮しあっており、それゆえに社会的にその配慮・信頼に応えようとする。

　4つめに、メンバーがよく協同店の仕組みを理解していることがあげられる。住民の理解がなければ営業を続けていくことは困難である。その点においては、住民の理解といっても自分の利益になるという意味である。メンバーが店で物を購入すると、購入した額と同額のクーポンが手渡される。このクーポンの合計額を毎月計算して記入しておき、最後に利用高に応じて還元される仕組みになっている。このように、利用高に応じて還付される仕組みを取り入れていることがメンバーの購買意欲を駆り立てている。

　5つめに、協同店が地域におよぼしている社会的影響はけっして少なくないということである。その例のいくつかをあげると、まず協同店はシーサワーン小学校に1991年に合計600バーツ、92年には1,200バーツの寄付をおこなって

いる。これは、協同店の運営が順調にいっている何よりの証拠であり、協同店が慈善行為をしていること、すなわち協同店が公共性を有していることを物語っている。言い換えれば、協同店が資金の再分配の機能を担っている。これは協同店が村落機能を代替していると言ってもよい。

6つめに、協同店の店先に縁台があり、そこには毎日新聞が届けられることもあって、住民が入れ代わり立ち代わりそこに現れ、絶えずそこが溜まり場の機能を果たしていることである。つまり、協同店は住民が互いにコミュニケーションを図る場になっている。いわゆるコミュニティ・センターの機能を代替している。協同店の放送器は、住民に連絡する用事があれば、誰でも店の放送器を用いてすぐに放送できるように自由に活用されている。こうした機能を協同店が持っていることは、人々が頻繁に顔を合わせる多くの機会をもたらしている。顔を合わせる機会が多ければ多いほど、人々のつながりは強くかつ大きくなっていく。そして、深く知り合うほど相手の期待に応えようとする。こうしたことが、人が人を動かす上で重要なネットワークとして機能することにつながっている。

次に、住民がNGOの指導によって結成された組織について取り上げてみよう。その1つがクレジット・ユニオンの貯蓄組合である。この組織は、目下のところ指導者に頼っている側面が強い。これはどの村でも言える。このグループの役員は記帳の仕方などについて熟知している。その点、役員は事前にさまざまな研修を受けている。その点で、組織の役員以外のメンバーが自主的に取り組む姿勢が弱いものになるおそれがある。メンバーがリーダーへ依存している度合いが強くなるかもしれない。この点は、政府系機関の指導で作られた組織においても同様である。組織がメンバーをふだんから教育しなければならないという課題をともなっている。クレジット・ユニオンの手帳に明記している標語には「誠実」であることが謳われている。この手帳を手に取るたびに見ることになる。この組織は活動を通して「誠実」というソーシャルキャピタルを学習する場を提供している。

それでは、住民が自主的に結成した組織はいかがであろうか。葬式組合や貯蓄組合、米銀行がここに入る。このうち貯蓄組合は既に村外に存在している。また、米銀行は既に郡役所によって指導を受けて結成したが崩壊した経験を持

っている。貯蓄組合は比較的順調にいっているが、米銀行の場合にはいくつかの問題が指摘できる。たとえば、米銀行では加入金にあたる米をまだ完納していない人がたくさんいる。また、共同収穫作業にしても、作業日を掲示したり放送したりして周知させているが、実際には出役しない人がいる。このように、組織のルールを遵守しないメンバーがいる。米銀行においては、メンバーが規則（ルール）を守ることを学ぶ契機になっていない。これは、正直というソーシャルキャピタルを学習し、ハビトゥスになる以前の状態であろう。伝統的な価値観や姿勢が影響しているのだろうか。すなわち、庇護が表の側面だとすると裏の側面にあたる、庇護を受けるのは悪いことではないという価値観が表われているのだろうか。くわえて、レオテーという自分の都合が優先するハビトゥスの現れなのだろうか。

葬式組合が組織されるまでは、親族を中心にして友人や知人が自発的に香典を包んでいた。つまり、それまでは葬式組合として香典を徴収していなかった。葬儀は親族や友人を中心に執りおこなわれていたのである。葬式組合は住民自身が新しく結成した組織であり、行政やNGOの指導を受けることがなかった。この葬式組合の仕組みを見ると、香典の記帳が実にいいかげんであった。香典を徴収する委員が複数いる上、きちんと帳簿がつけられていない。その後、帳簿をきちんとつけるように研修を受け学習した後でも帳簿には入金が記載されていないことがあった。つまり、葬式組合には1世帯20バーツの香典を支払うという決まりがある。運営の仕方は担当者に任されているが、担当者が経理や運営のノウハウを知らず規則（ルール）を守っていない。こうしたことは、担当者が経理や運営のノウハウをきちんと学習し習得しておかなければならないことを示している。重冨の指摘とは異なり、規則に則って行為するという習慣がまだ身に付いていないことをこのことは物語っている［重冨1996:3章］。

最後に、ソーシャルキャピタル論の観点から住民組織がどのようにとらえることができるだろうか。ソーシャルキャピタルの視点から考えた場合、人々が結合するに際して互いに行政村内か否かということは大きな問題ではない。行政村が2つに分かれても同じクメール人であるという絆が強いからである。ここでは、ふだんの生活の中におけるつきあいを通して信頼が作られていることに注意したい。たとえば、協同店の委員長が住民投票でタンボン自治体委員に

選出されたことを取り上げてみよう。彼は運営のノウハウを取得し協同店の運営を成功へと導いた。このことが彼に対する信頼を創り出している。また婦人会の同じメンバーが貯蓄組合をいくつも作っていったことを考えてみよう。これもまた、グループの運営を成功に導いたからこそ、彼女を信頼しているのである。人々がリーダーたちについていくには、それなりに理由がある。つまり、リーダーの「正直・誠実」を評価しているからである。これは彼の実績が評価されたと言ってよいが、村人が評価するのは実績ではなく「正直・誠実」である。「正直・誠実」だからこそ、実績があがったと考えられる。このように、信頼は同じ村人だからという要素によって醸成されるのではなく「正直・誠実」によって作られている。人々は同じ村人という要素ではなく、「正直・誠実」といった要素によってリーダーを選出している。

　わたしはタイ農民・農村を理解する場合、精霊信仰や仏教信仰を無視して理解することはできないと考えている［佐藤康 2007］。旧サワーン村の人々はムラの守護霊儀礼ドーン・ターを共におこなってきた。こうした儀礼の共同執行は自分たちのアイデンティティを確認し強化する空間を成している。ムラの守護霊ドーン・ターの祭礼は彼らを結び付ける機能を果している。

　この村の人々がアイデンティティを得ているのは、何をさておいてもクメール語である。彼らは先祖代々クメール語を話してきた。クメール語が周囲のラーオ人から自分たちを区別する指標であり、ムラの守護霊ドーン・ターは彼らを共通の先祖に結びつける表象である。日常生活の中で交わされる言葉は、世代を越えて毎日の生活の中で繰り返し語られ身体化されてきたものである。クメール語を話しクメール語で考えることは一種のハビトゥスとなっている。こうしたクメール語を話すハビトゥスが、バーン（集落）の範囲内で住民に「我々意識」というアイデンティティを形成する働きをしている。ムーン川での舟競技も同じ村人という意識を醸成している。このように、旧サワーン村の範囲にある村人は強い精神的結びつきを有している。この場合、人と人を結びつけているのは同じ言葉を話すというアイデンティティである。しかしながら、このアイデンティティが人々を結びつけるのは周囲をラーオ人に取り囲まれている状況においてである。この点は状況いかんにかかわらず一般化できるわけではない。また、世代交替にともない、アイデンティティそれ自体が変わることも

予想される。

　最後に、ソーシャルキャピタルの観点から寺院の機能を整理しておこう。1つは、上座仏教が喜捨の精神、つまり「気前のよさ」を涵養していることである。2つめは、上座仏教がレオテーの価値観を醸成してきたことである。3つめは、寺院が村落機能を代替していることである。コミュニティ・センターの機能を果たしていると言える。寺院で各種会議が開かれたり、保健ボランティアが寺院の敷地で活動したり、米銀行の米蔵が敷地に建てられている。4つめは、寺院が資金などの再分配の機能を果たしている。さらに、このムラでは協同店が再分配機能を果たしている。その点はほかのムラに見られなかった特長である。


（追記）

　本研究が終了してから12年後の2008年9月に本村を再訪した。その結果、以下のように変化していた。行政村が1つ増えて2つから3つになり、各行政村に協同店が作られ、行政の事柄に関しては各行政村の村落委員会で話し合われるようになっていた。しかし、それ以外の寺院や米銀行、葬式組合など「むら」ないし集落レベルでしてきたことは依然としてバーン・サワーン（サワーンむら）でおこなわれており変化していなかった。

# 第5章
# 農業協同組合の発展に関する比較研究

## 1. 問題の所在

　タイの農業・農民を取り巻く状況は、近代化の進行にともなって大きく変化している。ここ20年の変化を見ると、農家の兼業・出稼ぎが常態化したほか、農機具の普及と農薬・肥料の大量散布、さらに契約栽培の拡大などが著しく進んでいる。こうしたなかで、タイ政府やNGO（民間援助団体）は農村開発の手段として、自立自助の精神に基づいた農民の集団化を進めている。この集団化の代表的なものは協同店と米銀行、貯蓄組合である。これらが果たして農民の自立につながるかどうか、検討に値する問題である[1]。その一方で、タイの農業協同組合の普及については、日本政府もその普及を支援してきた経緯があり[2]、農協の組織化が農民の自立を図る上で重要な組織の1つであることは言うまでもない。世界最大のNGOである農協は世界的に見れば増加傾向にあるものの、第三世界においては農協の性格がきわめて多様であり、なおかつ政府によって官製的に作られたものが多いために、その重要性についてはいまだ確定されていないのが実情である。このため、世界的に農協の重要性は増しつつあるにもかかわらず、第三世界の農協研究は著しく遅れている状況にある［ベーク1992］。

　アジア低開発諸国において農協が発展しない原因について、斎藤仁は次のように述べている。「アジアの低開発国の農協」は、「政府施設とでもいうべきものとしてしか発展しえない」。しかも、「政府施設とでもいうべき農協の性格」

---

1　本書第1章から第4章を参考されたい。本章（第5章）の初稿執筆（1996年）後に、重冨の農協論文[1998]が出ているため、本章ではこの論文に少し触れるにとどまっている。
2　［山本1990a、1990b、1996］などがある。

は、農協が発展する上での初期段階に特有なものではなく、「全発展段階を通じて持たざるをえないもの」である。すなわち、それは容易に取り除くことができない「社会の特殊な構造の問題」なのであると考えている［斎藤1989: 58］。しかしながら、第三世界において農協が発展しないのは「社会の特殊な構造」のせいなのであろうか。

　他方、斎藤はヨーロッパと日本において農協が拡大した理由として、農協が「封建自治村落」を組織基盤として持っていたことを指摘している。「自治村落こそが農協を成立させるための必要条件であり、農協という組織はいわば自治村落の商品経済に対する対応の形として、その内部に生み出された機能組織である」［斎藤1989: 114］。すなわち、第三世界で農協が普及しないのは、自治村落を組織基盤として持っていないがゆえなのである。それゆえ、氏によれば、「社会の特殊な構造」とは、歴史的に自治村落を形成してこなかったということである。しかしながら、この見解はヨーロッパや日本の研究を安易に第三世界に適応した見方にすぎないことがわかる。というのは、ヨーロッパや日本と同様の自治村落は、たとえば東南アジアひとつをとっても見当たらないことは言うまでもなく、この見解は東南アジアでは農協が発展することはないという結論に陥ってしまう。こうした過ちは、第三世界の農協研究が具体的な調査の上に立って初めて克服されるものであることを物語っている。そのためには、具体的な調査が可能なように、問題設定を置き直して考えてみる必要があるのではないだろうか。すなわち、第三世界で農協が発展するとすれば、どのような条件の下で可能なのだろうかというように問題を置き直して検討してみる必要がある。

　ところで、タイの農協の調査研究をおこなった友杉孝は、以下の4点を農協発展の課題として整理している［友杉1973］。(1)単一の目的ではなく総合的な目的を持った農協にすること。(2)メンバーと非メンバーとの貧富の差を拡大させないために、農民全員の参加を条件にすること。(3)流通業界に力を持っている華僑の参加を進めること。(4)伝統社会の評価を踏まえて作ること。ここでいう伝統の価値として、友杉は人々の平等な関係を考えている。これ以外にも、友杉は調査を通して農業・農協銀行の活動が農協の発展を阻害している側面があること、さらに成功事例においては政府の援助があること、またメンバ

## 2. 協同組合と農業・農協銀行の歴史的経緯

　はじめに、農協の歴史的経緯について取り上げておこう。タイに協同組合が初めて作られたのは、今から80年前の1916年のことである。[5]インドのマドラスにある銀行の頭取バーナード・ハンターが協同組合の原理について調査するために1914年にタイに来訪した際、民衆が互いに協力しあう必要を感じ、こんにち協同組合と呼んでいるものを設立することを提唱したことに始まる。ピサヌローク県ムアン郡に1916年2月、16人が80株、3,080バーツを持って設立された農協（ライファイゼン型の信用組合）がタイで初めての農協である。その後、1928年に協同組合法が施行され、1943年には協同組合を財政的に支援するための協同組合銀行が作られ、協同組合数は著しく増加したが、農協経営についての知識不足などによって多くの不良組合が発生した。現在の協同組合法は戦後の1968年に施行されたものである。

　表21は協同組合数の推移を示したものである。農業協同組合・開拓協同組合・貯蓄信用協同組合・生活協同組合は1969年以降一貫してメンバー数が伸びているが、漁業協同組合とサービス協同組合は1977～78年以降メンバー数が伸びている。このうちなかでも農業協同組合への加入者数が最も著しく、1996年にはメンバー数は5年前の91年のおよそ3.9倍にまで増加している。他方、貯蓄信用組合は着実に増えているが、生活協同組合とサービス協同組合は漸増しているとはいえ著しい増加傾向にはない。

　現在の農業・農協銀行［BAAC］が創設されたのは1966年である。この農業・農協銀行から直接間接に資金を借りるには次の3つの場合がある。[6]1つは個人加入、もう1つは5人以上の仲間でグループを結成して加入する方法、それと農協に加入して資金を借りる方法の3つがある。これらのうち、どれか1つの方法を選ばねばならず、2つの以上の方法で借りることはできない。しかも、土地などの担保がない農民の場合でも、農業・農協銀行から資金を借りることができる。それには2通りの方法があり、1つは5人以上でグループを結成して、自分

---

5　Sanibat sahakon haeng prathet thai, 1992, *Wan sahakon haeng chat, 2535 (1992)*. による。
6　農業・農協銀行本店広報室のウッタコン氏のインタビューによる（1995年調査）。

# 第5章 農業協同組合の発展に関する比較研究

表 21 協同組合数の推移

| 年度 | 総数 組合数 | 総数 組合員数 | 農業協同組合 組合数 | 農業協同組合 組合員数 | 漁業協同組合 組合数 | 漁業協同組合 組合員数 | 開拓協同組合 組合数 | 開拓協同組合 組合員数 | 貯蓄信用協同組合 組合数 | 貯蓄信用協同組合 組合員数 | 生活協同組合 組合数 | 生活協同組合 組合員数 | サービス協同組合 組合数 | サービス協同組合 組合員数 |
|---|---|---|---|---|---|---|---|---|---|---|---|---|---|---|
| 1969 | 10,692 | 547,377 | 10,099 | 256,886 | 3 | 799 | 365 | 8,884 | 96 | 152,479 | 116 | 94,114 | 13 | 34,220 |
| 1970 | 9,056 | 535,048 | 8,469 | 226,338 | 3 | 799 | 365 | 9,080 | 109 | 165,792 | 108 | 94,691 | 12 | 38,348 |
| 1971 | 2,507 | 569,199 | 1,910 | 226,526 | 3 | 799 | 367 | 10,008 | 108 | 181,429 | 106 | 99,203 | 13 | 51,229 |
| 1972 | 1,569 | 701,335 | 963 | 306,978 | 3 | 801 | 370 | 11,203 | 116 | 200,874 | 104 | [114,32] | 13 | 67,158 |
| 1973 | 1,405 | 741,885 | 787 | 299,305 | 3 | 809 | 370 | 11,165 | 126 | 226,266 | 106 | 129,830 | 13 | 74,510 |
| 1979 | 1,313 | 845,055 | 768 | 337,863 | 3 | 815 | 303 | 9,321 | 134 | 261,727 | 91 | 156,041 | 19 | 79,288 |
| 1975 | 1,065 | 826,918 | 621 | 331,962 | 2 | 425 | 188 | 11,894 | 142 | 295,359 | 99 | 132,389 | 13 | 54,894 |
| 1976 | 966 | 878,551 | 575 | 363,115 | 9 | 424 | 77 | 14,867 | 147 | 298,194 | 118 | 181,928 | 45 | 20,023 |
| 1977 | 1,108 | 1,106,387 | 602 | 462,121 | 5 | 387 | 55 | 29,534 | 216 | 338,896 | 147 | 249,148 | 83 | 26,301 |
| 1978 | 1,238 | 1,309,790 | 639 | 576,344 | 7 | 938 | 59 | 38,421 | 236 | 395,257 | 159 | 270,434 | 96 | 28,396 |
| 1979 | 1,464 | 1,462,949 | 815 | 650,236 | 10 | 1,769 | 86 | 56,579 | 258 | 448,589 | 172 | 275,964 | 123 | 29,812 |
| 1980 | 1,596 | 1,615,356 | 841 | 711,117 | 10 | 2,390 | 111 | 66,523 | 310 | 501,777 | 188 | 298,093 | 135 | 35,356 |
| 1981 | 1,679 | 1,672,694 | 857 | 743,105 | 15 | 3,323 | 111 | 66,523 | 327 | 514,695 | 198 | 303,538 | 171 | 41,510 |
| 1982 | 1,882 | 2,008,143 | 961 | 801,935 | 20 | 4,269 | 83 | 62,040 | 392 | 647,523 | 243 | 436,307 | 183 | 56,069 |
| 1983 | 2,007 | 2,119,480 | 984 | 816,669 | 20 | 4,281 | 85 | 65,256 | 449 | 705,717 | 273 | 464,036 | 196 | 63,069 |
| 1989 | 2,154 | 2,235,125 | 1,007 | 816,402 | 20 | 4,557 | 90 | 68,516 | 530 | 791,857 | 305 | 487,674 | 202 | 66,119 |
| 1985 | 2,251 | 2,356,389 | 1,031 | 821,894 | 20 | 4,403 | 91 | 71,691 | 574 | 857,022 | 322 | 532,771 | 213 | 68,608 |
| 1986 | 2,331 | 2,417,980 | 1,059 | 837,939 | 19 | 4,127 | 93 | 79,261 | 595 | 876,250 | 332 | 549,777 | 233 | 71,137 |
| 1987 | 2,432 | 2,567,839 | 1,089 | 851,224 | 19 | 4,127 | 93 | 82,412 | 634 | 994,790 | 341 | 560,613 | 256 | 74,673 |
| 1988 | 2,634 | 2,747,227 | 1,157 | 883,699 | 22 | 4,322 | 93 | 87,257 | 732 | 1,104,614 | 363 | 589,324 | 267 | 78,016 |
| 1989 | 2,821 | 2,839,474 | 1,253 | 902,515 | 22 | 5,128 | 95 | 90,207 | 788 | 1,161,892 | 388 | 600,989 | 275 | 78,743 |
| 1990 | 3,009 | 3,062,611 | 1,357 | 955,603 | 25 | 6,039 | 95 | 92,491 | 827 | 1,257,164 | 417 | 668,751 | 288 | 82,563 |
| 1991 | 3,163 | 3,309,075 | 1,469 | 1,007,637 | 26 | 6,236 | 94 | 95,604 | 858 | 1,399,449 | 419 | 713,236 | 302 | 86,913 |
| 1992 | 3,403 | 3,991,295 | 1,669 | 1,576,880 | 32 | 6,598 | 94 | 99,004 | 892 | 1,502,059 | 407 | 717,484 | 309 | 89,270 |
| 1993 | 3,435 | 5,190,553 | 1,79? | 2,752,729 | 36 | 7,302 | 93 | 101,290 | 878 | 1,564,142 | 345 | 675,503 | 286 | 89,592 |
| 1994 | 3,749 | 5,843,961 | 1,976 | 3,287,358 | 46 | 8,030 | 95 | 109,740 | 966 | 1,648,561 | 351 | 687,078 | 310 | 103,199 |
| 1995 | 9,340 | 6,448,776 | 2,461 | 3,717,609 | 52 | 8,833 | 95 | 118,486 | 1,046 | 1,770,551 | 363 | 722,939 | 323 | 110,858 |
| 1996 | 4,796 | 6,801,136 | 2,832 | 3,942,416 | 57 | 9,384 | 95 | 128,181 | 1,127 | 1,881,129 | 347 | 731,737 | 338 | 108,289 |

注)年度は同年1月1日の数値。
資料) Fai pramuan phon khomun khong phaen ngan krom songsoem sahakon krasuang kaset sahakon, *Sathiti sahakon nai prathet thai*, 2540 (1997).

表22　農業・農協銀行加入者数の推移

| 年度 | 個人加入 | 農協加入 | | グループ加入 | | 総数 |
|---|---|---|---|---|---|---|
| | | 農協数 | 組合員数 | グループ数 | 組合員数 | |
| 1986 | 1,472,657 | 832 | 765,754 | 691 | 113,985 | 2,352,396 |
| 1987 | 1,576,261 | 821 | 791,561 | 657 | 112,826 | 2,480,648 |
| 1988 | 1,680,120 | 820 | 803,214 | 614 | 101,442 | 2,584,776 |
| 1989 | 1,897,525 | 812 | 833,771 | 551 | 84,145 | 2,815,441 |
| 1990 | 2,135,975 | 838 | 880,408 | 525 | 83,303 | 3,099,686 |
| 1991 | 2,356,585 | 851 | 952,349 | 507 | 77,420 | 3,386,354 |
| 1992 | 2,599,685 | 836 | 1,020,935 | 468 | 72,457 | 3,693,077 |
| 1993 | 2,860,891 | 846 | 1,107,657 | 432 | 64,859 | 4,033,407 |
| 1994 | 3,071,545 | *854 | 1,180,355 | 377 | 58,357 | 4,310,257 |
| 1995 | 3,334,592 | 855 | 1,277,602 | 323 | 43,288 | 4,655,482 |

注）*は、*Annual Report 1994*では農協数が944となっていたが、*Rai ngan kitcakam ngop doen ngop kamurai khat thun 2538-2539*（1995-1996）に記載されている数値に修正した。
資料）1986年から1994年までは Bank for Agriculture and Agricultural Cooperatlves, *Annual Report, 1990, 1994*による。1995年は *Thanakhan phuea kan kaset lae sahakon kan kaset, 2539.* と *Rai ngan kitcakam ngop doen ngop kamurai khat thun 2538-2539*（1995-1996）による。

以外のメンバーが保証人になる場合、もう1つは保証人が2人いる場合である。それぞれ50,000バーツを限度に借りられるので、都合100,000バーツまで借りられる。1996年の4月以降8月までの利率で見ると、農業・農協銀行は農協に6％で貸し出し、農協はさらに3％上乗せして最終的に9％にして農民に貸し出している。個人もしくはグループの場合にははじめから9％で貸し出している。借りられる目的は農業に関係する場合のみであり、荷台付き自動車やオートバイなどを購入しても農業用として認められ許可される。ローイエット県シーサワーン行政区サワーン村の農民によると、実際には50,000バーツ限度額いっぱいは貸してくれず、20,000〜30,000バーツまでしか借してくれないそうである。農民ではない人が資金を借りる場合には10,000バーツ以上の預金が最低必要であり、そのうちの8割までを預金の利率に2％を足した利率で借りられる。他方、預金のほうは普通預金が5％、特別普通預金が8.5％、3ヵ月以上の定期預金が5,000,000バーツ以下では9.25％、5,000,000以上10,000,000バーツ以下では9.5％、10,000,000バーツ以上では9.75％の利率である。

表22は農業・農協銀行のメンバー数の推移である。これを見ると、メンバ

一数はこの10年間におよそ2倍に増えていることがわかる。なかでも個人加入が著しく増加しているが、農協加入は漸増、グループ加入は減少している。1995年の時点で見ると、個人加入者の割合が71.6％と多くを占めている。1995年の時点で比較してみると、農業・農協銀行への加入者は4,650,000人余いるのに対して、農協加入者は表21に見られるように、3,940,000人余であり、農業・農協銀行への加入者のほうが農協メンバーよりもおよそ1.18倍多い。しかし、1986年の時点で比較してみると、農業・農協銀行のほうが農協のメンバー数のおよそ2.76倍あったことと比べると、農協のメンバー数がいかに急増しているかがわかる。

## 3. ポーンサーイ農業協同組合

はじめに、ローイエット県ポーンサーイ郡の農業について概略を紹介しておこう。[7] 郡全体では農地面積が132,857ライで、そのうち田が126,250ライと95.0％を占めている。収穫量は1ライにつき370キロと北タイの500キロという数値と比べるとかなり少ない。これは、灌漑設備が十分整備されていないために、天水に依存して雨季作米のみを年間に1回だけ耕作する粗放農業をしているためである。米の種類としてはウルチ米と餅米を耕作しており、前者と後者の割合は1994年度で94.3％対5.7％である。餅米は自給用であり、ウルチ米は一部自給用に用い、多くは販売している。ほかには、畑が1,629ライ（1.2％）、果樹が2,114ライ（1.6％）、桑が1,406ライ（1.1％）などがある。米は雨季作米の1期作で、1995年度では生産量47,341トンのうち自給用が17.9％、種子用が1.3％、販売用が80.7％である。畑ではトウモロコシやササゲ、スイカ、キュウリなどを栽培しているが、量的にはわずかである。果樹については、数年前から農政事務所がマンゴーなどの普及をしているが、やっと少しは収穫できるようになったところである。桑の多くは自宅で飼っている蚕用であるが、少しは近

---

[7] 家畜については1994年度の数値で、ポーンサーイ郡役所の内部資料による。それ以外の農地面積、米の生産量などの数値はいずれも1995年度の数値で、ポーンサーイ農政事務所の資料 Samnakngan kaset phonsai cangwat roiet, *Sarup ngan songsoen kan pracam pi 2538 (1995)*. による。

くの人に売っている。全体的には、全農地面積において田が95％も占めており、そのほとんどの米を販売用に生産していることが知られる。つまり、米のモノカルチャー化が進んでいることがわかる。そして、これらの米は販売用に作られており、その多くは輸出に回されているものである。

家畜については、1つの村の中で多くても数戸しか牛や豚などを20〜30頭飼育していないが、多くの家は鶏をはじめとしてアヒルや豚、牛などを数頭は飼っている。しかし、多くの農家では1990年代前半に水牛や牛を売って耕耘機を買うケースが増えたため水牛や牛がいなくなり、急速に農機具の機械化が進んでいる状況にある。北タイではもはや見ることが少なくなっているが、アヒルや鶏はまだどの家でも数頭ずつは飼育しており、こうした光景を東北タイではまだ見ることができる。

ポーンサーイ農協は1977年に200人のメンバーで発足した。ここ数年のメンバー数を見ると、1993年（3月31日付けを以下省略）が675人、94年が636人、95年が565人と近年は減少傾向にある。増減を詳しく見ると、92年度の加入者が13人、脱退者（退会者を含む）が52人で計39人減、94年の加入者が13人、脱退者が52人で計39人減、95年の加入者が187人、脱退者が52人で計135人増えて96年には700人になり、同年の8月には750人まで増加している。このようにメンバー数が増減している背景には、93年に事務局長による横領事件が発生したことがあげられる[8]。これは、事務局長が預金を勝手に引き出し横領した事件で、被害総額は1,133,000バーツ余である。この事件を裁判に訴えるとともに、農協の役員は交替して新しい体制で事業に取り組んでいる。新しい事務局長には、短大卒業資格にあたる上級職業訓練教員免許書取得者を充てる措置を講じている。

政府はこの間、93年と95年の2回にわたってそれぞれ2,095,000バーツにのぼる資金援助をおこなって再建に努めた。そのおかげで、ポーンサーイ農協の事務所は95年に移転し、敷地面積は6ライ3ガーンで、そこには商品の倉庫と500クィエンの米を貯蔵できる倉庫、それと500キログラムと40,000キログラムの重量まで測れる重量計を備え付けた。

---

8 こうした横領は他の農協でもしばしば発生している。スリン県のある農協を調査した際にもこうした事件が発生している。

表23 ポーンサーイ農協の事業概要

| 項目 | 1992年 | 1993年 | 1994年 | 1995年 |
|---|---|---|---|---|
| 班数 | 22 | 22 | 22 | 23 |
| 組合員数 | 657 | 636 | 565 | 700 |
| 株式資本 | 1,585,340 | 1,590,930 | 1,530,260 | 1,787,910 |
| 予備費 | － | － | － | － |
| 雑資本 | 92,789 | 92,789 | 92,789 | 92,789 |
| 預金高 | 402,505 | 620,167 | 487,445 | 912,829 |
| 農業農協銀行からの借入金総額 | 34,481,691 | 36,988,691 | 37,956,691 | 44,336,191 |
| 農業農協銀行からの1年間の借入金 | 4,175,000 | 2,507,000 | 968,000 | 6,379,500 |
| 延べ借入者数 | 4,428 | 4,611 | 4,908 | 5176 |
| 事業資金 | 4,882,245 | 6,804,832 | 5,174,987 | 8,046,811 |
| 純利益 | 401,326 | △647,119 | 2,829 | 4,632 |

注）班数と組合員数、借入者数を除いて単位はバーツである。1バーツ以下は切捨。
資料）Sahakon kan kaset phonsai camkat, *Rai ngan kitcakam pracam pi 2536, 2537, 2538, pi banchi sinsut 31 minakom*, 2537, 2538, 2539.

　表23は1992年から95年にかけてのポーンサーイ農協の事業報告の主要項目の推移である。このなかで、93年に純利益が610,000バーツ余の赤字になっている。これは、横領事件による損失である。それから、予備費を見るといずれも記載されていないが、内訳を詳細に検討してみると、1993年の4月1日の時点では514,326バーツ余の赤字になっている。これが、翌年の3月31日には、横領事件による損失分647,119バーツ余が赤字として増えて合計1,161,446バーツ余に赤字が膨れている。その翌年には純利益が2,829バーツ余あったので、1,158,617バーツに赤字が減少し、さらに95年には利益が4,632バーツ余あったので赤字は減って1,153,984バーツ余になっている。純利益が92年の400,000バーツ余あったのが、93年には横領事件で赤字になり、94年と95年には数千バーツとやや回復したものの正常に戻るにはしばらく時間がかかりそうである。

　現在の事業としては、資金の貸付けと預金、籾米の集荷販売、肥料の販売などがある。農薬は郡役所が無償で農民に分けているので販売されていない。肥料は稲作農民組合も政府機関の援助を受けてメンバーに廉価で肥料を供給していることもあって、それほど販売高が多くはない。また、事務所の脇に小さな店舗があるが、これはいつも閉まっているため、事業としては成り立っていな

いようである。

　ところで、ポーンサーイ郡に住んでいる農民は農業・農協銀行から資金を借りる場合、スワンナプーム市にある支店から借りることになる。表22に見るように、メンバー数が増加しているのは個人加入によるものである。しかし、その一方でグループ構成の加入は減少している。この点について疑問を持ったので、農業・農協銀行スワンナプーム市支店長に問い合わせてみたところ、表22に見る農業・農協銀行のグループの総数は間違っているのではないかと推測していた。わたしの経験では、統計数値の誤りは農業・農協銀行に限らずかなり多い。数値を鵜呑みにするのは危険である。

　ポーンサーイ郡シーサワーン行政区旧サワーン村で調査した限りでは、ポーンサーイ農協をやめて農業・農協銀行に加入した人が多い。そこで、その理由について住民に尋ねたところ、福祉厚生事業の違いをあげていた。すなわち、死亡した場合、受け取る金額が違うというのである。農業・農協銀行の場合、死亡すると160,000バーツぐらいもらえるのに対して、農協の場合40,000バーツと著しく少ないことをあげている。しかしながら、農民の話は以下に見るように農協職員の話と一致しないので、農民に正確な情報を伝える努力が農協に不足しているように思われる。

　農協の福祉厚生事業には2つある。[9] 1つは、かなり古くからある農協の福祉厚生事業と、もう1つは1994年4月に作った民間の生命保険会社である。前者は郡段階と県段階とがあり、郡段階のものは1人の死亡者につき20バーツをメンバー600人で合計12,000バーツ受け取るものと、県段階のものは1年間に1,500バーツ支払うもので、死亡者の家族が約100,000バーツ受け取れるものとがある。後者は11歳から65歳未満の人が対象で、1年間に1,310バーツ支払い、死亡時には200,000バーツ、重傷の事故は100,000バーツ受け取れるものである。

　他方、農業・農協銀行のメンバーが加入できる福祉厚生事業には次の3つある。[10] 表24がこれらの事業のメンバー数の推移である。1つは、ローイエット県全体にわたってメンバーがいる「ローイエット県農業・農協銀行葬式協会2」という団体である。この協会では、死亡者1人につき4バーツを支払うが、メ

---

9　ポーンサーイ農協事務所長のクリサニィ氏の御教示による。
10　農業・農協銀行スワンナプーム市支店長の御教示による。

表24 葬式協会の会員数の推移

| 年次 | ローイエット県農業・農協銀行葬式協会2 | | | | | 農業・農協銀行ポーンサーイ・スワンナプーム支店葬式協会 | 農業・農協銀行パノンパイ郡支店葬式協会 |
|---|---|---|---|---|---|---|---|
| | 総数 | 加入者数 | 死亡者数 | 失権者 | 脱退者 | | |
| 1983 | 3,000 | | | | | | |
| 1989 | 7,085 | 9,144 | 58 | | 1 | | |
| 1985 | 8,158 | 1,968 | 110 | 779 | 6 | | |
| 1986 | 8,393 | 1,326 | 125 | 965 | 1 | | |
| 1987 | 9,529 | 2,003 | 144 | 728 | | | |
| 1988 | 10,387 | 1,339 | 139 | 332 | | | |
| 1989 | 19,718 | 9,652 | 186 | 134 | 1 | | |
| 1990 | 18,466 | 9,096 | 207 | 91 | | | |
| 1991 | 20,933 | 2,903 | 248 | 188 | | | |
| 1992 | 28,735 | 8,197 | 296 | 99 | | | |
| 1993 | 32,052 | 3,702 | 347 | 38 | | | |
| 1999 | 37,779 | 6,198 | 399 | 82 | | | |
| 1995 | 37,628 | 343 | 400 | 89 | | 2,931 | 1,487 |
| 1996 | | | | | | 3,693 | 1,719 |

注)1996年は8月28日の数値であるが、ほかの年は4月1日付の数値である。
資料)農業・農協銀行スワンナプーム支店内部資料より作成。

ンバー数が多いので1年で1,000バーツ以上支払うことになる。1996年現在では、メンバー数が多くなりすぎてしまったため、1995年から加入できなくしてほかに2つの協会を新しく作っている。新しく作ったものは、居住している地域によって加入するところが異なるように地域で区別されている。1つは「農業・農協銀行ポーンサーイ・スワンナプーム市支店葬式協会」で、もう1つは「農業・農協銀行パノンパイ郡支店葬式協会」である。前者にはポーンサーイ郡とスワンナプーム市の人々が加入し、後者にはパノンパイ郡の人々が加入するように区別されている。いずれの協会への加入者も、**表24**に見るように増加している。これらの協会では1人の死亡につき20バーツを100バーツ単位で支払う決まりになっていて、このうちどれか1つにだけ加入することができる。

　以上を踏まえて、発展を阻害する要因について5点指摘することができる。阻害要因の1つは、農協の役員が誠実でないことがあげられる。この点は、現

在のポーンサーイ農協の経営の危機を作り出した直接の原因である事務局長の横領事件から言えることである。この点については、ここでは農村社会の文化の問題と関連していることだけを指摘するにとどめる。2点目として、福祉厚生事業の有無および事業内容の相違があげられる。旧サワーン村の人々の中でポーンサーイ農協をやめて農業・農協銀行に加入した人がいたが、そういう人たちは福祉厚生事業の相違を指摘している。すなわち、死亡時に受け取る金額の違いである。この点に関しては、前述したように、「ローイエット県農業・農協銀行葬式協会2」には加入できなくなり、ほかの「葬式協会」に加入しなくてはならなくなったため、ある程度問題の解消が今後期待できるものと思われる。3点目には、旧サワーン村とポーンサーイ郡ヤーンカム行政区ラオカーオ村で調査した限りでは、福祉厚生事業や農協、農業・農協銀行の事業内容など正確な知識を持っていない農民が多いということである。それゆえ、農協は正確な情報を伝えることをより心掛ける必要がある。この点は、農協運営の改善とともに重要な点であろう。4点目には、農協役員は農協運営の基礎的な知識とノウハウを身につけていないことである。それを身につけるためには十分な研修を受ける必要がある。人的資本の涵養は欠かすことができない。5点目として、政府の資金援助の必要性である。政府の資金援助を受けられないとポーンサーイ農協の経営に支障がきたしたであろうと推察されることから、政府の農協への資金援助は事情に応じて必要であると言える。経済資本の不足を補うこともときに必要であろう。しかしながら、政府による農協の支援は、農民に庇護を受けるハビトゥス・体質を醸成することになるおそれがある。

## 4. サンパトーン農業協同組合

### 4.1. 農業の概要と農協の歴史的経緯

　サンパトーン農業協同組合はタイの中でも歴史の古い農協の1つであり、戦前の1935年に設立されている。本農協はその輝かしい発展で知られ、1976年11月に王室から賞を受けている。そのため、1976年以来毎年のように多くの団体が本農協を優良なモデル農協として視察に来ている。

第5章　農業協同組合の発展に関する比較研究

　サンパトーン農業協同組合はチェンマイ市から南に22キロほど離れたサンパトーン町にある。サンパトーン郡はチェンマイ県に属し、農業が盛んなことで知られている。耕作面積は行政区域面積中43.9％を占めているにすぎないが、サンパトーン郡内で農業に従事している農家は、全世帯のうち74.4％を占めている。農地面積は田が65,388ライ（47.3％）、畑が38,807ライ（28.1％）、ラムヤイなどの果樹が27,463ライ（19.9％）、野菜が6,615ライ（4.8％）ある[11]。農業世帯平均で6ライの農地を経営しており、年間12,000バーツの収入がある。平均耕作規模はタイ全土で26.28ライ、北タイ平均で12.29ライ、チェンマイ県平均が8.8ライ[12]からすると耕作面積は零細であることがわかる。しかしながら、こうした農地の零細経営はむしろ自給するための米作りである。実際に家計の足しになっているのは、多くの農家では換金作物として年間に2回耕作している野菜やスイカなどの畑作物である。また、ラムヤイやマンゴーの果樹栽培の利益がかなり大きく、これらからあがる収益は毎年何万バーツにものぼる。このように、サンパトーン郡一帯では稲作農業よりも果樹や畑が盛んであり、稲作と畑を組み合わせた三毛作をおこなっている。

　サンパトーン農業協同組合の歴史を繙くと[13]、はじめは1935年に計10人が6つの協同組合を作ったことに由来している。第2次世界大戦終了後の1947年にサンパトーン郡に大豆を植えて成功し、それにともなってサンパトーン大豆協同組合が結成され、6ライの農地を購入してそこに事務所と500クィエン収容できる倉庫を2棟建設したほか、トラック1台を購入して活動を開始した。

　その後、サンパトーン郡にある32の協同組合が1953年に統合し、その後さらにそれが2つに分かれて農業協同組合を結成した。第1サンパトーン農業協同組合が1970年に453人のメンバーによって、第2サンパトーン農業協同組合が1971年に373人のメンバーによってそれぞれ結成された。また、これとは別に、3つの行政区の農民がポンサヌグ土地水利協同組合を結成した。その後、大豆協同組合とこの第1と第2サンパトーン農業協同組合が1971年に統合し、

---

11　*Banyai sarup amphoe sanpatong cangwat chiangmai, 2533 (1990).* による。
12　The Manager Company, Siam Studies & Department of Economics, Chiang Mai University, 1990, *Profile of Northern Thailand,* Chiang Mai: The Manager Company. p.59.
13　サンパトーン農協の歴史的経緯については、Sahakon kan kaset sanpatong camkat, amphoe sanpatong cangwat chiangmai, 1993, *Akhan caelim prakian somdetpratheprattanarachasudasayamboromrachukumari.* による。

現在のサンパトーン農業協同組合がメンバー 1,010 人によって組織された。

郡役所は1972年にサンパトーン農協に200,000バーツ補助しているが、トラダー氏によるとこれは王室プロジェクトによるものである。そのため、資本金が217,000バーツと著しく増加した。それによって、1日15クィエン精米できる精米機から1日24クィエンの精米機に変えた上、2ライの土地を購入して、そこに1棟500クィエン収容できる倉庫を2棟建設した。そのほか、16ライの土地を購入し、そのうち13ライを試験的に使用している。また、同年に事務所を新築している。このように、政府機関の資金協力が、農協発展にとって大きな転機を成したのである。その後、1975年の4月1日に、土地水利協同組合が統合されて現在の農業協同組合に組み込まれるとともに、1992年からは店舗販売を開始し、さらに93年からはガソリンスタンドの経営に着手している。

### 4.2. 組織と事業内容

1993年現在、サンパトーン農業協同組合は、総務、信用、預金、加工・販売、農業の援助、土壌の改善、購入、借用、社会福祉の9部門から構成されている。事務所には70人余りの人が働いており、毎年選挙して選ばれる15人の委員の人が理事会を構成している。理事の選挙は農協を構成している班（単位は村落）や行政区に関係なく選出されている。委員会は毎月2回、年間24回最低開かれ、1回開かれるごとに100バーツプラス交通費が委員に支払われている。メンバー40人に対して1人の割合で、班を単位にして代表者を出すことになっていて、代議員総会が毎年1回4月に開催されている。

サンパトーン農業協同組合の目的は以下の通りである。[14] (1) メンバーが貯金したり借用したりできるために資本金を増やすこと。(2) メンバーからの預金を増やすこと。(3) 農業関係の設備や機械などを取り扱うこと。(4) よい値で売るために、農業生産物を集荷すること。(5) 農業に必要な物を提供すること。(6) 農業生産物の加工をおこなうこと。(7) 栽培に必要な水を提供すること。(8) 新しい農業技術のノウハウを蓄積すること。(9) 社会的サービスをおこなうこと。以上の9つが目的である。

---

14　Sahakon kan kaset sanpatong camkat, ampoe sanpatong cangwat chiangmai, 1990-1992, *Rai ngan kitcakam pracam pi 2533-5 (1990-2)*. による。数値は同報告書による。

組合のメンバーになるには、1株10バーツの株を50株（500バーツ）と登録料の50バーツの合計550バーツをはじめに支払わなければならない。この金額は1993年から改めたもので、それ以前は20株、合計200バーツと登録料の50バーツの合計250バーツを支払う決まりになっていた。また、1989年から1株50バーツを1株10バーツに改めた。そのため、資本金に応じて株数を修正した。たとえば、50株2500バーツの資本金であれば、同額で250株とした。さらに、同年から最低12株、合計120バーツ以上の金を資本金として、各メンバーは新たに毎年追加しなければならない決まりを設けた。

借用金の利子は1993年の時点では、6ヵ月以内の農業関連が9％、それを越えると3％が追加され12％になる。借用期間は3年以内で何ヵ月でも借用できる。農業以外は、60,000バーツ以下の場合が利子11％、60,000バーツ以上の場合が利子12％に分かれている。また、返済は月々おこなわれるが、この返済が遅れた場合には罰金が3％追加される。銀行の利子は12〜13％と比較的高い利子であり、なおかつ担保が必要であるのに対して、組合から借用する場合は利子が安いし、また担保はいらないメリットがある。預金の利率は、普通預金が7％、定期預金が8％、これは月々最低30バーツ以上の積立が要求される。そして、約束手形の場合が1〜3ヵ月が7.50％、3〜6ヵ月が8％、6〜9ヵ月が8.50％、10〜12ヵ月が9％、1年以上が9.50％となっている。

農産物を組合に販売したり、機械などを購入したりした場合など、組合の利用すべてが還付金の対象になる。還付金は毎年このところ10％、つまり10株で1バーツを還付している。しかし、その還付金はほとんど株の購入に回され、農協の足腰を強くすることに充てられている。

表25は1989年から93年までの5年間にわたるサンパトーン農協の概要の推移である。メンバーの推移を見ると、1989年が6,413人（91、括弧内は班の数）、90年が6,568人（93）、91年が6,836人（99）、92年が7,239人（102）、93年は7,564人（103）と着実に増えている。メンバー数の増減をさらに詳細にみると、90年の加入者が520人で、脱退者が365人の155人の増、翌91年の加入者が600人で、脱退者が332人の268人の増、翌92年の加入者が712人で、脱退者が309人の403人増加している。脱退者は死亡および年齢による退会を含んでいるが、毎年多くの人々が新しく加入し、かつまた脱退しているようすがわかる。地域

表25 サンパトーン農協の事業概要

|  | 1989 | 1990 | 1991 | 1992 | 1993 |
|---|---|---|---|---|---|
| 班数 | 91 | 93 | 99 | 102 | 103 |
| 組合員数 | 6,413 | 6,568 | 6,836 | 7,239 | 7,564 |
| 株式資本 | 21,077,570 | 24,107,270 | 29,257,630 | 33,704,230 | 40,826,970 |
| 予備費 | 6,716,539 | 8,492,490 | 9,527,631 | 11,330,637 | 11,919,785 |
| 雑資本 | 1,354,493 | 1,298,503 | 1,355,868 | 3,482,053 | 4,087,710 |
| 預貯金 | 59,819,329 | 73,997,574 | 59,743,761 | 86,476,014 |  |
| BAACからの借入金総額 | 257,453,911 | 279,157,841 | 330,736,791 | 411,732,491 | 509,901,241 |
| BAACからの年間借入金 | 21,703,930 | 51,578,950 | 80,995,700 | 98,168,750 | 110,941,093 |
| 年間借入者数 | 3,016 | 4,862 | 5,048 | 5,303 |  |
| 借入者延数 | 39,904 | 44,766 | 49,814 | 55,117 |  |
| 返済者数 | 2,496 | 5,226 | 4,193 | 4,983 |  |
| 年間返済額 | 23,651,225 | 62,920,201 | 54,681,161 | 74,474,136 | 103,002,994 |
| 事業資金 | 113,971,751 | 148,703,905 | 182,121,469 |  |  |
| 純利益 | 1,729,038 | 4,291,271 | 5,694,407 | 4,473,610 | 8,113,847 |

注）金額の単位はバーツである。年次は同年の12月31日付の数値である。1バーツ以下は切捨。空欄は不明。

資料）1989年から1992年までは、Sahakon kan kaset sanpatong camkat, amphoe sanpatong cangwat chiangmai, 1990-1992, *Rai ngan kitcakam pracam pi 2533-5*. による。ただし、事業資金のみ Sahakon kan kaset sanpatong camkat, amphoe sanpatong cangwat chiangmai, 1993, *Akhan caelim phrakian somdetprathep rattanarachasudasayamboromrachakumari, 2536* による。1993年は Trada C., n.d., *Rai ngan phonkan wichai rueang wikhro kan damunoen thurakit khong sahakon kan kaset sanpatong camkat*. による。

内での加入率は、郡内の全世帯数が1990年の時点で28,392戸であるから、この数値を母数にして計算すると、23.1％の世帯が加入していることになる。

　株式資本の総額は、89年が21,077,570バーツ、90年が24,107,270バーツ、91年が29,257,630バーツ、92年が33,704,230バーツ、93年が40,826,970バーツとメンバーの増加にともなって急激に増加している。また、メンバーの預金高も急増している。こうしたことにともなって、貸付金も増加している。なかでも、純利益は1989年に1,729,038バーツであったのが、93年には8,113,847バーツとおよそ4.7倍に激増している。純利益の増加は何より事業展開がうまくいっていることを物語っている。肥料や農薬、農機具などの販売高は表26に示したが、これらの額をポーンサーイ農協と比較すると、肥料・農機具ともにおよそ10倍以上の取扱高である。ちなみにポーンサーイ農協では、95年の肥料と農機具の販売高はそれぞれ797,394バーツ余と88,400バーツである。

それから、サンパトーン農協は92年度から事務所に隣接した場所で店舗を始め、翌年からはガソリンの販売を開始した。トラダー氏がメンバーに対して事業について意見を聞いているので、それを瞥見してみよう。[15]

表26 サンパトーン農協の各種販売高

| 品目 | 1990年 | 1991年 | 1992年 |
|---|---|---|---|
| 肥料 | 9,651,421 | 11,402,863 | 10,525,626 |
| 農薬 | 2,213,722 | 2,797,227 | 2,602,106 |
| 農機具 | 6,965,207 | 6,776,997 | 5,950,246 |
| 種子 | 239,911 | 188,666 | 417,940 |
| 計 | 19,070,261 | 21,165,753 | 19,495,918 |

注)単位はバーツ、1バーツ以下は切捨。
資料) Sahakon kan kaset sanpatong, *Rai ngan kitcakam pracam pi, 2533, 2534, 2535 (1990, 1991, 1992).*

店舗のメンバーの内訳を見ると、合計131人でそのうち男性51人(38.9%)、女性80人(61.1%)である。出身学校は短大大学卒が41.1%と最も多く、次に中学高校卒が26.4%、小学校卒は19.4%などとなっている。メンバーは総じて30〜40歳代であり、学歴も高く収入もそれなりに高いことがうかがわれる。商品は品質がよく、ほどよい価格に設定されている。1回に購入する額は、300バーツ以下が47%、301〜600バーツが22.7%、601〜900バーツが2.3%、900バーツ以上が28%となっている。1回の購入額が900バーツ以上の人が28%もいることは驚きである。こうしたことは、メンバーが比較的裕福であること、および消費者の生活水準が高くなっていることを物語っている。また、店舗事業の利益は1992年が12,733バーツ、93年が130,232バーツと大きく増加していて、事業展開が順調であることを示している。

### 4.3. 福祉厚生事業

サンパトーン農業協同組合の特徴は、なかでも社会福祉事業を実施していることである。この事業は王室から賞を授与された1976年に、農協とは直接関係することなく開始された。しかし、メンバーは農協のメンバーが中心になって事業を組織したが、その後1991年から組合の一部門として位置づけられ改組されてこんにちに至っている。農協に統合される以前と以後との違いは、以前は農協のメンバーでなくても社会福祉の組合に加入することができたが、統合して以後は農協のメンバーでなければ社会福祉事業のメンバーになれなくな

---

15 Trada C., n.d., *Rai ngan phonkan wichai rueang wikhro kan damnoen thurakit khong sahakon kan kaset sanpatong camkat.* による。

ったことである。

　社会福祉事業に加入している家族数（夫婦単位）は、1993年4月現在で7,250であり、人数は13,756人いる。92年の12月までの農協のメンバー数が7,239人であるから社会福祉の保険に農協加入者よりも多く加入している。この点については、契約期間を過ぎていないために、農協を脱退後もそのまま保険に継続して加入しているためであると説明されていた。

　保険には、農協に加入後90日後に初めて加入することができる。また、103の単位ごとに集団化されている。夫婦どちらかがサンパトーン農協に加入していて、60歳以下の健康な人なら加入することができる。各集団には委員長や副委員長、書記、会計、集金係がいる。保険金の授受に関しては、入院したり、死亡する人本人が保険に加入していないとならない。そして、家族登録が夫婦単位のために、加入している親が死んでも子供は保険金をもらえない仕組みになっている。保険金がもらえるのは、本人もしくは配偶者に限られている。

　これまでの福祉事業のメンバーの動向を見ると、いずれも12月末で1976年が2,938人、78年が5,632人、80年が8,393人、82年が8,370人、84年以降は9,203人、9,313人、9,424人、9,784人、10,598人、11,419人、12,207人、そして91年が12,685人と増加してきており、メンバー数がこの15年間に約4.4倍になっている。

　保険契約は5種類に分かれていて、3ヵ月以内の契約は会費が70バーツ、それと保険金50バーツの合計120バーツ、3ヵ月から6ヵ月がそれにさらに200バーツの追加で合計320バーツ、6ヵ月から1年以内がさらに200バーツを追加して合計520バーツ、同様にして2年以内が720バーツ、3年以内が920バーツをはじめに支払うことになっている。

　メンバーが死亡すると1人5バーツを支払う決まりになっている。メンバーが亡くなった場合、1人5バーツずつ支払い、13,756人で合計68,780バーツになる。しかし、このうち集金係に5％（これは足代などの費用という名目である）、それから事業の維持費に3％を支払うので、結局葬式を出す家では63,000バーツほどを受け取ることになる。怪我をした場合などは、怪我の程度や家屋の倒壊の程度に応じて最高の1,000バーツまで支払われる。死亡するとその時点で保険金を受け取り自動的に脱会することになる。89年の死亡者は87人いて、そ

れ以外の脱会者は10人いる。翌年は、死亡者が93人、脱会者が3人、新規加入者が884人、92年には死亡者が104人、脱会者が10人、新規加入者が590人いる。また、92年に病気やケガで保険金を受け取った人の金額と人数は、最低が316バーツで最高は1,000バーツの合計19人であった。

そのほか、社会福祉事業の中で注目されることは、92年に初めて郡内の5つの小学校協同組合に対して3,000バーツずつ、合計15,000バーツの貸付をおこなっていることである。農協の本来の活動以外の社会的事業に取り組んでいることは注目される。

## 5. 考察

以上2つの農協の運営について見てきた。これらの農協の比較の上に立って、以下サンパトーン農協の発展の諸要因を考察することにしたい。

まず、サンパトーン農協の単位構成について見てみよう。これまで調査してきたマカームルアン行政区のトンケーオ村民の場合、1970年代まではトンケーオ村だけでサンパトーン農協の支部を作れるほど多くの住民が農協に加入していなかった。そのため、当村は隣村のマカームルアン村と一緒になって1つの単位集団を構成していた。したがって、2つの村で1人の班長がいて、その人が代表者としてサンパトーン農協の総会に出席していた。こうした事実を見ると、必ずしも村落ごとに農協の支部があったわけではないことが知られる。すなわち、タイ農協は村落に基礎づけられているわけではないということである。したがって、農協の発展は村落が農協の下部集団を形成しているのか否かという点だけを取り上げて議論することができないと考えられる。

サンパトーン農協は何と言っても1976年に開始された社会福祉事業がすぐれていることが注目される。ポーンサーイ農協に見られるように、普通の農協は十分な福祉厚生事業を展開するだけの資本力を持ち合わせていない。その意味では、福祉厚生事業を農業・農協銀行と同等に独自に展開できることはたいへんすぐれている。この事業への加入者が、創設以後の15年間に著しく伸びていることが何よりもそれを物語っている。サンパトーン農協の福祉厚生事業

は農業・農協銀行と同様のサービスを提供していることはすぐれた点であると言えるだろう。

こうしたことは、反対に農業・農協銀行に加入してさえいれば、あえて農協に加入していなくても間に合うということを意味している。そのため、一般的には各地で農協が発展しない背景には、政府機関の農業・農協銀行が広く普及しているためであると思われる。たとえば、スリン県チョンプラ町の農業・農協銀行には多くの農民が加入しているのに対して、チョンプラ農業協同組合にはあまり加入していない。加入者数が著しく相違するため、福祉事業の中身に大きな差が生じている。農業・農協銀行の事業内容を見ると、全体としては福祉厚生事業があるほかに、直接農民に融資しているのが85％を占めている（1995年時点）。残りは農協と農民組合に貸している。そのため、農民が自分たちでわざわざ農協をつくる必要がないようになっている。

次に、サンパトーン農協が成功している要因について考えてみよう。サンパトーン農協自身は、その要因として次の7つをあげている。[16] (1)組合の規模が大きかったので、利益をみんなに分配できたこと。(2)事務所の位置が交通の便によかったこと。(3)メンバーの意識が高かったこと。(4)組合の役員が正直で、献身的で、ノウハウを知り、ヴィジョンを持っていたこと。(5)事務員が役割を理解してとてもよく仕事をしたこと。(6)役員がまじめで目的を持ってよく働き、公私の区別をしたこと。(7)郡役所がとても協力してくれたこと。以上の7点である。これらは農協の理事たちが自分で分析した点であるため、妥当するものもあるとはいえ、必ずしも十分な説明になっていない点も少なくない。

サンパトーン農協は、はじめ小さな組合を相次いで統合し、総合農業を目指したことが、その後の発展を考えると大きな意味を持っていたと言える。その上で、政府機関が200,000バーツの援助を与えたことが、事業の拡大をいっそう図る上で役だったと言えるだろう。さらに、この地域にある稲作試験場など政府機関が農業の発展に熱心で協力的であったことが指摘できる。たとえば、サンパトーン町にある稲作試験場がサンパトーンという餅米の新しい品種を開発したことなどは、農民にとってより農業への意欲を駆り立てる社会的環境を

---

16　Sanibat sahakon haeng prathet thai, 1992, *Wan sahakon haeng chat, 2535 (1992)*. による。

形成した。その意味では、先の(7)は妥当している。さらに、こうした背景には、国王が視察に訪れ、御下賜金をいただいたことが大きく与っていることも注目される。このようにサンパトーン農協の場合、単なる資金援助に留まらない側面があることに注意したい。

政府機関による農協支援の側面について、結果として確認しておかなければならないことは、政府はローイエット県のシーサワーン行政区やヤーンカム行政区といった行政区単位に資金援助をおこなって稲作農民組合を結成させ米市場への参加を企図し、農協や民間などとのあいだで競争させていることに見られるように、政府の意図は市場経済の推進にあることである。この点は、東北タイ農村を調査してみてわかったことである。この点を考慮すると、農協は農産物の自由な市場を確保するために経済的に支援されている政治的装置の1つであると言える。サンパトーン農協の店舗にしても、商品の値段はけっして安くはなく、質のよいものを置いて社会的地位の高い人々を顧客にしようとしている。また、ガソリンスタンドを含めて誰が買いに来てもよいことはもちろんである。こうして見てみると、サンパトーン農協も商品経済の中で競争を余儀なくされている1つの経営体であることがわかる。

さて、このほかに発展の要因として考えられるものは、(4)と(5)(6)である。ポーンサーイ農協に見られるように、タイでは役員がしばしば資金を私物化する傾向がある。別のある農業協同組合でも臨時雇いの職員が2003年頃に5,000,000バーツを持ち逃げする事件が発生し、2008年現在係争中である。汚職などをどのように防ぐかという問題が潜在している。また、還付金を出資金に組み込んで足腰を強化することの意義を十分知っている点、およびその後の福祉厚生事業の展開などの点を考えると、(4)と(5)(6)は妥当するように思われる。

これらの要因以外に、農民から米を相場の値段で集荷し購入していることをあげることができる。農民はそのときどきによって農協に出荷したり、市場で販売したり、あるいは仲買人の業者に売ったりしている。仲買人が安く買いたたくことがあることを考えると、農民にとっては農産物を安定的に相場の値段で購入してくれることはたいへん助かっている。しかし、その反対に、農協のほうが安い値段で買い取ることがある。その場合は、農協を利用していない。

たとえば、トンケーオ村の人々を例に取ると、野菜は市場に持参して売ることが多く、農協に出荷することはない。また、ラムヤイやマンゴーなどは仲買人が来るので、各自で値段を交渉して売買しているので、これまた農協に出荷することはない。

　ソーシャルキャピタルの観点から見ると、農協は弱い絆で結ばれている。農協は人数の規模が大きいため村落が単位になって形成されているわけではないが、班は互いに知り合いが構成するようになっている。それでは、農協を成功へと導いているのは何だろうか。既に述べたように、その理由は(4)組合の役員が正直で献身的でノウハウを知り、ヴィジョンを持っていたこと。(5)事務員が役割を理解してとてもよく仕事をしたこと。(6)役員がまじめで目的を持ってよく働き、公私の区別をしたことの3つの要因が最も関係していると思われる。これらの点は、組織を運営する上でリーダーという人物が重要であること、そして経理のノウハウを取得している人がいることが大きな要因を成している。つまり、これらのことは、役員が「正直」というソーシャルキャピタルを身につけていること、そして人的資本が形成されていることを示している。知人どうしが同じ1つの班を構成し借金するときに連帯責任制をとっているのは、互いに「正直・誠実」にならなければいけないという規範を植え付けるべく組織化していることがうかがわれる。この点は、連帯責任制をとっている点で人と人を結びつけるソーシャルキャピタルが重要ということである。しかしながら実際には全国で、農業・農協銀行からの借金がかさみ、返済できなくなった人が多い。これは、1つには農業・農協銀行が高額な資金を貸し付けすぎている点に原因がある。

　それでは、農協それ自体がメンバーに対して協同組合精神を育んでいるかといった根本的な点に関して検討して見ていこう。はじめに、農協の組合長など役員は総会で選出されていることを形式的に確認しておかなければならない。その上で言えることは、農協がメンバーに協同精神を育んでいる側面はたいへん弱いということである。というのは、農協によるメンバーへの技術指導が弱く、ほとんど農業・農協銀行と変わらないからである。人的資本の形成面が弱いということになる。農民としてはまさに農協もしくは農業・農協銀行のどちらかに加入していればよいということになる。それに対して、村落内で組織さ

れている協同店や米銀行、貯蓄組合は自分たちで運営しなければならず、その点では自助自立の精神を培うことに寄与している。それゆえ、これらの村落内の組織のほうが協同精神や自立精神を涵養している。なぜならこれらの村落内の小さな組織は政府から資金援助を受けておらず、自分たちで組織を運営しなければならないため協同の精神がいっそう育まれるからである。

　東北タイでは家畜を飼う農家が多いことを考えると、牛や豚、アヒル、鶏などの飼育が農村の「小さな銀行」であることを農協が教え、その技術指導と普及に努めてもよいように思われる。農民が出稼ぎに行かなくても生活できるように、農業全体にわたって農協が指導する姿勢が必要なのではないだろうか。こうした特色ある地道な指導をおこなっていないところにこそ、農協が本当の意味での協同組合になっていない原因が潜んでいるように思われる。

　ポーンサーイ農協で起きた資金を持ち逃げされた事件は、ほかの農協でも起きていた。つまり、こうした事件は珍しくないということがわかった。どうしてこうした問題が起こるのだろうか。わたしが経験したほかの事例を含めて、この点をソーシャルキャピタルの観点から考察してみよう。

　調査していた地域のある農協では会計係の3人が資金を持ち逃げし、そのうちの1人は警察官と結婚してそのまま住んでいる。もう1人はどこに行ったか不明である。親やキョウダイ、親族の誰も補償していないということである。現在、当該農協が裁判所に訴えて審議中であり、まだ結審していない。これまでの歴史的経緯を見ると、タイで裁判制度が十分浸透し確立していないことがわかる。たとえば、交通事故を起こすと、当人どうしがその場で話し合って補償を決めている。こうした解決方法は、当事者が解決する習慣が長く続いてきたこと、および裁判制度がまだ十分確立されていないことをうかがわせる。農協のメンバーが互いに知り合いにすぎないという弱い絆では、十分な信頼関係が築けないことがわかる。

　こうした事件が起こる背景を推測すると、1つは、規則を守る「正直・誠実」といったソーシャルキャピタルが身についていないことがあげられる。伝統的に問題は話し合いによって解決されてきたがゆえに、当人がいなければ話し合いにならないし、仲介者がいなければ話し合いにならない。言い換えれば、法律の社会は互いに契約を守ることが基本であるが、国家や市民社会が規則を守

る価値観や習慣をまだ涵養していない。2つ目に、タイ社会がレオテーの社会であることがあげられる。つまり、各自が互いに干渉しないことを重んじる姿勢が伝統的に支配的であることがマイナスに作用している。3つ目には、タイ人が社会的に権力や権威を持っている人に対して従順であることをあげることができる。パトロン・クライアント関係が支配的である点に見られるように、庇護される姿勢や体質を是とし、その姿勢に慣れてしまっている。これがまだ克服されていないのである。

最後に、それでは農民にとって農協とは何かということについて整理しておくことにしたい。近代化にともない農民は肥料や農薬を散布し、かつまた耕耘機や稲刈り機、脱穀機などの大型農機具を使い始めた。また、日常生活においても消費生活が浸透し、テレビや冷蔵庫、自動車やオートバイなど多くの耐久消費財を購入してきた。東北タイは北タイよりも農業の近代化が遅れているが、その東北タイでさえもオートバイや自動車、携帯電話が1990年代以降急速に広がっている。こうした耐久消費財を購入するために、農民は農業・農協銀行や農協から借金をしたり、あるいは民間の会社からローンを組んで購入している。村の中の高利貸しの住民から借金すると月5％（年間で60％）の利子を取られるのが相場である。それを考えると、借りる側としては農協や農業・農協銀行はより低利であることから助かっている。また、肥料や農薬の購入にしても、サンパトーン郡では、農民は市場価格と農協価格とを比べてより安いほうで購入している。他方、ポーンサーイ郡では農薬はほとんど使わないので買う必要がなく、必要であれば郡役所が無償で配給してくれる。肥料は農協のほうが市場より安いのでそちらから買っている。農協はまず何よりも商品経済の波から農民の生活を防衛する役割を果たしている。

次に、タイの農協は全国的にほぼ同じ事業を展開している側面について見てみよう。すなわち、米と肥料・農薬の売買、それと農業・農協銀行と同様の信用事業と福祉厚生事業を展開している。こうした同じ事業展開をしている背景には、政府機関である農業・農協銀行から資金を融資してもらっているために一律の行政指導を受けていることがあげられる。したがって、事業展開や組織の面では、既に見てきたように伝統文化を反映しているとは言えない。むしろ、伝統文化であった「気持ちしだいでいい」というレオテーの姿勢ではなく、農

協組織では役員とメンバーとを問わず、規則を遵守するという姿勢が強く求められる。その意味では、農協それ自体が新しい近代社会の原理を導入し、普及させているととらえたほうがよいと考えられる。つまり、規則を守る姿勢、「正直・誠実」というソーシャルキャピタルを涵養する機関として機能している。

　こうした傾向は、近年政府機関やNGOが農村開発を推進している住民組織の中にも見出すことができる。たとえば、協同店や米銀行、貯蓄組合などは、自分たちの自助努力で商品経済の摩擦を少しでも緩和する生活防衛を目指した住民組織である。こうした組織を見ると、組織の維持と発展にとって規則を遵守することがいかに大切であるかを知ることができる。そこでは、農民が規則を遵守することが求められる。すなわち、組織での活動を通じて「正直・誠実」というソーシャルキャピタルが涵養されている。そこに至る道はまだまだ遠いように思われるが。また、組織運営にあたっても数字の計算や事業の運営などのノウハウや知識の習得が求められる。これは組織運営において、人的資本がいかに大切であるかを示している。

第2部
# 土地利用と生活協同

コンバイン。スリン県プルアン村、2005年撮影

## 第2部の問題設定

　はじめに、タイ農業全般の推移について概観する。タイは1980年代初めまで農民が占める割合が高く、まさしく農業国であった。1940年代から50年代にかけての農業従事者の割合はおおよそ85%を占めていた。そのうち東北部では97%、北部では77%、中央部では66%がそれぞれ自作農であった［尾崎 1959: 142］。その頃は、中央部と北部が米作りの中心であった。作付面積は1960年代から80年代にかけて漸次拡大してきたが、なかでも東北部の水田開発が進められた結果、東北部の農家数が激増した［パースック／ベイカー 2006: 81］。水田の面積は、1960年に37,000,000ライ余であったが、1984年には63,420,000余ライに拡大している。この25年間でおよそ1.7倍になっている。この25年間に収穫量もおよそ2倍に増大し、生産量もおよそ7,760,000トンから20,000,000トンに増大している。

　1980年当時、第1次産業従事者（農林水産業）の割合とGDPがそれぞれ72.2%、23.2%を占めており、GDPの値は農林業部門が製造業部門より大きかった。その後、1990年にはそれぞれ67.3%、12.5%になり、2000年にはそれぞれ54.1%、10.3%へ低下した。[1] 1960年代から80年代にかけての輸出に占める部門別割合の推移を見ると、工業製品部門の増加が著しいのと対照的に、農業部門の減少が大きい。農業製品の輸出額に占める割合は1961年時の80%代から1989年時には20%代にまで著しく減少している［Warr 1993: 119］。これらの数値の変化に、タイ国が農業国から工業国へと変化したようすをうかがい知ることができる。

　タイの農村家族は夫婦が基礎的単位をなしている。夫婦を単位にして1つの家屋の中で寝室が分かれていたり、家屋に分かれて居住している。男子は外で農業や籠作りの仕事をおこなう。女子は家事・育児と農業の手伝い、それと機織りが主たる仕事である。家畜の世話は特に決められておらず、男女どちらでもよいし、子供が世話することも多い。

---

1　GDPは国家経済社会開発委員会（NESDB）の *Statistical Yearbook Thailand, 40, 47, 1993, 2000*、産業別人口割合はNational Statistical Office, Office of the Prime Minister, ThailandのPopulation and Housing Census 1980, 1990, 2000による。

ついで、北タイと東北タイの農業を取り巻く条件の相違について概説する。北タイのチェンマイ盆地では13世紀頃に初めて灌漑設備が作られた［海田 1975: 266; 田辺 1976: 672-673］。しかし、その周囲や山地では未整備が長く続いた。20世紀に入ってから中央タイと北タイでダムが建設された［海田 1975; 田辺 1976: 698］。北タイの灌漑は、堰・用水路による河川がかりの灌漑体系であった［田辺 1976: 673-674］。それに対して、東北タイの灌漑設備は著しく遅れ整備されないままに来た。降雨量のみならず、農業に必要な水の供給事情が北タイと東北タイとでは大きく異なる。

北タイの農民は、雨季の稲作栽培を中心にして、裏作にニンニクやタバコ、大豆、白菜、空豆などの畑作を組み合せて三毛作をおこなっていることが多い。それに対して、東北タイの農民は雨季に稲作だけを栽培しているのが多い。つまり、稲作の一期作をしているのが多い。イサーンと称される東北部は日照りが続くことも多く、水に恵まれていないからである。北タイは、雨が多く洪水になることがしばしばある。

北タイと東北タイの農村においては、親子の世帯間の「共働・共食」がおこなわれている。これは、雨季作米の耕作を一緒に協同でおこない、米の消費を一緒でおこなっているものである。その際、子世帯は親の近くに住んでいることが普通であり、畑作は除いておこなわれていることが多い。またキョウダイが、土地相続以後も「共働・共食」していることもある。そのほか、親が子供へ農地の経営委託している場合がある。北タイではその際、子供から親に地代代わりに収穫米 (kha hua) が渡されている場合 (有償の経営委託) と渡されていない場合の両方が見られるのに対して、東北タイではそれが渡されていない場合 (無償の経営委託) が多い。また、東北タイでは親から子供への経営委託それ自体が少なく、親の生前に土地を子供に分与することが多く見られる。北タイと東北タイにはこうした相違がある。こうした相違がある背景には、北タイは水田開発が早く農地が20世紀初めには狭隘化したのに対して、東北タイでは農地が豊かにあり狭隘化が進んでいないためであると推測される［重冨 1996: 2章］。

北タイでは4世代前頃まで女性だけが均分相続していたが、その後は男女の均分相続に変化している［Anan 1994: 612］。現在では、男女の均分相続がおこなわれている［高井 1988: 171］。しかし、子夫婦の土地の相続状況によって、相続

を辞退することもあり、形式上均分相続とは言えない場合も少なくない。居住制については、東北タイも北タイも妻方居住制がおこなわれていた［関1992: 96; 高井1985: 92-96; 1988: 160］。しかし、現在では都合のよい子供が親元に残り、結婚後も同居するケースが多くなっており、末娘とは限らていない。

さらに、高井はポッターの見解を踏まえて、夫婦関係に比して親子関係の優越を主張している［高井1988: 153］。しかし、この見解は必ずしもそうとは言えない。なぜなら、夫婦が一緒に農業をしているのが一般的であり、また夫婦が1つの部屋で寝ていることが普通であることなどを考慮すると、親子関係のみならず夫婦間の絆も強いと思われるからである。相続などの側面においては親子関係が夫婦関係よりも優先されるが、別の側面では夫婦関係が優先されると考えたほうがよいのではないだろうか。

北タイには女性血族、つまり娘が母親の祖霊を祀るピー・プーニャー儀礼がある［杉山1976; Anan 1994; 高井1988］。それに対して、東北タイでは夫婦双方の祖霊を祀る［竹内1989; Sato 2005: 157］。東北タイのそれは系譜観念がないので双方的と考えたほうがよいが、北タイのピー・プーニャーは明らかに単系の観念である。そうした相違が両方の地域のあいだにある。

小作が占める割合は地域によって相違している。1986年の時点で小作率を地区ごとに見ると、小作の割合は中央タイが36.3％、北タイが28.7％であるのにたいして、東北タイは12.3％である［The Manager Company 1990: 61］。東北タイの小作の割合は相対的に少ないことがわかる。また、1950年時の小作農家の割合と比べると、中央タイが34.3％、北タイが23.3％、東北タイが2.7％であったことから［尾崎1959: 142］、中央タイは2％、北タイは5.4％しか増加していないが、東北タイでは約10％と著しく増加している。つまり、1950年代から80年代にかけて、東北タイの小作の割合が著しく増加したようすがわかる［パースック／ベイカー 2006: 64］。

小作は収穫した米を地主とのあいだで分ける。その際、分ける量は定額ではなく刈分でおこなっている。北タイでは刈分小作のことをハイ・コン・チャオ (hai khon chao) と言い、小作人は収穫米の半分を受け取っている。この方式のことを北タイではニヤ・パー (nya pa) と言う。また、パンカン (pan kan) といって地主と小作のあいだで分ける方式の一種に、5分の1を小作人が受け取る方式

がある。この場合は、地主が小作と手分けして農作業するものである。それに対して、東北タイのラーオ人の場合は、小作のことをハイ・カオ・タム (hai khao tham) と言う。小作料は収穫米を折半という場合が多いが、小作人と地主が1対2の割合で収穫米を受け取る方式もあり、その場合は小作人が肥料代や農薬代などを出すことになる。これをベン・サーム (ben sam) と言う。また、北タイでは子供が親からの経営委託に対して収穫米の一部 (kha hua) を分与しているのに対して、東北タイでは子供は親の経営委託に対してそれを渡していない。この点でも両方の地域で相違している。さらに本書には収めていないが、東北タイ南部に居住するクメール人やクーイ人の場合は、地主が36分の8 (22.2％) で、小作人が36分の28 (77.8％) を受け取る方式を採用していた [Sato 2005: 92]。このことから、小作形態が地域によって相違することがわかる。

　水野浩一が東北タイ農村研究で用いた「屋敷地共住集団」概念は、タイの家族農業経営をとらえる上で基軸をなしている。水野の「屋敷地共住集団」論のすぐれた点は、親子やキョウダイの世帯が土地利用協同する点に注目して農業経営をとらえた点、および家族周期論を用いて家族や親族をとらえたことである [水野 1981]。水野が考えた「屋敷地共住集団」は、親が子供に対して屋敷地も耕地もまだ分割していない状態で、親子の世帯が「共働・共食」していることを指している。水野はこれを家族周期上に位置づけてとらえ、核家族とステム・ファミリーの家族形態が家族周期に応じて現れる過程の中でとらえた [水野 1981: 121]。しかしながら、そこには問題があった。つまり、「屋敷地共住集団」という呼称は屋敷地を共有している側面に焦点が当てられている。しかしその一方で、「共働・共食 (het nam kan kin nam kan)」は屋敷地ではなく、親子・キョウダイの労働と食事の側面に焦点が当てられている。両者の概念に齟齬があった。屋敷地の分割が進み屋敷地が手狭になるにつれて、近くの土地を購入して子供に分与するケースが散見されるようになった。屋敷地は共有していないが、親と子の世帯が「共働・共食」しているケースもある。この場合、「屋敷地共住集団」という用語を用いて説明することが困難である。水野浩一が「屋敷地共住集団」[水野 1981: 121-122] としてとらえたものを、竹内隆夫は「合同家族」[竹内 1989: 235]、北原は「複合家族の一種」[北原 1990: 130]、重冨は「家族共同体」[重冨 1996: 63] という概念でそれぞれとらえた。こうした家族ないし親族の世帯

を結びつけているのが「土地利用協同」[重冨 1996: 69] である。

　水野の死後、口羽益生と武邑尚彦は1981年からドンデーン村の追跡調査をおこない、水野が提示した理論を補充している。本書が対象とする親子の世帯間土地利用協同の観点からすると、親子間共同を家族としてではなく、「世帯間共同」としてとらえたことが注目される。すなわち、水野が「屋敷地共住集団」を家族や親族の形態の1つとしてとらえたことを否定し、親子間共同を「世帯間共同」と明確にとらえた。このことは意義のあることであった。そのほか、「世帯間共同」には、共同の内容と家族周期の点から、主に親が子を援助する型と子が親を扶養する型、その他の近親者の「世帯間共同」の型の3つに分類できることを明らかにした上で、「屋敷地共住集団」は家族周期上の初期に現れる親が子を援助する型であるとし、その後子が親を扶養する「世帯間共同」が現れることを指摘した [口羽・武邑 1985; 口羽編 1990: 309-348]。

　しかしながら、これらの型の理解には検討する余地があるように思われる。たとえば、重冨真一は、親世帯が子世帯を援助する型の例を検討してみると、むしろ子供の世帯が労働力の点で親世帯を援助している例が多いことを指摘している [重冨 1996: 72]。このことは、子供の世帯分け後にあっても、必ずしも親世帯が子世帯を援助しているわけではないことを物語っている。重冨の指摘は、地域差を踏まえた上で、親子の世帯間の協同関係を総体的に検討する必要があること、および家族周期にともなう共同形態を再検討する必要があることを示唆している。

　親子の世帯間の協同関係を総体的に検討するにあたって、まず武邑らによる分類基準を検討すると、氏らは「世帯間共同」を「共同耕作と収穫米の共同消費 (sai nam kan) または分割 (pan kan) を基準にして」いる。すなわち、武邑らは共同消費と収穫米の分割を基準にして、「共働・共食」とその後に現れる形態とされている「共働・分割」(het nam kan pan kan) の2つの形態を提出している。これ以外では、オジ／オバとオイ／メイ間の「共同」がその他の「共同」の型として措定されている。しかしながら、問題は、親子やキョウダイでおこなわれる協同が、農業生産活動や収穫米の消費以外にもあるにもかかわらず、それについては取り上げられていないことである。

　1960年代以前までは、家族は「共働・共食」していたとする見解、もしくは

「屋敷地共住集団」を形成していたとする見解が支配的であった。子供が世帯分けをし独立するまでは、親子・キョウダイ全員が土地の共有観念を持っており、屋敷地などは共有されていた。その後、子世帯の独立にともなって個人所有へ移行すると考えられる。

　この「共働・共食」と「屋敷地共住集団」という表現が意味するところは必ずしも同じではない。前者が親子の世帯間の文字通り「共働・共食」を重視しているのに対して、後者のほうは親子の世帯が「屋敷地」を共有していることを重視しており、その点がまさしく相違しているからである。親世帯が子世帯に屋敷地を購入してあげた場合は、住居を異にしていても親世帯と子世帯が「共働・共食」しているときには、「屋敷地共住集団」という表現が成り立つことになる。このように考えると、かつては土地も家屋などもすべてが共有であったのが、土地が狭隘化し居住地が分離していった。かくして、居住と食事、労働などの単位が分離したのである。

　こうした問題を社会史の視点から明らかにしたのが赤木攻である［赤木1987］。赤木の理解は、バーンという言葉がどのような意味を持っているかを歴史的に遡及的に明らかにしたところに特徴がある。バーンは1つないし複数の親子・キョウダイから成る親族から構成されている。彼らは協同で農業をおこなう労働集団であった。そのため、親族は屋敷地を垣根で囲み、土地を共同で所有しているという観念を持っていた［赤木1987: 37］。親が生きている「親子型バーン」は親が死去すると「キョウダイ型バーン」に移行するが、その絆は弱くなるという。また、複数の親族がバーンを形成するようになると、バーンごとのまとまりは弱くなる。こうしたバーンの歴史的変化から「屋敷地共住集団」を明らかにした点は、ほかの人と違う点である。先のようなバーン理解が崩れた結果、「共働・共食」という表現が新たに使われるとともに、土地に関する共有意識が残存しているため均分相続がおこなわれているのであろう。現在の時点では、むしろ「共働・共食」や土地の共有意識、相続の仕方などを個別に検討することが求められる。

　関泰子［関1986, 1987, 1992］と高井康弘［高井1988］が北タイ農村家族研究によって明らかにした点はおおよそ次の通りである。北タイにおいては、歴史的には親子の「世帯間共同」は多くが「共働・共食」であったこと、親族が父系と母

系の双系にわたっていること、男女の均分相続がおこなわれていること、親との同居が娘に必ずしも傾斜していないこと、かつては妻方居住制であったが、現在では解体していること、親世帯から子世帯に経営「委託 (hai tham kin)」がおこなわれていること、その際子世帯から親世帯に御礼として収穫米の一部が渡されていること、子供たち全員が等しく親の土地を相続する権利を潜在的に持っていること、親子関係が「共同農業経営」の基軸であることなどである。かくして2人は、北タイ農村における「屋敷地共住集団」の姿を明らかにしたと言える。子世帯が親世帯に収穫米の一部を渡している点に関して、重冨真一は、土地の稀少性が高まり、刈り上げ地代が普及したためであるととらえている[重冨1996: 100]。

　重冨は、一見すると伝統的に見える親子やキョウダイの協同関係が、彼らを取り巻く環境の歴史性に規定されていることを強調している。重冨の発見は数多いが、そのなかで「屋敷地共住集団」論に限って取り上げると、親子の世帯間の「共働・共食」は意外なことにもかつては少なかったことを明らかにしたことである。工業化の進展による労働力不足と土地不足を契機として、「共働・共食」や経営委託が増えてきたこと、さらに世帯分け後の子世帯でも意外と自立しており、親の援助を受けているとは言えないこと、および家族周期にともなって「共働・共食」や「農地の受委託」が展開されるのではなく、経済的条件に規定されて現れていることなどを指摘している[同書: 101]。さらに、土地へのアクセスが稀少になってきたため、子世帯への土地の相続が子世帯を労働力としてつなぎとめる紐帯になっていることを発見している[同書: 85]。こうした発見は、ドンデーン村以外のフィールドで調査を幅広く実施したこと、および従来取り上げられなかった歴史性と経済的要因を問題にしたことによって、これまでの「屋敷地共住集団」論にはない新しい知見を加えることができたのではないかと思われる。このように見ると、「屋敷地共住集団」論を検討するためには、研究者の認識枠組みの検討もさることながら、ドンデーン村以外の東北タイや北タイの村における資料の収集および検討が不可欠であることがわかる。

　家族周期にともなう家族形態を互酬性論の観点から整理してみよう。農村では、家族が農業労働の単位を成し、そして1つの世帯を形成している。この世

帯を共にする人々がムラの単位をなしている。多くの場合、それは夫婦と子供から成る核家族である。農村では子供は結婚するまで親元で農業を手伝って暮らす。その後、結婚して世帯分けをすると、親と子の世帯間で共同耕作をおこなう。なかには親世帯と子世帯のあいだで「共働・共食」することもある。これは水野が「屋敷地共住集団」と命名した形態である。互酬性論の観点からすると、この形態は親が世帯群の中で中心に位置しており、子世帯の労働力をいったんプールしたあとで、労働の産物である収穫米を再分配する仕組みである。

親子の世帯間は「一般的互酬性」関係にある。相互に気前よく相手に与える義務を有しているからである。また、子世帯へ耕地の経営委託をすることもあるが、このほうが子世帯の独立性が高い。土地は男女均分相続が原則である。土地の相続は親から子への「贈与」である。子は親へ「贈与」の返礼を生涯にわたっておこなっていく。親の死亡後は、キョウダイはそれぞれ相続した農地を経営する。基本的にキョウダイは等価交換関係にある。それはキョウダイが「均衡的互酬性」の関係にあるからである。

それでは、タイ農村では親子関係のソーシャルキャピタルは何だろうか。親子関係は恩と報恩の関係にあるから結ばれているのだろうか。あるいは、相互扶助や協同があるから結ばれているのだろうか。協同があるとすれば、どのような協同がおこなわれているのだろうか。協同関係が、親子関係を結び付けているソーシャルキャピタルたらしめているのであろうか。こうした問いをめぐって考察していく。

親子やキョウダイなどの世帯を同じくしている人は、「一般的互酬性」の関係にあり、気前よく振る舞うことが求められる。そこでは、「気前よさ」が人と人とを結びつける接合剤である。「一般的互酬性」は次の2つのことがらから強く影響を受けている。1つは宗教である。タイでは上座仏教がそれにあたる。上座仏教は子の親への報恩をさまざまな行事で説いている。葬式時における孫の得度が死者へ徳を転送するということで推奨されていることなどもその一例であろう。もう1つは家族労働である。人々は家族農業を基軸にして労働し生活してきた。そのため、家族労働が生活規範をつくる場を成していた。家族は構成員で互いに助け合うことを重要視してきた。それゆえ、助け合いの精神が規範を成してきた。これはいわゆる「一般的互酬性」にあたる。気前よく与え進

んで助けることが善とされる。

　この第2部では、親子とキョウダイ、オジ／オバ、オイ／メイなどの世帯間における協同を土地所有と経営、そして生活の協同に即して分類して見ていく。その上で、互酬性の観点から親子やキョウダイなどのあいだでおこなわれる生産と生活にわたる協同関係を考察する。タイの親子やキョウダイなどは、欧米の親子やキョウダイなどの関係と性質を異にしていると思われる。とすれば、それをどのような関係として把握したらよいのだろうか。第2部では、親子やキョウダイなどがどのようなソーシャルキャピタルによって結ばれているのかを具体的に把握するこころみをする。

# 第6章
# 北タイ農村 1
## ランプーン県ターカート村の事例

## 1. 調査地と農業の概要

　調査対象地のターカート村は、チェンマイ市から南におよそ25キロにあるランプーン市からさらに東南に20キロほどに位置している。1990年の時点で、ターカート村の世帯数は312戸、家族登録数は371、平均世帯員は4.3人、耕作面積は621.25ライである。北タイが全国的には最も零細である。なかでもランプーン県は平均世帯耕作規模が8.34ライと最も小さい。ターカート村は出入作を除いて平均世帯規模が2.0ライときわめて零細である。商店は27戸あり、地域の中心を成している。

　メーター郡の農業協同組合は1968年に設立され、ターカート村とゴサーイ村の農民が1つの支部を構成している。この場合は、利子が年間2％、30,000バーツまで借用できる。そのほか、農業・農協銀行から年間13％の利子で50,000バーツまで借用できる（1990年の時点）。普通の銀行は、年間の利子が17％であるから若干安い。また、ターカート村一帯は灌漑が十分整備されていない。ランプーン県の多くの地域では伝統的な灌漑をしてきたと思われる。末端の用水設備は、自分たちでこしらえた小さな設備であった。用水の利用は水系にしたがって3つに分かれ、それぞれの水系に灌漑組合がある。灌漑が伝統的なやり方であるということからすると、灌漑組合は自生的に形成されたのではないかと想定される。

　ターカート村での農業暦は、以下の通りである。1月頃に農地を耕起し、ニンニクやタバコ、ピーナッツの種撒きをおこなう。4月頃に収穫し、その後再びこれらを栽培する。これらを8月頃に収穫し、その後再び耕起をして雨季作

米を栽培する。乾季作米は水不足のために作られていない。同一の農地で畑作と稲作とが周年的に三毛作がおこなわれ、日本のように田と畑が別々にあっておこなわれるのではない。水の便を考えてつくる作物が選択される。米の品種は、ウルチ米では香り米(khao hom mali)だけを耕作している。餅米はカーオ・コー・コー・6(Ko Kho 6)、カーオ・ケーオを耕作している。このうち、コー・コー・6が最もおいしいという。カーオ・ケーオは水が少なくてもたくさん収穫できるので最も多く作られている。籾米の庭先価格は1キロ当たり3バーツほどであり、カーオ・ケーオは最も安く2バーツ少しである(1990年時点)。小売りの売値は、コー・コー・6が1リットル7バーツ、カーオ・ケーオが4バーツである。畑作物の売値は、ニンニクが時期によって変化するが最高値で1キロおよそ50バーツ、ピーナッツが約3バーツ、タバコが3バーツである。これらの値段は作柄が良いときのことで、作柄が悪いときはこれより低くなる。1ライの収益は、ニンニクがおよそ5,000バーツ、タバコが4,000バーツ、ピーナッツが4,000〜4,500バーツである。注意しておきたいことは、これら畑作は地味や天候によって収穫が大きく左右されるということである。たとえば、ある場所のタバコの葉は背丈が大きく育っているのに、その隣のタバコの葉は小さいことがある。収入も当然隣どうしの土地で違ってくる。ニンニクは手間がかかり労働もたいへんであるが、その分収入もよい。1990年の4月には1キロ6バーツほどであったのが、乾燥後の8月頃には60バーツほどで売買される。畑作物には肥料を投入する。なかには、ごく少しだが農薬を散布する人もいる。

　1980年代の10年間は、中東へ出稼ぎに行く若者が多かった。しかし、1990年に起きた湾岸戦争にともなってめっきり少なくなり、村の中でできる木彫りに従事している。1989年に近くに大きな木彫りの工場ができて、男性は自宅で木彫りをし1日100バーツほどの収入になる。他方、女性は木彫り工場で色塗りやヤスリかけの仕事に従事し1日60バーツほどの収入を得ている。木彫りの農外労働が零細農民や土地なし農民にとって生計を維持していく上で重要な収入源になっており、日雇いから木彫りへと農外労働が移行しつつある。

---

1　コー・コー型の米はフィリピンにある稲作研究所が開発した米である［パースック／ベイカー 2006: 57］。

木彫り

　1986年にターカート村の近くに木彫りの大きな工場が3つでき、木彫りに従事する人が増加した。土地のない村人や零細な農民は日雇いや小作をして生活してきたが、2〜3年前は主に木彫りに依存して生活している人が多かった。木彫りの収入は1人1日普通100バーツ、1月3,000バーツで、多い人は1日150バーツ、1月4,500バーツほどある。しかし、1990年から木彫りの需要が減少したため、木彫りから色の塗装をする仕事に変化し、それにともなって収入も減少している。ターカート村の農業規模は零細であり、農業だけでは食べていくことが困難である。ターカート村の農民は家族農業をいとなみながら、農外就業に依存した生活を送っている。

## 2. 土地利用と生活の協同

　住民が用いている民俗語彙に基づいて分類すると、「共働・共食」と「共働」、「無償の経営委託」がある。この分類に則して見ていくことにする。

## 2.1.「共働・共食」

　事例6-1は、親世帯と長男世帯との「共働・共食」である。世帯番号63に住む両親には子供が5人いて、そのうち長女(38歳)家族とその子供たち、それから独身の末娘(28歳)と同居している。長女の夫はバンコクに1人居住し乗合バスの事業をおこなっている。長男(44歳)は21歳のときに結婚し、はじめ妻方の両親と3年間同居した。その後、両親の近くの土地を購入して63/1の家屋を建てて移り住んだ。63の家には父親が農地4ライ、ラムヤイを6ライ所有し、母親が農地1ライとラムヤイ1ライを所有している。長男の63/1は農地を持っていないので、63の親の農地を28歳の末娘と一緒に耕作し、米倉をともにしている。63/1の妻はこれを「共働・共食」と説明している。63の親世帯で農作業に従事しているのは28歳の末娘だけであり、長女は賭事などに興じて農作業をしたことがない。そのため実質的には、63の末娘と63/1の長男の妻の2人が一緒に米を作っている。

　さらに、4年前から2人で家の裏の2ライの農地を借用して耕作している。これはニヤ・パーと呼ばれる刈分小作で、収穫物を地主と小作が折半して分けている。63の家はラムヤイが7ライあり、畑作はせずに父親と末娘が木彫りをしている。63/1は夫が大工をしており、妻は63の両親と借りている農地で米作りの後に畑作をおこない、ニンニクとピーナッツ、タバコを作っている。したがって、雨季作米のみを「共働」し「共食」している。しかし、畑作は各世帯がそれぞれ別々におこない、収入もそれぞれ別々の家に入れている。かように、畑作では「無償の手伝い」がおこなわれていない。

　63/1の妻(42歳)の父親は健在で農地を3ライ所有しているが、場所が不便な所にあるので父親のキョウダイに経営委託している。彼女は、後に取り上げる事例6-5の59/1の妻と農作業で労働交換している。ニンニクを束ねる仕事に来てもらい、翌日にタバコの葉を束ねる仕事に行っている。2人は近くに住む仲の良い友人である。

　事例6-2は、キョウダイで「共働・共食」しているケースである。父親が亡くなっているが、母親は健在である。子供たちは農地を分与されて相続が終了している。世帯番号161には母親と独身の長男(44歳)、長女(36歳)と次女(32歳)が住んでいる。29/1には次男(42歳)家族が住んでいる。末娘は公務員で遠

く北タイのスコータイ市に夫と2人で住んでいるため、2歳の息子を姉（長女）に預けている。長男は農業に従事し、長女は家事とオイの育児、次女は木彫りの会社に勤めている。長女は妹から育児代をもらっていないと言うが、長期的に見ればやはり謝礼にあたるものがあるだろう。次男は23歳で結婚し、はじめ妻方に3年間同居していた。その後、妻の父親が土地を分けてくれたので、そこに移り住んだ。31歳のときにイラクへ出稼ぎに1年3ヵ月、サウジアラビアに1年半出稼ぎに行った。帰国してから12年間住んでいた土地を20,000バーツで売却し、現在の場所を購入して移り住んだ。土地の購入には150,000バーツかかった。妻は木彫り会社に働きに行っており、一人息子は高校に通っている。

キョウダイで農地を次のように話し合いの末分けた。長男は農地2ライ1ガーン、長女は農地2ライ、次女は屋敷地と一昨年新築した家、村外にいる末娘（28歳）は農地3ライ、次男は農地2ライ3ガーンをそれぞれ相続した。現在、長男と次男とが長女と末娘の農地5ライを世話している。長男の2ライ1ガーンは刈分小作（hai khon tham）に出している。キョウダイ全員が雨季作米の収穫米と小作米とを親の米倉に入れている。余った米は村内の市場で売っている。5年前に耕耘機をキョウダイで共同購入した。長男が20,000バーツ、次男が10,000バーツ、妹たちが3,000バーツそれぞれ出し合って耕耘機を購入した。

29/1の次男は3年前からタバコを3ライ、ピーナッツを2ライ作り、そのほか木彫りをしている。以前はニンニクを作っていたが、最近は作っていない。こうした畑作は次男世帯のみでおこない、キョウダイのあいだで手伝い合っていない。世帯内労働力を中心にして、友人との労働交換（ao mu wan kan）と一部日雇いを雇っておこなっている。妻は木彫りの工場に働きに行き、残業を1日3時間して合計90バーツほどの収入がある。将来、母親が亡くなっても、「共働・共食」を続けていくつもりだという。その理由は、キョウダイが喧嘩しないし、仲が良くなるからであると説明している。


## 2.2.「共働」

事例6-3は、親子の世帯間で「共働」しているが「共食」していないケースである。しかし、ときに応じて子世帯が親元に米をもらいに行っている。したが

って、広い意味では「共働・共食」と言えなくもないが、ここではそのケースとして取り扱わない。というのは、当事者は「共働・共食」と呼んでいないからである。「共働・共食」と呼んでいない理由は、世帯を別にしていることに加えて、何よりも「共食」しているのではなく、米をもらっているにすぎないことにあると思われる。当事者はこのケースを「無償の手伝い (chuai kan)」に行くと説明している。

世帯番号149の両親 (父親67歳・母親64歳) には娘2人と息子2人の子供が4人いる。両親は稲作の日雇いをして暮らしを立ててきた。両親は2ライの農地を所有している。長女 (40歳) 夫婦は結婚後1年間両親と同居していた後で近くの別の村に移った。妻は洋裁をし、夫は木彫りをしている。長女は両親の稲作作りの手伝いに来ていない。次女 (34歳) は結婚後2年間両親の家に同居した後で近くの村に移り、夫の両親の屋敷地内に居住している。次女は両親の稲作作りの手伝いに来ている。長女の夫は親の農地が少なく、農地を売却してキョウダイでその資金を分けた。

末の次男 (23歳) は結婚後妻方の両親と同居せずに、ずっと両親と同居している。仕事は木彫りの会社に夫婦で共働きに行っている。長男 (32歳) は独身で両親と同居している。両親は歳を取って働けなくなり、同居している息子のほか、よその村にいる娘が「無償の手伝い」に来て農作業を手伝っている。雨季作米だけを耕作しており、収穫米はすべて親の米倉に入れている。娘たちは必要なときに必要な米をもらえるので、親の家に手伝いに来ている。こうしたケースは農地が零細であり、親子の世帯間で「共働・共食」できる状態になく、まして子供に経営委託することはできない場合に見られる。委託すれば、自分たちが食べる米に困ることになるからである。子世帯としては、別居しても金がないのでできれば主食の米は無料で調達したい気持ちを持っている。

事例6-4では、世帯番号59の両親 (父親62歳・母親60歳) が夫婦それぞれ2ライずつ農地を所有している。娘3人と息子2人の計5人の子供がいる。長男 (38歳) は15年前に結婚し、妻方の親と1年間「共働・共食」していた。その後、自分の両親の屋敷地内に家を自分で建てて住んでいる。彼は31歳から2年間サウジアラビアへ出稼ぎに行った。この出稼ぎ費用は親の土地を抵当に入れて銀行から借金をしている。出稼ぎから帰国後、35歳のときに貯蓄してきた資金

の中から60,000バーツで農地1ライ1ガーンを購入したほか、耕耘機を33,000バーツで購入した。現在、ニンニクとタバコ、ピーナッツを作り、その後雨季作米を作っている。雨季作米は親子の世帯間で互いに「無償の手伝い」合いをしている。その意味では、「共働」しているが「共食」はしていない。事例6-4は、事例6-3と同じく「共働・共食」と呼んでいない。その理由は、子供が既に親元から世帯分けしているせいであろう。

　畑作物は夫婦で少しずつ収穫しており、基本的に家族内労働力でまかなっている。また前述したように、63/1の妻と労働交換している。昨年（1991年）から婦人会がおこなっている牛銀行から牛を2頭借用して飼育し始めた。妻が牛2頭借りたが、2頭は疲れるので1頭をよその村にいる長女に貸して、1頭だけを飼育している。彼は昨年まで農閑期などに木彫りをしていたが、芳しくなくなったので今年は木彫りをしていない。

　妻（35歳）の両親は既に亡くなっており、7人キョウダイで分割相続した。しかし、妻の弟はバンコクで働いているが、まだ20歳未満なので相続できない。そのため、両親の農地5ライの相続手続きがまだ終了できずにいる。5ライの農地は村に残っている長女と次女家族が世話している。次女は両親の屋敷地に住んでいる。家屋は、父親が少しずつ木材を購入し貯めて置いてくれたものを使って建てた。夫は洋裁の仕事をし、近隣の人からの注文を主にこなしている。多いときでも1月3,000バーツ、少ない月で1,000バーツの収入しかない。次女は市場などでおかずをこしらえて売っている。その際、母親や三女も手伝ってキョウダイで売っている。おかずをこしらえて市場で販売している女性は、ざっと数えただけでも村の中に50人以上いる。何もしないで暮らしている女性は、村では皆無に近い。

　59に住んでいる両親は独身の三女（29歳）と末の4女（26歳）の家族と同居している。両親の農作業には59/1の夫婦と59/2の次女が「無償の手伝い」に行く。59/1の夫婦は無報酬で手伝っているが、59/2の次女は親世帯とは別の家計であり、金がなくて米が買えないときに親元に米をもらいに来ている。また、両親と長男家族、次女家族はときどきおかずを互いに分け合っている。独身の三女はおかず売り、末娘の夫は日雇いで何でもおこなっている。電気代は各世帯が均等に支払っている。こうした「無償の手伝い」は、親が子を援助する型に

も子が親を扶養する型にも入らない。むしろ、親子の世帯間は対等の立場に立って互いに手伝い合っていると考えたほうがよいだろう。

59/1の畑作の仕事は、親や次女などのキョウダイではなく、近所に住む非親族の63/1の妻と労働力を交換しあっている。彼女とは親しい付き合いをしている。農繁期には毎日のように労働交換してニンニクの収穫や束ねる作業をしている。

### 2.3. 無償の経営委託

事例6-5は、親が子世帯に経営委託をしている（hai tham kin）場合である。世帯番号154の両親（父親73歳・母親67歳）には娘2人と息子2人の計4人の子供がいる。両親は末息子（34歳）家族と同居している。両親とも既に年老いて仕事をしていない。父親は農地5ライ相続し、結婚後4ライ購入した。農地は合計で9ライあり、果樹園（ラムヤイ）はない。このうち1ライの農地を153に住む長女（44歳）に昨年から経営委託している。このケースは、親に収穫米を渡していない無償の受委託である。残りの農地8ライを小作に出している。長女もその1ライの農地を小作に出している。いずれも収穫米を折半する刈分小作である。

両親と同居している末息子は木彫りをしていたが、昨年から車を300,000バーツで購入して乗合バスの運転手を木彫りの傍らおこなうようになった。木彫りの仕事がずっと座っていて身体に悪いから転職したという。妻も子供に手がかからなくなってランプーン県内で木彫りを始めた。彼は25歳のときに2年間サウジアラビアへ出稼ぎに行っていた。出稼ぎの費用はどの人も銀行から借用していて、けっして農地を売買して費用を捻出した人はいない。出稼ぎで稼いだ資金でラムヤイ畑を5ライ購入して将来に備えている。妻の両親は農地を36ライ所有していたが既に亡くなり、キョウダイ3人が均等に1人10ライずつ相続し終わっている。妻の兄にあたる長男（42歳）は独身で遠くチェンライ市で働いており、妻が小作に出して兄の農地の面倒を見ている。妹である妻は兄から報酬をもらっていないと述べている。両親は、農地6ライを売却しその資金を息子2人に分けた。彼女は親が加入している貯蓄組合の権利を受け継いでいる。親が健在なときは、すべての農地を小作に出していた。

世帯番号153の家は、オバ（80歳）が1987年から一緒に同居している。オバが農地1ライを同居しているオイ（48歳）に農地を経営委託している。この1ライでは153のオイ夫婦だけで野菜を作り、その後雨季作米を作っている。したがって、オイ家族は夫方と妻方の双方から1ライずつ経営委託を受けているが、どちらも親に地代代わりの収穫米を渡していない。153の世帯の場合は家族登録が1つではなく、オバは1人だけで1つの家族登録をしている。153の妻（44歳）によると、オバは1人で1つの世帯、自分たちは別の世帯をそれぞれ形成しているという。

## 2.4. その他の生活協同

事例6-6は農地がなく、小作をしてきた事例である。世帯番号227の夫婦は息子1人と娘1人いる。そのうち、独身の娘（20歳）と同居している。夫婦はほかの土地で生まれ育ったが、両親を亡くしオバの住むターカート村に移ってきた。ここには現在15年間住んでいる。はじめ小作を1ライだけ8年間してきた。小作していたあいだは、夫婦2人で従事していた。その後、夫がサウジアラビアへ出稼ぎに行き、2年間出稼ぎ生活を送った。出稼ぎ資金は会社が負担してくれた。出稼ぎで稼いだ資金を元手に、5年前に車を買い乗合バスの運転手をしながら木彫りの親方を始めた。8年前に農地1ライを購入し、結婚して227/1に住む長男（23歳）が手伝いに来ている。このほか、1ライの農地を小作しており、収穫米は折半する刈分小作で受け取っていた。耕耘機がないので、耕起のみ1ライ300バーツで日雇いを頼んでいる。かつて日雇いが牛を使って耕起していたときは、朝と夕それぞれ25バーツずつ合計50バーツ支払っていた。長男は結婚後家族登録を別にし、家屋を建ててもらって別に住んでいる。結婚後長男夫婦は、両親の農作業の手伝いには来なくなった。このことは、世帯を分けると親のところに「無償の手伝い」に来なくなることがあることを示している。

収入の多くは木彫りの商売に拠っている。一昨年会社登録をするほど従業員が多くなり、工場も5ライの借地をして拡大した。しかし、昨年近くの木彫り工場の輸出が不振になり、木彫りの生産が激減し、かつて工場で働いていた人は15人から6人に減っている。彼も車を義理のオイに200,000バーツで転売し、事業の大幅縮小を余儀なくされた。227の親と227/1の長男はこの間一緒に働

いている。長男は自分で作った木彫りの収入だけを自分の収入にしていて、それ以外の雑務の仕事については給料の計算外としてカウントされている。そのため、長男の新居は親が土地も家も資金を提供している。

事例6-7は小作をしてきた例である。世帯番号18は、父親が亡くなり母親と独身の長女 (28歳) と六男 (27歳)、そして末娘 (25歳) 家族と同居している。子供は全部で8人いる。5年前に耕耘機を購入したが、そのときに父親が亡くなり小作をやめている。両親は農地1ライを所有しているが、ほとんど荒れ地にして何も耕していない。その反対に、毎年数ライの農地を知人から借りて耕作しており、それは収穫米を折半する刈分小作 (ニヤ・パー) の方式でおこなっていた。小作地の耕作には長男 (48歳) 家族を除いて子供たちが手伝いに行っていた。これは「無償の手伝い」である。四男 (27歳) は結婚後も家族登録を別にせず、子供を親元に残してバンコクへ出稼ぎに出ている。しかし、将来帰郷して住むように家を新築中である。また牛を3頭購入し、親やキョウダイに飼育してもらっている。

長男は19歳で結婚し、その後はじめ妻方の両親と同居していた。しかし、2年後に土地を自分の両親から分けてもらい、現在の所 (世帯番号8) に住んでいる。ランプーン県内の採石工場を皮切りに、その後リビアに6年間出稼ぎに行き34歳で帰国した。出稼ぎの資金で農地を1ライ100,000バーツで11ライ購入し、ほかにラムヤイ畑を4ライ購入し、1ライの土地に精米所を500,000バーツで建てて精米事業を始めた。昨年、農地8ライとラムヤイ畑4ライを売却して、その資金を元手にして家を新築した。彼は今年から精米業の仕事を妻と使用人に委せている。

他方、妻方の両親は70ライの農地を所有しているが、子供7人のうち彼女だけは経営委託を受けていない。既に農地を購入し、十分農地を所有していると判断したためであろう。しかし、彼女の子供である孫に農地2ライが委託されている。この農地を含めて、現在7ライの農地を耕作している。

世帯番号8の長男は裕福なので父親の葬式の際要した70,000バーツをすべて負担した。「お金がある人が出すのは当たり前で、何も問題はない」という。弟の四男の子供を無償で預かっている点をも含めて、こうした行為は「功徳積みの行為であり、将来幸福をもたらしてくれるかもしれない」と言う。

次男（41歳）は母親の弟と同居し（世帯番号17）、彼が購入した2ライの農地を耕作している。親の耕耘機を無償で借りている。次男もまたマレーシアなど数ヵ国へ出稼ぎに行ったが、失敗して赤字になっている。妻と離婚し、子供は彼が育てている。同居している独身の長女はランプーン市にある日本企業に勤めている。また、彼女は牛を3頭自分で飼育している。四男は牛2頭所有しているが、実際には母親と同居している独身の六男が世話をしている。

## 3. 考察

　本章は、北タイのランプーン県メーター郡ターカート村における近親者の土地利用と生活の協同のようすを見てきた。そのデータは1990年と92年に調査したものに基づいている。

　ターカート村においても、親子とキョウダイの世帯間で共同耕作と経営の受委託がおこなわれており、土地利用協同が見られた。「無償の手伝い」は土地利用協同をしている場合や相続終了後の場合を含めて、いずれの場合にも見られた。労働交換はキョウダイや親しい友人のあいだで家族労働力の補完として用いられている。子供は結婚したあと妻方の親元で暮らすケースが見られた。まだ若い夫婦は農地がなく独力で食べていくことが困難だからである。このケースは家族周期に沿って現れる家族の一形態である。しかし、その後は夫の親元に移ったり、別に家屋を建てたりとさまざまなケースが見られる。

　親世帯と子世帯とのあいだの「共働・共食」は、親の中心性へと子世帯の労働力がいったんプールされ、そののちに労働の産物である収穫米が再分配される。水野はこれを「屋敷地共住集団」と呼んできたのは、まさしくこの形態にあたる。互酬性論で言うと、サーリンズが言う「一般的互酬性」にあたる。気前よく振る舞い、惜しみなく贈与する関係にある。親は子へ土地を贈与し、子供は親へ恩返しをしつづける。子世帯が独立して以降も、親子間の助け合いは無償になる。この社会空間では、気前よさが人と人を結ぶソーシャルキャピタルである。

　親子が同居している場合には、親子が雨季作米のみならず畑作物も「無償の

手伝い」をしている。しかし、親子が別居して世帯を別に構えている場合には、雨季作米は「共働・共食」しているが、畑作物では無償の手伝い合いはおこなわれていなかった（事例6-1）。

　結婚した子供がまだ若いと親に依存して生活している側面が強くなり、親子ともに歳をとってくると、その反対に子世帯の独立性が強くなる。いずれにしろ、親子関係は強い絆で結ばれていることは確かである。しかし「共働」しているが「共食」していないからといって、親子関係が強くないわけではない。事例6-3や事例6-4のような「共働」は、「共働・共食」の変型（ヴァリエーション）の一種に含まれる。「共働」しているが「共食」していない場合でも、基本的には労働力をいったんプールして、そのあとの収穫物を再分配する互酬性の形態である。

　事例6-2は、キョウダイで「共働・共食」をしている場合である。子供が相続を終了して以後も、キョウダイのあいだで「共働・共食」をしていた。したがって、このケースは家族周期上で一時的に現れた型とは言いがたい。この事例では、母親が生存中に子供に分与し相続を終えている。このケースは母親が生存していたので、キョウダイの「共働・共食」は親の死後に比べると多い。両親の死後、キョウダイが「共働・共食」するケースは少なくなる。しかし、ただキョウダイだからといって協力関係にあるわけではない。聞き取り調査では、母親が亡くなっても「共働・共食」を継続したい意向をどの子供も持っていた。キョウダイは農業以外にさまざまな仕事をしているが、小作米でさえ同じ米倉に入れている。しかし「共働・共食」といっても、キョウダイでも畑作物が別々に経営されており、雨季作米に限って「共働・共食」されている。キョウダイが「共働・共食」をおこなっている場合は、強い絆で結ばれている。

　事例6-5では、親が子世帯へ経営委託していた。世帯番号154の両親から153の長女へ経営委託されていた農地が小作に出されている。この事例では経営委託にあたって、子供が両親に地代代わりの収穫米を渡していなかった。その理由は、親が子供と同居していて食事の心配がないせいであろう。そのほか、よその土地に移住した公務員のキョウダイにも農地が分与され、キョウダイがその土地の管理を無償でしていた。これは、土地の相続が親から子への贈与であるため、キョウダイが一時的に預かりキョウダイの子供へ相続させている。

これも親子が「一般的互酬性」の関係にあるからである。キョウダイを含めて、相互に気前よさを示さなければならない。それがキョウダイを強い絆で結びつけるソーシャルキャピタルだからである。また、153の世帯はオバの老後の面倒を見ていて、その代わりにオバからオイに1ライの経営委託がおこなわれていた。これは、オバが老後の扶養の代償として死後に農地を相続させることが約束されているケースである。こうしたオイがオバを扶養するのは、一種の社会保障を代替している。

オジ／オバ・オイ／メイの関係にあるならば、いつでも前者が後者に農地の経営委託をしたり、さらに相続させるわけではない。そうしたことがおこなわれるのは、オイ／メイがオジやオバの老後の面倒を見てくれる場合に限ってである。そこには、老後の面倒と財産の相続とのあいだの交換があるからである。これは、オバ・オイが「均衡的互酬性」の関係にあること、別言すれば等価交換の間柄にあることを示している。

事例6-6と事例6-7は小作をしているが、生活面で協同しているケースである。いずれも中東へ出稼ぎに行き、帰国後貯めた資金で大きな農地を購入し比較的大きな農業経営をしている。事例以外のさる人は32歳で中東諸国に出稼ぎに行き、40歳で帰国した際には2,000,000バーツ以上の貯金があったという。これらの事例では、農地がなくても海外への出稼ぎによって帰国後比較的大きな農業経営などをしている。つまり、海外出稼ぎによって農民が階層移動したことを示している。それはともかく、これらの事例は車を廉価で売ったり一緒に小作したりと、キョウダイが互いに助け合っている。

キョウダイが互いに助け合っているのは、キョウダイが「均衡的互酬性」の関係にあるからである。しかし、すべてのキョウダイがそうだとは限らない。この事例がそうなのは、以前は農地がなく貧しかったので助け合わなければ生活できなかったせいである。こうした協同のプロセスがあったからこそ、小作も協同しているのである。

ターカート村で働く小作人や日雇人はターカート村の村人ではなく、近隣のメーカナー村の村人が比較的多い。たとえば、ダム建設ではターカート村の人が1日100バーツであるのに対して、メーカナー村の人は1日80バーツしかもらえない。こうした賃金の格差はメーカナー村の住民が山から降りてきたカレ

ン族であることに由来する。彼らのほとんどが農地を所有していない土地なし農民である。ターカート村の人々は、少数民族とは「均衡的互酬性」の関係にはない。小作人や日雇人を村外の人に委託しているのは、日雇いを廉価で調達できるためである。ターカート村にあっては、トンケーオ村のように、地主も農作業をして日雇いと一緒に働き小作人が収穫米の4割をもらう小作のやり方や、収穫米100タンのうち20タンを小作人がもらう方式は聞かれなかった。また、収穫米の3分の1を小作がもらう方式も聞かれなかった。農外就労に生活を依存しているターカート村では、小作は収穫米を半々にするニヤ・パーがほとんどであった。このように、多様な小作形態がターカート村内に見られない。その理由は、周辺に廉価な労働力があるからであると考えられる。

　水野浩一は階層を土地所有規模からとらえ、均分相続を踏まえて家族周期に沿って階層を理解した。しかし、ここで注意しておきたいことは、1990年代以降は家族周期に沿って階層を想定することができなくなったことである。たとえば、事例6-6では海外へ出稼ぎに行き、帰国後土地を購入している。その後、木彫りの「親方」をしていて、むしろ土地持ちの農民より裕福になっている。このように、海外に出稼ぎに出て資金を貯めて土地を購入しているケースが見られる。こうしたケースでは、必ずしも土地がないことが貧困であることを意味していない。土地の規模だけで階層をとらえることができなくなっていることがわかる。

　また、先に取り上げた近親者の土地利用協同は必ずしも家族周期の変化にともなって推移するものではないことがわかる。すなわち、「共働・共食」から経営委託に、経営委託から「無償の手伝い」に推移するものではないし、またその逆に推移するものでもない。水野浩一は家族周期に沿って階層の推移のみならず家族形態の推移をも説明していたが、本章の事例から世帯間共同が必ずしも家族周期に沿って展開するものではないことがわかる。ここでは、水野の説明は家族周期の典型を例示していると理解されることを確認することにしよう。家族形態にしても、ターカート村は男女を問わず末子が結婚後親と同居しているが、トンケーオ村では末子が結婚後親の屋敷地内で世帯を分けて別に居住していることが多い(本書7章)。こうした相違は、屋敷地の面積が世帯や家族に応じて異なっており、どのような家族形態をとるかは、条件に応じて多様であ

ることを物語っている。均分相続の慣行が維持されていても、一人っ子というケースも増加したため子供の数が減少し、経営規模の縮小化が世代交代にともなって必ずしも惹起していない。

　親子のあいだでは労働の価値を意識することなく手伝い合っている。親子が同居していても、子世帯が出稼ぎに出て現金を獲得しているため、親子のサイフが分離しつつある。稲作に関してはサイフを同じくしても、それ以外ではサイフを異にしている。つまり、サイフを親と子の世代が別々に持っている。子供が別居している「共働・共食」であっても、親世帯と子世帯が雨季作米の耕作と消費だけを共同耕作し、畑作物に限っては子世帯だけが別に経営していることが多い。すなわち、親世帯と子世帯がそれぞれ家計を別にしながら、雨季作米を共同で生産消費する一方で、畑作物は互いに独立して経営していた。「共働・共食」の場合でも、畑作だけは親子が経営を異にし、「無償の手伝い」をしていないケースもあった。親と子の世帯が離れて住んでいることもあれば、近くに別々に分かれて住んでいることもある。

　「無償の手伝い」に関しては、事例によって多様な形態が見られる。事例6-5では、親の農業を手伝いに来ている子世帯は収穫米の一部をもらっている。事例6-6では、世帯番号59/1の長男は家を自分ひとりで建て、親の農作業を手伝っても収穫後に収穫米の一部をもらっていない。反対に、長女の場合は家屋を建てるにあたって親が協力し、収穫米にしても米がなくなるとときどきもらいに来ている。しかし、基本的には長女の家族も経済的独立が要求されている点ではなんら変わりがない。子世帯の「無償の手伝い」における関わり方は親子の世帯の事情によってさまざまに相違している。雨季作米は一部が「無償の手伝い」でおこなわれ、畑作は基本的には世帯ごとにおこなわれ「無償の手伝い」の対象になっていないことが多い。

　ターカート村では、小作の仕事を親子が一緒に手伝い合っている事例が見られた。たとえば、事例6-7は世帯番号17の両親が小作をしていたが、世帯番号8の長男を除いて子世帯は親の小作の手伝いに行っていた。世帯番号8の長男世帯は農地をたくさん所有し、弟の子供の世話を無償でしている。基本的にはキョウダイはお互いに生計を別々にし独立した上で助け合っている。また、事例6-6など、助け合っている零細農民は総じて親子の世帯間では労働交換（ao mu wan kan)が少なく、子世帯の親世帯への労働力の集中とその再分配がおこなわれていた。しかし、親族や友人とのあいだでは労働交換が頻繁におこなわれていた。こうしたことは、キョウダイが「一般的互酬性」の、親族や友人が「均衡的互酬性」のそれぞれ関係にあるからである。前者は「気前のよさ」が、後者では「正直・誠実」がソーシャルキャピタルを成している。前者の場合でも、親が亡くなりキョウダイが協同しあわなくなると、「均衡的互酬性」の関係へと推移していく。

　ターカート村の場合、中東への出稼ぎによる資金で農地を新たに購入している農民がいる。こうした農地を比較的所有している大規模農民の場合には、農地を子世帯に経営委託せず、小作に出して収穫米を折半するニヤ・パーの刈分小作で生活している場合が多く見られた。その背景には、子世帯が農外労働に就いて、その収入で生活しているからである。たとえば、村長は村長をやめて以後NGOの開発指導員を再び始め、独身の姉は小さなガソリン給油所を営んでおり、農地4ライはすべて小作に出している。食米には刈分小作（ニヤ・パー）による収穫米の半分を充てている。また、教師や警察官など公務員をしている世帯は、すべての農地を小作に出している。

　親子が「共働・共食」しているケースや「共働」しているケース、あるいは経営委託しているケース、生活協同しているケースなどを取り上げて親子関係とキョウダイ関係を見てきた。これらのケースは、親子関係やキョウダイ関係が土地利用や生活協同で強く結ばれているため、関係性が強くまた安定している。ソーシャルキャピタルの視点から見ると、親子やキョウダイは強い絆で結ばれていると言える。しかし、見方を逆にしてみると、こうした関係が強い絆で結ばれているからこそ親子やキョウダイ関係が成立しているともいえる。具体的に言えば、親子間あるいはキョウダイどうしの助け合い、財産を相続したり、廉価で土地をキョウダイに売却したり、あるいは小作の作業を協力したりと、さまざまな事柄で互いに助け合っているからこそ親子やキョウダイなのである。

　これらの親子、キョウダイなどを見てみると、土地利用でまず協同がある。そして、農作業や生活面で協同がなされている。こうした協同関係が重層的に重なって関係が形成されている。言い換えれば、彼らのあいだでは贈与の行為

が重層化されておこなわれている。そして、それはコールマンの言う「世代間で閉じられた」関係ではなく、「世代間で開かれた」関係である［コールマン 2006: 220］。というのは、たとえば孫の世代のことを考えて土地の相続をしている。また、オジ／オバがオイ／メイに老後の扶養の代償として土地を相続させている。こうした行為は、その関係が世代間で開かれたものであることを示している。つまり、パットナムが言う「橋渡し型」にあたり、「結束型」にはあたらない［パットナム 2006: 19］。これらの関係がお互いの関係で自己完結していないからである。それゆえ、「結束型」というわけではない。オジやオバは親のキョウダイにあたるし、配偶者のキョウダイを含むケースがある。もちろん、友人もキョウダイに紹介する。広い意味では、「世代間で開かれた」関係にある。

それでは、親しい友人はどのように考えられるのだろうか。近所の親しい友人とアオ・ムー・ワン・カン（ao mu wan kan）の労働交換しているケースがあった。友人は、親子やキョウダイに比べれば土地の相続に関係していない。その絆を支える物質的背景は確かに弱いかもしれない。労働を交換するという契機がなくなると、その友人との関係は弱くなる可能性がある。友人の関係も大きな視野で見ると、互酬性で結ばれているため、遠く離れれば関係は疎遠になるかもしれない。しかし、わたしも友人に連れられて、わたしが個人的に知らないお宅に何度おじゃましたかしれない経験を踏まえると、友人の友人は友人、ということがタイでは普通であるということが実感される。しかも、友人は友人を広く紹介してくれるので「橋渡し型」の人的ネットワークである。

# 第7章
# 北タイ農村 2
チェンマイ県トンケーオ村の事例

## 1. 調査地と農業の概要

　調査地はチェンマイ県サンパトーン郡マカームルアン行政区に属している。昔は村名をパプエイ（森という意味）と称したが、20年程前（1972年）に現在のトンケーオ（木の名前）に変えた。1990年現在でトンケーオ村の人口は892人、世帯数は269戸、家族登録の総数は237、平均世帯員が約3.3人である[Khomun ban ton kaeo, n.d.]。1992年1月現在では、人口983人、世帯数276戸であり、人口・世帯数とも増加している。村の面積は1,102ライ、農地の面積は92ライである。この村では家族計画が実施されてきたため、子供数がよその村に比べて少ない。4年生までの児童が通う小学校が1987年まであったが、児童数の減少にともなって廃校となり、子供たちは現在隣村の小学校に通学している。トイレは173ヵ所あり、全世帯にはない。これは、多くの子世帯が親の屋敷地に居住していて、親のトイレと水浴び場を使用しているからである。

　1972年にチェンマイ市の北にあるメーテン町に大きなメーテン・ダムが建設され、チェンマイ県一帯の灌漑整備が進んだ。それ以降、トンケーオ村の人々は雨季にダムの水を利用することができるようになった。村には灌漑組合が1つあり、灌漑組合は近隣の村人を含めた141人から構成されている。そのほか、村には葬式組合と婦人会、青年会、木彫り組合がある。このうち木彫りには実際にはわずかの人しか従事していない。米銀行が1981年に、貯蓄組合が8年前にそれぞれ作られ、村人の生活を支えるのに役立っている。貯蓄組合はメンバー185人から構成され、1人が毎月10バーツずつ貯蓄する仕組みになっていて、米や野菜の種や肥料、農薬などの農業関連の物資を購入するにあた

ってのみ1.5％の利子で借用することができる。借用した資金は、収穫後に全額返済することになっている。さらに、FARMというNGOが3年前から女性の職業指導などに取り組んでいる。

　商店は、1990年現在で小さな店が5戸ある（2006年に訪問したが、その数は増えていなかった）。村人は隣村のマカームルアン村にある市場に買物に行っている。養豚を経営している2戸と農産物の売買を営んでいる数戸が、村では最も裕福な階層を形成している。それ以外の多くの村人は自作や小作をして生計をたてている。10ライの農地を所有している農民は大きいほうで、農地を所有している多くの農民は5ライ以下の農地しか所有していない。2～3代前に入植した比較的新しい村人たちは、農地を所有していないため小作や日雇いをしたり、チェンマイ市に人夫などの出稼ぎや通勤に出たり、あるいはバンコクへ出稼ぎに出ている子供たちからの仕送りによって生活の糧を得ている。

　トンケーオ村ではおよそ220戸が農地を所有している。トンケーオ村の灌漑組合に加入している家は近隣の村人を含めて141戸である。村の世帯数が269戸であるから、およそ半数の世帯が農地を所有していないことになる。全世帯数には結婚して世帯分けした子世帯も含まれており、彼らは親世帯から経営委託を受けている場合もあることを考えると、半数の人が農業を営んでいないというわけではない。灌漑用水はメーテン・ダムが1972年に完成し、灌漑が整備されたため二期作がわずかながらおこなわれている。雨季作米はほとんどの農民が耕作しているが、乾季作米は若干の農民が作っているにすぎない。品種は雨季作米にはコー・コー・6 (Ko Kho 6) や香り米、コー・コー・1などを作り、乾季作米にはコー・コー・6やコー・コー・7、コー・コー・10などを作っている。これらコー・コー型品種は、「緑の革命」で作られた品種であり、多肥・高収量を特徴としている。雨季作米にも肥料を用いるようになったのはおよそ1980年頃からであるというから、これらコー・コー型品種が導入されたのはその頃であろう。全般的に見ると、この品種の導入時期は比較的遅いと言えるだろう。

---

1　貯蓄組合の貯蓄高は1992年3月現在で30,000バーツ余ある。メンバーのほとんどが男親であり、世帯分けした子供は加入せずに必要な費用を親の名義で借用している。しかし、その場合には子世帯が実際に金銭を支払っている。

農民の1年間の農業暦は、以下のようである。12月から1月にかけてニンニクや大豆、大豆の一種、茄子、白菜の畑作が始まる。耕起し種播きをして、ほぼ1ヵ月後の4月頃に収穫する。その後、収穫し終わった農地を再び耕起して、4月頃に再度畑作をおこなう。こうして畑作を2回おこなった後、8月に雨季作米に取り組み、12月頃に収穫する。乾季作米を作る場合は、種播きと育苗、その後田植えをして、7月から8月に収穫する。乾季作米は収益が少ないので、それを作る人は少ない。乾季には地下水をポンプで汲み上げて水を使用するので、水の便や地味の違いなどを考慮して耕作する場所と作物が選択される。雨季作、乾季作とも餅米とウルチ米を耕作できるが、多くの人は餅米だけを作っている。したがって、同一の農地で畑作を2回おこない、その後に雨季作米をつくる三毛作をおこなうのが普通である。畑作と稲作とが日本のように別の田畑でおこなわれているわけではない。乾季作の場合は労働交換でおこなわれることはないが、雨季作米の場合は労働力を交換しあう (ao mu kan, ao wan kan) 形でおこなうことが多い。

　畑仕事では、種播きや収穫の仕事は労働交換でおこなわれたり、日雇いによっておこなわれることが多い。アオ・ワン・カン (ao wan kan) とは、世帯間で労働力を等価にやりとりする関係で、労働力の提供に対して昼食が振る舞われない場合のことを言い、昼食がともなう場合をアオ・ムー・カン (ao mu kan) と言う。1日夫婦2人が手伝いに行ったら、そのお返しに1人が2日間手伝いに行くというように、労働が等価交換される関係を言う。普通、労働交換はキョウダイや親族が多く、ついで友人が多い。それでも労働力が足りない場合には日雇いを雇う。日雇いの賃金は労働の種類によって、また男女によって賃金が異なっている。稲作の日雇いは田植えや稲刈が1日2タン、1人でおこなう場合には1日5タンの籾米が賃金としてもらえる。夫婦2人で日雇いに来ると、2人合わせて4タンの籾米が収穫後にもらえることになる。こうした賃金はキョウダイも非親族も一律同じであることが多い。日雇いは土地なし農民や零細農民、あるいはまだ親から土地を相続していない若者が主に従事している。なお、日雇いの賃金は籾米1キロが3バーツにカウントされて、籾米と金のどちらでももらえるようになっている。農民は餅米を主食とし、1人が食べる餅米の量は1年間で籾米約50タン、4人家族で1年間に150～200タンが必要とされる。

普通1ライ70～90タンの収穫があるから、4人家族で2ライの農地を耕作する必要がある。日雇いならば2人家族で夫婦2人が25日間働く勘定になる。

　裏作にはニンニク（katian）や大豆（tua luang）と大豆の一種（tua ret）、茄子などが作られている。なかでも、大豆は2年前からある企業の要請で始めたものであり、1989年は約20ライ作付けしていたが、翌年は約85ライに増え、同時に耕作者も25人から48人に増加している。茄子も2年前からある企業の要請で始められたもので、10人程が作付けしている。一方、ニンニクや白菜などは古くから作られている。大豆や茄子などは企業が輸出用に生産を依頼してきたもので施肥と農薬散布が義務づけられている。もっとも、肥料や農薬の量は人によってさまざまであり必ずしも一定していない。たとえば、雨季作米に施肥をする人もいればしない人もいる。大豆は農薬を散布する人もいれば、散布しない人もいる。茄子は農薬を散布しないと色や形が崩れて会社が買い取らないないため、かなり散布しているがその量は個人によって違いがある。これらは、企業が近年輸出用に栽培させているものであり、価格は安定しているが、いつ中止されるかわからない。ほかの野菜は天候や市場に出荷される量に左右されることも多く価格の変動が激しい。たとえば、大豆は2年前には企業が1キロ9バーツで購入していたのが、今年は12バーツに購入価格が上がっていながら日照り続きのため実入りが悪く、わずかしか収穫できず収入が激減している。ニンニクは古くから作られてきているものの1つであり、利益がよい。しかし、年や時期によって価格が大きく変動する。またスイカは、1993年の時点では1ライで10,000バーツ以上の利益があった人がいた。しかし、翌年スイカを作ったある人は実入りが悪く売物にならなかった。このように収入が安定していないという問題がある。

　経費にはこのほか耕耘機代や大豆の豆落とし機代、肥料の稲藁代、日雇いの人件費などがある。かつては水牛を用いて耕起していたが、耕耘機が5年前（1985年）頃から本格的に導入され始め、現在はほとんどの農民が耕耘機を購入したり、あるいは借用して用いている。脱穀機は村では2世帯だけが所有しており、脱穀機の借用料は籾キロ2バーツで、油代は機械の所有者持ちである。脱穀機を利用する人はまだそれほどいない。大豆や空豆は近年機械で豆落としをする人が増えている。零細農民は世帯員のみで数日間少しずつ豆落としをし

ているが、比較的農地を所有している裕福な農民は機械を借用している。機械を借用した場合には大豆が1タン10バーツ、空豆が1タン12バーツの経費がかかる。

　これら畑仕事の多くは世帯内の労働力を中心にして労働交換と日雇いが組み合わされてまかなわれている。日雇いには1日単位で雇うやりかたと1ライ単位で雇うやりかた (chan rai wan)、1畝単位で雇うやりかた (chan pen lon)、さらに全作業請負の方式で支払うやりかた (rap chan mao) で依頼する4つの型がある。ニンニクは種播きや収穫が全作業請負の方式で1ライ650〜700バーツ、1畝単位で労賃を支払う方式では1畝15バーツ、1ライごとに労賃を支払う方式では1日70バーツが相場である。ニンニクの仕事は重労働であり、その分労賃も高い。大豆は1ライごとに労賃を支払う方式で70バーツ、全作業請負の方式で支払うやりかたで200〜300バーツ、1畝単位で労賃を支払う方式では1畝10バーツである。ニンニクは1ライに7〜8畝作り、大豆は1ライに3畝作る。空豆や茄子などの場合も大豆とほぼ同様の賃金である。なかでも、全作業請負の方式で支払うやりかたは誰か1人に依頼し、その人が周囲の人に触れて歩き、当日集合した人々が仕事をおこなうので誰が参集するのか、また1人分がいくらになるかは当日にならないとわからない。さらに、賃金は土地の地味や日雇いの腕前、依頼者などによって異なり、必ずしも一定していない。賃労働の仕事には、このほかニンニクの皮剝きや束ねる仕事があり、この仕事は年輩者でもおこなうことができることから、年輩者が比較的多く従事している。これらはいずれも1キロ1バーツの出来高払いである。人によって出来高が違うことから、1日の収入に差がある。大豆の袋詰め作業も1キロ1バーツの出来高払いの賃労働である。

　小作には、刈分小作 (hai khao tham) と定額小作 (hai khao chao) の2通りがある。前者は、地主と小作人双方が収穫米を半々に分けるニヤ・パーと呼ばれる刈分小作が一般的である。後者は、あらかじめ合意された一定量の籾米もしくは金を小作人に支払う定額小作である。さらに、雇主が耕起や田植えをおこない、日雇人が稲刈りと脱穀をおこない、日雇人が収穫米100タンのうちの20タンをもらう方式がある。そのほか、耕起から籾落としまで全工程を雇主と日雇人が協同でおこない、収穫米100タンのうち小作が40タンをもらう方式などがある。

## 2. 土地利用と生活の協同

### 2.1.「共働・共食」

まず、親世帯と子世帯が一緒に「共働・共食」している事例から取り上げて見ていくことにしよう。

事例7-1は、世帯番号64の親の屋敷地に末娘(23歳)が結婚後64/2の家屋を建てて住んでおり、親と末娘のあいだで「共働・共食」している場合である。屋敷地と農地は親の所有であり、いずれも未分割である。3人の子供ともそれぞれ結婚して世帯を持ち、親と家族登録を別にしており、おのおの別々の世帯を形成している。親夫婦は64の家屋に2人で住んでいるが、日常生活においては親と娘の世帯は密接な付き合いをしており、娘世帯は親のトイレと水浴び場を使用している。

64/1に住んでいる長男(31歳)世帯は近くで借家住まいをしている。次男(30歳)は結婚後隣の村に住んでいる。これまで、北タイにおいても男子は結婚後妻方の両親と同居する慣習があったが、事例7-1の長男の場合は結婚後妻方の両親と同居していない。次男の場合は、妻方の親と同居せずに親の屋敷地内に別に家屋を建てて住んでいる。64の親は農地3ライに大豆を1回作り、その後で雨季作米を耕作している。また、両親が5年前に33,000バーツで耕耘機を購入したので、子供たちは無償で借用して利用している。64と「共働・共食」している64/2の末娘夫婦は親が作っている大豆栽培の手伝いをしている。そのほかには、親が大豆を作り終わった4月から空豆を3ライ作っている。大豆の収入はすべて親のものになるが、空豆の収入は娘婿のものになる。このように、64と64/2は雨季作米を「共働」し、かつ収穫米はすべて親の米倉に入れて「共食」している。妹の米倉は別にあるわけではなく、親の米倉を利用している。しかし、米以外の大豆と空豆は互いに手伝い合うが、経営はそれぞれ別々に分けられている。また、娘婿は手のあいている日には日雇いに出て稼いでおり、日雇いで稼いだ金は自分のものになる。

一方、長男は母親の弟(オジ)から6ライの農地を定額小作してもらっており、年間6,000バーツの定額小作料を支払っている。この小作料は一般の小作料と

同額である。大豆の収穫後、雨季作米を栽培している。そのほか、親の屋敷地内を借りて牛を2頭飼育している。子供3人の夫婦とも親の雨季作米の耕作には無償の手伝いに来ている。他方、長男や次男の雨季作米には、父親や他の子供たちも無償の手伝いに行っている。しかし、長男は収穫米はすべて自分の米倉に入れており、竹で作った簡便な米倉が親の米倉の下に置いてある。親が3ライ、長男が6ライの農地でそれぞれ米を作っており、親子の世帯間の手伝い合いがおこなわれている。64の親は、子供たち全員に経営委託することができるほど農地を所有していないために、屋敷地内に居住している末娘世帯のみと優先的に「共働・共食」をしている。親の屋敷地に居住している末娘の世帯と「共働・共食」しているが、それはあくまでも家計を別にした上での協同である。というのも、野菜作りを別々に経営していることのみならず、親子とも互いに別々の世帯であると意識されているからである。

## 2.2. 無償の経営委託

　経営委託には親がまだ農作業に従事しているか否かにかかわらず、子世帯から地代代わりの収穫米をもらっていない場合と収穫米をもらっている場合とがある。前者は親世帯が子世帯を援助する型であり、後者は子世帯が親世帯を援助するのが、それぞれ典型的である。はじめに、親がまだ引退しておらず、地代代わりの収穫米を受け取っていない場合から取り上げて見ていこう。

　事例7-2は、世帯番号56の両親（父親47歳・母親45歳）が子世帯に経営委託しているが、地代代わりの収穫米をもらっていない場合である。妻の母親（69歳）は1人で1戸の家に住んでおり、家族登録も1人である。屋敷地は世帯番号54/1の弟（42歳）と56の姉（この事例では母親）が既に分割して相続している。56の両親の子供3人とも結婚しており、56/1に住む長男（28歳）は父親の屋敷地内に居住しているが、56/2の次男は既に分割した母親の弟の屋敷地に借地料なしで家屋を建てて住んでいる。いずれの子も結婚しているが、妻方の両親と同居の経験がない。家屋も親から資金援助を受けて建てたものではない。また、電気代は均等分割して親子の各世帯が平等に支払っているが、トイレと水浴び場は親のものを使用している。54に住む年老いた母親は機織りをしている。母親の日常の食事は子供たち2世帯が面倒を見ている。

世帯番号56の末の三男（23歳）は結婚後はじめは両親と同居していたが、その後三男夫婦双方の仕事の関係で別居している。56の両親は農地を5ライ所有しており、長男と次男（25歳）にそれぞれ1ライ2ガーンずつ経営委託している。両親は残った2ライの農地で大豆を2回作り、その後雨季米作を作っている。そのほか、ラムヤイの果樹園を1ライ栽培している。長男は1ライ2ガーンの農地で大豆と雨季作米を作り、ほかに豚を12頭飼育し、ときどき日雇いに出ている。次男は空豆とネギ、そして雨季作米を作っている。次男もまたときどき日雇いに出て現金を稼いでいる。野菜の収入のみならず雨季作米においても、それぞれが経営している農地からあがった収穫米はすべておのおのの米倉に入れている。両親の雨季作米の耕作には、長男と次男の夫婦が手伝いに来ているが、妻の弟夫婦（54/1）とは労働力を交換しあっている。反対に、子供たちの雨季作米の耕作には両親も「無償の手伝い」に行くし、またキョウダイたちも手伝いに行くが、それは無償の手伝いではなく労働交換の関係にある。畑作の場合は、互いに「無償の手伝い」に行っていない。畑作は無償の手伝い合いをしないケースが多い。畑作は、世帯内労働力を中心にして労働交換と日雇いによっておこなわれている。耕耘機は妻の弟（54/1）が所有しており、彼から無償で借用している。彼は村の中では最も早く、10年程前（1982年頃）に耕耘機を13,000バーツで購入している。なお、長男・次男とも妻方からの経営委託はない。妻方の両親は土地をあまり持っていないためである。

　事例7-3は、比較的裕福な世帯であり、世帯番号127の両親（父親76歳・母親78歳）は引退しているが、地代代わりの収穫米を子世帯からもらっていない例である。世帯番号127の両親から127/1の長男（56歳）は農地3ライの経営委託を受けている。両親は地代代わりの収穫米を断っているので渡していない。一方、長男の妻（51歳）は農地4ライの経営委託を両親から受けているが、こちらも両親が地代代わりの収穫米を断っている。双方の両親が地代代わりの収穫米を断っている背景には、地代代わりの収穫米をもらわなくとも十分な農地が両親に確保されている事情がある。127/1の長男の両親は農地10ライとラムヤイ畑1ライがあるし、妻の実家には20ライの農地がある。妻は3人キョウダイで、彼女が4ライ、弟が5ライそれぞれ経営委託されており、末の妹は両親と同居して20ライの農地を耕作している。127は長女であり、なおかつ末子であるもある

娘（44歳）の夫が農産物の売買をしており、農地10ライは刈分小作に出し収穫米を折半している。両親は娘家族と同居しているが、既に引退し世代交替している。

　127/1は計7ライの経営委託のほかに、7.5ライの農地を購入して経営している。合計すると14.5ライの農地を経営していることになる。3ライの農地でニンニクと大豆を作り、その後雨季作米を作っている。雨季作米の3ライは労働交換によって作っている。また、2ライ3ガーンの雨季作米は、138/2に住む娘と、地主が耕起と田植えを、日雇人が稲刈りと籾落としなどをそれぞれおこない、雇主が小作に昼食を準備し、小作が100タンのうち20タン、つまり5分の1を小作が受け取る方式で耕作していた。ほかの7.5ライは日雇人と一緒に耕作している。その際、耕起や田植え、稲刈りなどすべての工程を127/1の雇主が手伝う。耕耘機代は雇主と日雇人が半々で拠出するが、田植えと稲刈りは日雇人が必要な人員を調達し、収穫米は雇主が6割、日雇人が4割受け取っている。127/1の農業経営は、このように自分たちが労働力を交換しあうかたちでおこなったり、日雇人と全日程を共同したり、日雇人を雇ったり、実に多様に組み合わされておこなわれている。127の1人娘（29歳）は大学を出てサンパトーン町の銀行に勤めている。彼女は離婚し、彼女の両親が孫（6歳）の面倒を見ているので、チェンマイ市に単身住んで洋裁の仕事をおこなっている。

## 2.3. 有償の経営委託

　次に、経営委託に地代代わりの収穫米を子世帯が親世帯に渡している場合を取り上げて見ていこう。

　事例7-4は、両親（父親75歳・母親74歳）が引退して農業に従事していない。子供は長女と男子が3人いる。長女は村外に嫁いでおり、末の三男家族と同居している。両親はそのため、子世帯が経営委託の地代代わりの収穫米を一律の割合で親に渡している。世帯番号1に住む母親は一人っ子で農地を11ライ所有しているが、父親は農地を1ライしか所有していない。いずれも親から相続した農地である。4人の子供たち全員に均等に3ライずつ経営委託している。子供たちは収穫米1ライにつき10タンずつ、計30タンずつを親に地代代わりとして収穫米を渡している。経営委託の規模や地代代わりに渡す収穫米の量は

親と子供たちが相談して決めたものであり、子供たち全員が平等におこなっている。

　世帯番号1/1の長男（45歳）世帯は、親が無償で分けてくれた近くの土地に住んでいる。長男の娘は高校を出てから1人でチェンマイ市に住み、ホテルに勤めている。妻方の両親からは、彼らに農地2ライが経営委託されている。妻方の両親（世帯番号55）には、夫方と同じ割合で20タンの収穫米を地代代わりとして渡している。長男夫婦は経営受託の計5ライの農地には空豆を1ライ1ガーン、茄子を2ガーン、大豆を1ライ1ガーンをそれぞれ2回作り、その後雨季作米を5ライ作っている。耕耘機は妻の父親が所有しているので、それを無償で借りて使用している。世帯番号1/2の次男（43歳）は、親の屋敷地内に居住している。屋敷地内に住んでいるのは次男夫婦だけであり、両親は2人だけで住んでいる。次男もまた同じく3ライを経営委託している。そのほか、妻方の両親からは2ライの経営委託を受けている。刈分小作に2ライの農地を出しているほかは、3ライの農地で大豆を作ったり、あるいは年によって乾季作米を作っている。その後、雨季作米を3ライ作っている。

　一般的に経営委託にともなう地代代わりの収穫米は、雨季作米のみの場合であり、乾季作米の揚合には渡すことは少ない。しかし1/2の次男は、乾季作米の収穫後に世帯番号1の両親に現金で500バーツを渡している。また、次男は木彫りの仕事を暇なときにおこなっている。米倉は両親の米倉の中が3部屋に分割され、両親と1/1の長男と1/2の次男が利用している。村外の長女と同じ村に住んでいる末の息子も3ライの農地を経営受託しており、1ライにつき10タンずつ計30タンを地代代わりとして両親に渡している。いずれの世帯も雨季作米と野菜作り両方とも労働交換と日雇いによっておこなっている。キョウダイは互いに助け合い協同していることがわかる。

　事例7-5は、親から経営受託している規模がキョウダイで異なっており、なおかつ地代代わりの収穫米の量も異なっている場合である。世帯番号55には両親と年老いた母親（82歳）と独身の末娘（29歳）が一緒に住んでいる。55の両親が1/2（事例7-4でできた世帯と同じ）の長女（42歳）に2ライの農地を経営委託している。55/2の長男（40歳）は親の屋敷地内に住み、親から5ライの経営委託を受けている。妻は両親から経営委託されていない。空豆と大豆を3ライ作り、

乾季作米を1ライ2ガーン、雨季作米を5ライ作っている。経営受託が5ライあり、雨季作米の収穫米90タンを地代代わりとして親に渡している。55/1の次男（36歳）は親の屋敷地内に住み、やはり5ライの農地の経営委託を受けている。妻はランプーン市出身で、ここから遠いため経営委託を受けていない。夫婦は現在ニンニク1ライ、白菜1ライ、茄子2ガーンをそれぞれ1回ずつ、1ライのところに大豆を2回耕作している。野菜作りの後に、雨季作米を5ライ作っている。地代代わりの収穫米は5ライで100タンの雨季作米を親に渡している。米倉は両親の米倉が3部屋に分割されて利用されている。トイレと水浴び場はそれぞれの家にある。

　55/1の次男と双子の子供（36歳）は世帯番号21の家に婿入りし妻の両親と同居している。妻の両親の農地9ライを耕作しているほか、彼の両親から3ライの農地が経営委託されている。雨季作米の餅米のみ75タンを親に地代代わりの収穫米として渡している。次女は公務員で遠いチェンライ市に住んでおり、彼女には経営受託がない。両親は雨季作米を耕作しており、まだ引退していない。親と子がそれぞれの雨季作米の栽培において「無償の手伝い」合いをおこなっている。キョウダイどうしは労働力を交換しあう関係にある。畑作では親子の世帯間の「無償の手伝い」は父親と長男のあいだで一部おこなわれているにすぎない。子世帯のいずれとも基本的に世帯内労働力を中心に労働交換と日雇いで補完して耕作している。

　事例7-6は、2人の子供が交替で経営委託を受けている場合である。世帯番号138/2の両親は4ライの農地を所有しており、子供たちは結婚して近くの別の村に住んでいる。したがって、子供たちは親の屋敷地内に居住していない。世帯番号138/2の両親は大豆2ライ2ガーンと乾季作米を1ライ2ガーン作り、その後雨季作米を4ライ作っている。親の野菜作りには子供たちは手伝いに行く。長女（31歳）夫妻は今年から親の4ライの農地を経営委託され、来年は長男（28歳）夫妻が農地4ライの経営委託を受けるというように、キョウダイで交替して耕作することになっている。この事例では、地代代わりの収穫米は4ライで70タンと話し合いで決めた。

　長女夫妻は昨年までは、事例7-3の127/1の家の日雇いをしていた。耕起や田植えなどは雇主がおこない、日雇人は稲刈りと籾落としをおこなう。稲刈り

と脱穀は日雇人がおこなうが、その間雇主が昼食を出し、収穫米を5分の1（100タンのうち20タン）の割合で日雇人がもらっていた。昨年は2ライ3ガーンで225タンの収穫があったので、そのうち45タンを日雇人が受け取っている。もっとも、今年から経営委託にしたので、今年も127/1の家の日雇いをするかどうか決めていないという。昨年までは、長女夫婦も長男夫婦も両親の稲作を手伝ってきた。長女夫婦は主に日雇いをして糊口を凌いできたが、食べる米がなくなったときには親に頼んで米を分けてもらうこともある。長女の米倉は親の米倉の中を2部屋に仕切って使用している。

　他方、長男夫妻はスイカを1ライ3ガーン作っている。昨年初めてスイカを作ってみて1ライにつき10,000バーツ以上の収入があったので今年もスイカを作っている。そのほか、日雇いに出ている。自分の米倉は親の米倉の下に竹で作った簡単なものがある。今年は別の土地を借りてスイカを作っているが、借地料は未定であり、スイカの収穫によって決めることになるという。ある日の茄子摘みは、長女が日雇いを2人雇って1人1日30バーツでおこなっていた。長男のスイカの苗を植える仕事には、父親のほか姉やオジが無償の手伝いに来ていた。この手伝いは労働交換ではなく、お互いに手が足りないときに手伝い合う無償の手伝い合いである。畑作においても、場合によって「無償の手伝い」がおこなわれていることを示している。

　事例7-7は、世帯番号138に住む母親（82歳）が子世帯に経営委託している。子供は8人いて、どの子供にも2ライずつの農地を経営委託しており、雨季作米16タン（1ライにつき8タン）を地代代わりとして子供からもらっている。全部で112タンの米を子供たちからもらえるので、祖母と独身の娘2人が暮らすのに不足することはない。世帯番号44に住む7番目の娘（48歳）の家の屋敷地内に、彼女の長男（24歳）世帯はヤシの葉で作った小さな家に住んでいる（世帯番号44/2）。44の家の夫は、事例7-6の138/2の夫とキョウダイ関係にあたる。

　44に住んでいる両親は空豆を2ライ、その後大豆を2ライ、白菜を2ガーン耕作し、その後雨季作米を2ライ作っている。その後、雨季作米は親子で「無償の手伝い」でまかない、畑作は親子で手伝い合っていない。種播きや収穫作業は労働交換でおこない、日雇人を雇うことはしない。また、44の父親は3人キョウダイのうちの長男であるが、末の弟から2ライを1,000バーツ（1ライ当た

り500バーツ）とすこぶる安い小作料で「定額小作（hai kao cao）」を請負っている。普通1ライあたり1,000バーツが相場であるから、普通の小作料の半分である。

　44/2は、44/1に住む父親の独身の弟（44歳）から3ライの農地を刈分小作（hai khao tham）している。この農地で空豆を2ライ、今年からスイカを1ライ作っている。空豆は1日1ガーンずつ夫婦2人で収穫作業をおこなっている。野菜作りでは親子はあまり無償の手伝いをしていない。138/2の子供からスイカがよい収入になると聞いて今年から始めた。44の父親は、息子が2人で仕事をして生活していくことを要求していた。親に資産がない家では、親が子供に独立して生きていくことを早くから求める傾向がある。

## 2.4. その他の生活協同

　事例7-8は、子供が土地などを既に相続済みのケースである。世帯番号136/1の夫（58歳）は両親が既に死亡しているので、キョウダイ6人のあいだで屋敷地を均等に分割し終わり、各自が1ライ1ガーンずつ農地を相続している。一方、136/1の夫の妻（54歳）は農地を相続していない。136/1の家では、次女がチェンマイ市に店子として、次男がバンコクに建築の日雇人としてそれぞれ出稼ぎに出ている。しかし、子供たちは全員結婚していないため家族登録は移動していない。バンコクへ出稼ぎに出ていた次男は村の寺院の僧侶を長く務めていたが、今年（1994年）のはじめに還俗して出稼ぎに出た。その後、3ヵ月経ってから2,000バーツを両親に送ってきている。

　一方、同居している長男（30歳）は親の農地を手伝っている。そして、ときどき日雇いに出て現金を稼いでいる。長女（25歳）は母親の末の妹（オバ）の農地3ライを5年間ニヤ・パーの刈分小作をして収穫米を折半している。この事例は、オバ・オイ関係のあいだでもニヤ・パーの刈分小作がおこわれていることを教えてくれる。ニヤ・パーの場合は、耕耘機代を地主と小作人双方が半々ずつ支出することが多い。それ以外の全工程は小作人がおこなっている。長女は空豆1ライと大豆3ライを作り、その後に雨季作米を5ライ作っている。両親やキョウダイなど同一世帯員が手伝っている。雨季作米はすべて親の米倉に入れており、野菜の収入は一部を両親に渡している。末の三男（18歳）は小学校卒業後から建築の日雇人夫をしており、実家からバイクで通勤している。子

供たちは金があるときだけ親に何千バーツかを手渡しているが、普段のときは各人とも自分で稼いだお金は自分で使っている。子供たちが比較的自由に自分の金を使っており、同居している世帯員であってもけっして財布は一本化されていない。両親も強く子供たちに金を要求することはせず、子供が自主的に親に渡すものだけをもらっている。

雨季作米のみならず畑作においても、手のあいている子供たちは親の農作業を手伝っている。父親は今年(1994年)自分の農地1ライ1ガーンにスイカを作ったが売り物にならず、むしろ経費がかかった分だけ赤字になってしまった。そのほか、2年前に200バーツで購入した豚が14頭の子豚を産んだためその世話に毎日追われている。子豚は1頭500バーツで売るか、あるいは育てた後に1頭3,000バーツで売る。豚の飼育は大きくしてから売っても、餌代を差し引くと1頭で1,000バーツぐらいにしかならないという。そのほか、父親は竹籠を編んで店に1つ10バーツで卸して小銭を稼いでいる。

事例7-9は、親子間で「無償の手伝い」をし一緒に小作しているケースである。この事例は事例7-7の136/1と姉弟関係にあり、キョウダイ間で労働力を交換しあっている。世帯番号136に両親(父親56歳・母親59歳)は住み、子供は7人いて、そのうち村外に2人出ていて、両親の屋敷地内に子供2世帯が家屋を建てて住んでいる。残りの3人は独身で両親と同居している。137/2の次男(26歳)夫妻はよその人から農地2ライを2年間刈分小作している。収穫米を折半するニヤ・パー方式である。親やキョウダイは次女夫婦の小作地の耕作を無償で手伝っているが、収穫米は受け取っていない。収穫米すべてを137/2の世帯が取得している。136の親は子供からの申し入れを断わって収穫米の一部をもらっていない。畑作は、137/2が世帯内労働力でまかなっており、親子の「無償の手伝い」はおこなわれていない。

他方、137/2の夫婦は両親が1ライ1ガーンの農地でおこなっている米作りに手伝いに行っている。このときは、収穫米はすべて親が取得する。136の両親は野菜作りをおこなわず、その代わりに日雇いに出ている。136/3の長女(30歳)世帯には米倉がないが、136と137/2はそれぞれ米倉を持っている。親子は雨季作米に関して互いに無償の手伝い合いをおこなっている。雨季作米は、親子関係以外のほとんどが労働力を交換してまかなわれており、キョウダイや親

族など40人から50人が労働力を交換しあう関係にあるという。1992年のある日の田植えは25人でおこなっていたが、その全員が労働交換の関係にあった。

一方、136/3の長女夫妻は日雇いで生計を立てている。そのため、親の雨季作米には手伝いに行くものの、反対に両親から手伝いに来てもらっていない。この136/3の子世帯は一方的に親へ労働力を提供している。むしろ、子供が自分で金を貯めて建てることを強調していた。電気代も子供たち各戸が均等に支払うようにしている。1992年のある日、世帯番号136や136/1の父親たちに大豆の全作業請負方式で支払うやりかたの作業委託の依頼があった。2ライを500バーツでいう依頼内容であった。1ライ250バーツの勘定になる。当日の朝13人が集まり、半日で終わり、依頼者の地主にさらに20バーツ追加してもらって1人40バーツずつもらった。誰が参加してもよく、何人集まるのか当日にならないとわからない。もっとも、地主が適当な人物に全作業請負方式の委託を依頼すると、その人が親戚を中心に触れて回るのが普通である。あるの日の別の大豆の日雇いでは半日で1人35バーツもらっていたことから、地主によっても賃金が違う。村人によると、同一の仕事であっても、依頼者によって、また依頼される人によって、さらに土地の場所によっても賃金は違う。賃金の相場はあるとはいえ、けっして一律ではないことをこうした事例がよく示している。

事例7-10は、キョウダイの「無償の手伝い」合いの変型である。世帯番号78の母親(54歳)は両親の死亡によってキョウダイ6人がそれぞれ2ライずつ相続している。彼女の夫(51歳)は、弟が死亡したために母親の農地3ライを1人で世話し、利益の半分を亡き弟の家族に渡している。亡き弟の子供たちがまだ若く、かつまた農業に従事していないためにこのような形でおこなわれている。それゆえ、農地はまだ未分割である。亡き弟の子供が成人した以後に、兄は彼らに農地を分与する予定である。この事例はキョウダイの「無償の手伝い」合いの変型である。世帯番号78の家では、耕耘機を6年程前に購入し、新たに3ライの農地を購入している。したがって都合、8ライの農地を経営している。

農地8ライは、次のように運用されている。母親の農地2ライは雨季作米のみ作り畑作をしていない。購入した農地3ライのうち2ライで大豆を作っていたが、今は白菜1ライとスイカ1ライを作り、その後雨季作米を作っている。

子供は2人で、長男（28歳）と長女（21歳）はともに独身で、それぞれチェンマイ市とランプーン市に住んでいるが、毎週の日曜日に実家に帰って来て白菜などの畑作を手伝っている。

　祖母が所有する3ライの農地は家から遠くにあるので、農地の近くに住んでいる人に年2,000バーツの定額小作で委託している。反対に、近くの農地3ライを定額小作で請負っている。相手は親がイトコ関係にある遠い親族（yat hang hang）にあたる。これまた、小作料が3ライで年2,000バーツと安い（1ライで約670バーツ）。一昨年のある日の田植えは、78の夫婦と妻の姉、それと姉の子供が労働力の交換をしていた。そのほか、親族ではない人と労働交換している人が3人、日雇人が3人（賃金は1人70バーツ）の合計10人で田植えをおこなっていた。

　78の世帯は、日頃は2人だけで住んでいるため、それほど多くの農地を必要としない。定額小作を請負う背景には、世帯員の労働力の燃焼というほかに、定額小作に出している分の現金だけは確実に確保しておきたいという配慮が働いている。農地の分散化や小作料確保、世帯員の労働力の問題などを考慮して、78の世帯が農業を営んでいるようすがうかがわれる。

## 3. 考察

　最後に、事例を整理した後でソーシャルキャピタル論の観点から事例分析をおこない、そこから見出される所見を整理しよう。

　まず、調査地においては世帯を基本にして農業が営まれており、親と子の世帯間協同が広範におこなわれている。屋敷地内の居住関係は、親が子供へ経営委託することに関係していないことが指摘されてきたが、「共働・共食」や「無償の手伝い」においても屋敷地内の居住の如何に関わりなくおこなわれていた。しかしながら、事例7-1に見るように、屋敷地内に居住している子世帯が優先的に「共働・共食」している。このことから、サーリンズが述べているように［サーリンズ 1984: 236］、屋敷地内の居住関係つまり親族の空間的距離は「共働・共食」に関して関係がある。

　トンケーオ村においても子供の均分相続が理念上支配的である。子世帯の諸

条件を勘案して実際には相続が決定されており、必ずしもいつも均分相続というわけではない。相続の方法について村人に質問すると、均分相続であるという返答と、事情によっては均分相続ではないという返答の2種類が返ってくる。子供が均分に相続していない場合は、親の面倒を誰が見てきたのかという点と、子世帯の経営状況、耕作地の場所との距離などを考慮して、子供たちとの話し合いのもとに相続規模が決定されている。比較的農地がある場合は、子供のうち誰かがよその土地に居住しているため遠くて耕作が不可能なときには、親元に残っているキョウダイに相続を譲ることがある。しかし、子供たち全員が親と同じ村や周辺に留まっているときには、均分に相続されることが多い。また、村に家族計画を導入して子供数を制限したことは、比較的裕福な農民にとっては農地の細分化を防止することに役立っている。

それに対して、零細農民の場合は、子供たちが均分に相続することが理念上においても、かつまた実際においても多い。しかし、実際に子供たちが均分に相続すると、相続地が1人当たり1ライ以下の零細な規模になることもしばしば想定される。その場合には、親の近くに居住しているキョウダイに相続予定地を安く売却したり、あるいは譲ったりする。

農地の委託経営は、農地の所有権は親にある一方で、農地の経営権だけを子供に委譲している場合である。土地利用をめぐるこの協同は、親が子供から地代代わりの収穫米をもらっている場合ともらっていない場合とがある。親がまだ若くて引退せずに働いている場合には、子供から地代代わりの収穫米をもらっていない。そのほか、親が既に引退していても食べるのに困らない場合には、地代代わりの収穫米をもらっていなかった。しかし、子供ごとに異なる事情によって相続規模や農地の経営委託の規模などが異なっている。親が子供に農地の経営委託できるほど農地を所有していない場合には、子世帯は日雇い一般や小作をして生活の糧を得ているのが普通である。

事例7-1では、世帯番号64に住む親が64/2の末娘と「共働・共食」していた。雨季作米のみならず畑作も手伝い合っていた。しかし、畑作の中の一部（空豆）だけ娘婿の懐に入れることができた。「共働・共食」している場合でも、畑作だけは親子で経営が別々というケースが、この事例を含めて多く見られた。この事例は、屋敷地も農地も子供にまだ分与していない。末娘以外の子世帯が親の

耕耘機を借用しており共同利用している。

　また、64/1の長男がオジから定額小作していたが、この小作料は世間の相場と同じであった。このように親族関係にあっても、世間の相場と同じ小作料を支払っているケースが見られる。ほかの調査地でも親子のあいだでさえ小作料が世間の相場と同じというケースが見られた。とすると、このことは何を意味するのだろうか。これを解釈するにあたって、こうした小作料を地主のほうが自慢げに話をしていることがヒントになる。このことの意味を斟酌すると、親族関係にない人のあいだで小作させることそれ自体が、親族間の助け合いと似た意味合いを有しているということである。つまり、地主小作関係は地主による小作への一種の「贈与」なのである。言い換えれば、小作させていること事態が地主の気前よさを示しているのである。だからこそ、オジオイ関係であっても、親子関係であっても、あるいは一般の地主小作関係でも、これら地主小作関係は「一般的互酬性」の関係にある。村人を包摂する「一般的互酬性」によって、ムラはその共同体的性質が担保されているのである。

　「共働・共食」している場合を整理すると、親世帯と子世帯が雨季作米の栽培で「無償の手伝い」をおこなっていたが、畑作に関しては親子の「無償の手伝い」はほとんどおこなわれていなかった。しかしながら、事例7-1のように親子間で畑作の経営を分けている場合には、畑作でも「無償の手伝い」がおこなわれ、収穫物もそれぞれ分けられている。しかし、親子が同居していない場合は、世帯内労働力を中心に別々に畑作がおこなわれることが多い。独立したキョウダイどうしは労働交換しあう「均衡的互酬性」の関係にあった。

　事例7-2は、親が子供に農地の経営委託をしている事例である。親と子供は雨季作米の耕作で「無償の手伝い」合いをしている。注目されるのは、56/1の次男がオジから無料で屋敷地を借りていることである。そのほか、子世帯は親のトイレと水浴び場を借りている。キョウダイは労働力を交換し合っていた。親子やキョウダイ、オジオイは互助関係にあり、それらのあいだで土地利用に関して協同が見られた。これらはいずれも、「一般的互酬性」の関係にある人たちが示す「気前のよさ」の表出である。

　事例7-3は、地代代わりの収穫米を親がもらっていない事例である。親がもらっていない理由は、子供からそれをもらわなくても十分生活できるからであ

る。この事例では、子供たちがしている経営委託の規模が違っていた。

　そのほか注目される点は、地主が作業の全体にわたって手伝うため、地主が収穫米100タンのうち80タンを、日雇人(小作人)が20タンをそれぞれ受け取る方式で耕作されていた。パンカン(収穫米を分割する方式)の一種であるこの小作形態は、北タイを含めてそれほど報告されていない。これは地主が小作と一緒に働くことで、いわゆる小作料を20％にまで下げる方式である。地主が多く働く分多く取得するこの方式は「一般的互酬性」の変型である。地主は自分の「気前のよさ」を引っ込め、小作に譲歩してもらう。

　このほか、北タイでは地主が日雇人と一緒に農作業をし、地主が8割受け取る方法も見られた。農作業の日雇いについてはこれまで十分研究されてこなかったことから、今後その意義について探求する必要があるだろう。このケースでは日雇いと称していたが、実質的には小作と同じである。小作と日雇いの区別があいまいであり、地主と日雇い・小作の話し合いによって作業内容が違ってくる。この場合も地主が日雇いに譲歩を依頼し、「気前のよさ」を引っ込めている「一般的互酬性」の変型である。「一般的互酬性」が幅のあること、いくつもの変型があることが知られる。

　事例7-4は、子供が親へ地代代わりの収穫米を渡す、農地の経営委託をしている事例である。子供は男女に関係なく平等に委託されていた。親に渡す地代代わりの収穫米の量は1ライ20タンの割合であった。また、乾季作米を栽培したときは現金を渡している子供がいた。しかし、畑作の栽培では親に何も渡していなかった。そして、親の耕耘機を子供たちが借りたり、キョウダイは労働交換をして協同をしていた。こうした協同は、親子関係が「一般的互酬性」であり、「気前のよさ」を示さなければならないことを示している。

　事例7-5は、子世帯が親に地代代わりの収穫米を渡す経営委託がおこなわれている事例である。この事例で注目されることは、世帯番号21の家に婿入りした娘婿が、1ライ25タンの割合で地代代わりの収穫米を親に渡していたことである。これは事例7-4のケースのように1ライ10タンより高い。この理由は、彼が婿入りした家が裕福であり、ほかのキョウダイに比べて経営規模が大きいためであろう。

　事例7-6は、子供が毎年交替して農地の委託を親から受けている場合である。

これは子供たちに平等に農地を委託するためである。また、この事例でも地主が収穫米の8割を取得する小作形態が見られた。親の米倉を2つに分けて子供も使用していた。スイカの栽培で、キョウダイやオジが「無償の手伝い」に来ていた。このことは、畑作でもキョウダイのみならずオジオイ関係でも、困ったときには「無償の手伝い」がおこなわれることを示している。独立後のキョウダイやオジオイ関係は事情によって「一般的互酬性」に転換することがわかる。日ごろから協同しあっていたりすると、「均衡的互酬性」が「一般的互酬性」に転換するし、協同しあっていないとその反対もありうる。

　事例7-7では、キョウダイで定額小作がおこなわれている。といっても、それは相場より半分とかなり格安の小作料である。とはいえ、キョウダイでも地主小作関係があることを示している。これは前述したように、地主小作関係が一種の「一般的互酬性」であることを示している。とともに、地主小作関係もさまざまな形態があり、多くの変型があることを示している。

　事例7-8は小作農民の事例である。この事例では、小作の仕事を親子が無償で助け合っていた。親が子供の家作りに際して労働力の提供こそすれ、資材を購入して提供することはなかった。この事例ではオバオイ間でも収穫米を折半する刈分小作が見られた。こうした協同も「一般的互酬性」の内実を示す一例である。

　事例7-9では親子間の「無償の手伝い」で小作がおこなわれていた。このケースでは子世帯から親世帯に無償の労働力が提供されていた。この労働力の提供は、親から子供への「贈与」に対する返礼である。気前よく返礼する姿勢が表れている。さらに、キョウダイや友人との労働交換が見られた。これは労働力の等価交換であり、彼／彼女らとのあいだが「均衡的関係」にあることを示している。

　事例7-10はキョウダイの「無償の手伝い」の変型である。親子以外の土地利用協同が少なく、親が生存している場合のみキョウダイにおける協同のうちで「共食」が見られる。

　比較的農地のある農民は世帯員が農外労働に従事していることが多いことから、日雇人を頼んで農作業をおこなうことが多い。しかし、零細農民は雨季作米のみならず野菜作りにおいても、世帯員の労働力のほかに労働力を交換しあ

## 第7章 北タイ農村 2——チェンマイ県トンケーオ村の事例

う形でまかなっていることが多い。それゆえ、全作業請負方式を依頼するのは零細農民ではなく、比較的裕福な農民である。零細農民は必ず自分たちが労働に参加し、世帯員の労働力を十二分に活かしながら耕作している。比較的裕福な農民は、子供の数を減らして均分相続による農地の細分化を防ぎ、子供の教育に投資して子供たちに農外労働に就かせる道を志向している。比較的裕福な子供たちは、公務員や会社員などになって、農業はもっぱら小作人に任せる傾向が広がりつつある。

ソーシャルキャピタルの観点から、これらの事例分析にアプローチしてみよう。親子とキョウダイのあいだで土地利用から生活協同までなされている。親子やキョウダイ、オジオイ関係、オバオイ関係などのあいだで、農作業をはじめとして実にさまざまな協同関係が形成されていた。そのなかで、キョウダイが「無償の手伝い」合いをしているケースもあれば、労働力を交換するケース（事例7-3）もあった。これは、キョウダイが対等であることを示している。特に、両親の死後、相続も終了すると、キョウダイは独立の傾向が強くなる。しかし、他方、キョウダイが「無償の手伝い」をしているケースもある。どうしてなのだろうか。

キョウダイはソーシャルキャピタルの観点からすると、親しい人と他人とのあいだの中間に位置する。たとえば、仲がよくないキョウダイよりも親しい友人のほうが大切になる。なぜなら、キョウダイは財産分与も終了し、キョウダイは他人と同じ立場にあるからである。キョウダイは単なるキョウダイという関係だけでは贈与関係を形成できない。とすると、キョウダイを「一般的互酬性」の関係で説明するのではなく、そうなる契機を問う必要がある。キョウダイが協同している内実に迫る必要があることが知られる。

オジがオイに世間と同じ相場の小作料で定額小作させていた。これは、ソーシャルキャピタルの視点からどのように理解できるだろうか。この点は、前に述べたように、小作させること自体が気前のよい振る舞いであると考えていることがあげられる。小作させることが「一般的互酬性」であるというわけである。こうした理解は確かに農民の中にある。働く仕事先が見つからないことが多く、小作をすれば米を食べていけるからである。その意味で、地主小作関係においては「気前のよさ」がソーシャルキャピタルになっている。

事例7-10では、兄が亡き弟の子供へ土地を相続させることを予定して1人で維持管理していた。土地は親から子供への「贈与」である。キョウダイが土地を管理しているのは、キョウダイが亡くなった兄と兄の子供とのあいだの「橋渡し」をしている行為である。「気前のよさ」がキョウダイを結び付けている。そして、それがソーシャルキャピタルとして世代を越えて開かれていることを示している。

# 第8章
# 東北タイ農村 1
## ローイエット県ラオカーオ村の事例

## 1. 調査地と農業の概要

　ローイエット県ポーンサーイ郡は、東北タイのローイエット県など広域に広がってあるトーンクラローンハイ[1]の一部に位置している。ポーンサーイ郡全体では農地面積が132,857ライで、そのうち田が126,250ライと95％を占めている。収穫量は1ライにつき370キロと北タイの500キロなどと比べるときわめて低い。これは、灌漑設備が整備されていないため天水に依存して雨季作米のみを年間1回だけ耕作する粗放農業をしていることに由来している。米の種類としてはウルチ米と餅米を耕作しており、前者と後者の割合は1994年度で94.3％対5.7％である。餅米は自給用であるが、ウルチ米は一部だけ自給用で、多くは販売用に栽培している。ほかには、畑が1,629ライ（1.2％）、果樹が2,114ライ（1.6％）、桑が1,406ライ（1.1％）などがある。米は雨季作米の1期作で、1995年度では生産量47,341トンのうち自給用が17.9％、種子用が1.3％、販売用が80.7％であった。畑には、トウモロコシやササゲ、スイカ、キュウリなどを栽培しているが、それらは量的にはわずかである。果樹については、数年前から農政事務所がマンゴーなどの普及をしているが、やっと少し収穫できるようになったところである。桑の多くは自宅で飼っている蚕用であるが、多少は近くの人に売ることもある。全体的には、全農地面積において田が95％も占めており、米のほとんどが販売用に生産していることが知られる。つまり、米のモノカルチャー化が進んでいることがわかる。

---

1　トーンクラローンハイ（Thung Kula Ronghai）という地名は、その昔クラ人がこの地に来て水が全くないので泣いたという伝承に基づいて付けられている。

ラオカーオ村では、米は雨季だけ耕作している。畑や果樹園を少しだけ持っている人がいるが、そこには桑を植えたり、バナナを植えているだけである。そのため、村人は野菜や御飯のおかず、豚肉などは毎日車で朝と晩の1日2回売りに来る人から購入している。米は販売用のウルチ米と自給用の餅米を耕作している。8月の田植えと12月の稲刈りを除いて、男性はバンコクを中心に出稼ぎに行く人が多い。女性は独身のあいだは出稼ぎに行くが、結婚後は家にいて子供の育児をしながら日雇人夫などに出て現金収入の道を見つける人が多い。

　村の中で田植えを頼むと、1996年現在1日110バーツで朝食と昼食を依頼者側が出す。稲刈りを頼むと、1日110バーツのほかに昼食と夕食とを出す。賃金は、1日110バーツの場合と稲1束1バーツの場合とがあり、はじめに両者のあいだで決めておく。こうして得た賃金は、おかずを購入したり、子供の衣服の購入費など日常での生活費に充てられている。収穫された籾米は米倉に入れ、余剰米は市場や農協などに販売している。

　ローイエット県の農村からの出稼ぎはタクシーの運転手が多い。出稼ぎ先は仲間から紹介されて仕事を見つけることが多い。そのため、同郷の出身者は同じ職種に就くことが多い。

## 2. 土地利用と生活の協同

### 2.1.「共働・共食」

　事例8-1は、世帯番号10の両親と世帯番号92の長女世帯が「共働・共食」をしている場合である。長女 (29歳) は結婚後両親と同居していたが、最近末娘 (24歳) が結婚し、バンコクから帰ってきて親と同居したために親元から離れた。親は隣接の土地を親族から安く購入しておいたので、長女にその土地を分けた。長女はそこに1995年に家屋を建てて住んでいる。また、長男 (32歳) は村内の女性と結婚して、妻方の親が分けてくれた土地に家屋を建てて住んでいる。

　父親は20ライ、母親 (49歳) は8ライの農地をそれぞれ祖父母から相続している。父親は、男3人、女2人の計5人キョウダイで、子供全員が均等に20ラ

イずつ分与されている。母親は、下に2人の弟がいる。次弟は姉の母親に果樹園を3ライ売り、末の弟も3ライの土地を15,000バーツと安く売り、2人ともバンコクに移って働いている(両者とも家具作りをしている)。世帯番号10の世帯は、耕耘機を1993年に購入したが、まだ水牛2頭と牛4頭がいる。水牛や米を売って肥料や耕耘機などの購入代金に充てており、けっしてそれらを個人的な目的に使用したわけではない。世帯番号92の長女家族は親の米倉から籾米を自由に分けてもらい食べている。おかずは、世帯ごとに調達してまかなっている。米は収穫後すべてを親の米倉に入れる。父親と長女、次女(末娘)の夫はみんな大工の出稼ぎをしているが、働き先は全員異なっている。3人の夫とも、田植えと稲刈りには戻ってきて手伝っている。

長女の夫は、以前はバンコクで家具を作っていたが(1ヵ月3,000バーツ)、その後実家に戻ってきて親方のもとで1日130バーツの下請けの仕事をしている。その後、建築すべてを請け負う全作業請負の仕事を仲間5人と組んでおこなうようになり、利益などすべてを均等分割している。その結果、収入が増えている。他方、長女はときおり田植えの日雇い仕事に出て1日100バーツを稼ぎ、夫が毎月持参する金と合わせて日々の生活費に充てている。なお、大の両親も農地をまだ子供に分与していない。そして、親は近くの子世帯と「共働」している。田植えや稲刈りのときには、子供は夫婦で親元に手伝いに行く。

世帯番号60の長男は、屋敷地は妻方の親から分けてもらい妻の親世帯と「共働・共食」しているが、世帯番号10の親の農作業にも夫婦で手伝いに行っている。手伝いに行ってもその見返りはない。いわゆる「無償の手伝い」をしている。

事例8-2は、世帯番号59に住む両親は三女(29歳)家族と同居した。両親は、10ライの農地を所有しているが、まだ子供に分割していない。7人いる子供は全員が女性である。そのうち、世帯番号48の長女(38歳)家族と「共働・共食」している。親は農地を10ライしか持っていないので、農地を均等分割することは不可能である。そのため、早く結婚した末娘はバンコクに働きに出ていった。末娘が親元に残っていない理由として、姉が結婚して親元に残っていたため、下の妹は結婚後家を出ていっても支障がない事情があった。長女と次女(31歳)の2人の子世帯は親の敷地内に家屋を建てて住んでいる。三女家族は最近まで親と同居していたが、親の近くに家屋を建てて移ってきた。五女は子供

を親元に預けてバンコクに働きに出ていて、両親に子供の養育費を送っている。
　親は10ライの田で3,000キロの籾米を収穫している。これを親の米倉に入れ、ここに住んでいる（バンコクに出ていない）子供の家族全員で食事をしている。籾米1,000キロは残るのでそれを売却して現金にしている。近くのポーンサーイ町の市場やスワンナプーム市の市場などで販売する。水牛7頭を売却した資金で耕耘機を1993年に購入している。そのとき水牛1頭を長女世帯に分与し、残りの牛4頭を飼っている。
　長女と三女は、時期になるとシーサケート県の田植えの日雇いに出かける。このラオカーオ村にグループが3つあり、朝の6時30分にむこうから迎えの車が来て、夕方5時に帰ってくる。この田植えの日雇いは1日100バーツの賃金で、昼食はむこうで出る。この仕事には、いつも合計で20人から25人ほどが働きに出ている。全員、仕事が疲れるので毎日行くことはせずにときどき休んでいる。
　長女の夫は5年前から副行政区長の職に就いているため出稼ぎに出られない。五女の夫は出稼ぎに行かずに、普段は農業をしており、ときどき田植えの日雇いに出かける。バンコクに出て働いている者の職種は、次女の夫が銀行、四女が洋裁、五女の夫がタクシーの運転手、六女の夫が大工、七女の夫が工場で働いている。いずれの子供も毎月親に多少なりとも送金している。未婚既婚にかかわらず、出稼ぎに出ている子供が親に送金するのは、タイではごく普通に見られることである。子供が親孝行をすることは仏教の教えるところであるが、同時に社会的にも広く規範を成している。
　事例8-3は、世帯番号42の両親と世帯番号52の長女世帯とが「共働・共食」している場合である。長女家族はバンコクから12年前に戻ってきて、親から土地を分けてもらい、そこに家屋を建てて住んでいる。世帯番号42に住んでいる母親は親から10ライ相続したが、父親のほうは相続を断っているため、両親は合計10ライの農地しかない。耕耘機は世帯番号52が所有し、それを使って耕起の作業をおこなっている。
　世帯番号52の長女がバンコクで洋裁をしていた15年前程（1980年頃）は、手取りの賃金は月に50バーツほどであった。夫は農業の合間にバンコクに働きに出ており、仏像の彫刻をして月に1,200バーツほどの収入を得ている。彼は1993年から副行政区長をしており、出稼ぎに出られず農業の暇なときはムー

ン川に魚捕りに出かけている。

　長男はチェンマイ市に住んでいて、トラックを30台以上も持って事業をしている。資産家にありがちなことであるが、彼には内縁の妻がいる。親には毎月5,000バーツから10,000バーツ送ってよこす。次男は近くのポーンサーイ郡内に住み農業をしている。家が近いので、ときどき親を訪ねてきている。彼の場合、親に仕送りはしていない。親と同居している次女の夫は、田植えと稲刈りの農繁期には自宅に戻ってきて手伝い、それを除く10ヵ月ほどはバンコクで果物を売っている。三女はスリン市に住んでいるが、夫はバンコクでタクシーの運転手をしている。彼女は1ヵ月に1,000バーツほどを親に送金してくる。末の三男は農繁期には農業をし、農閑期はカーンチャナブリー県にサトウキビの収穫作業に出ている。

## 2.2. その他の生活協同

　事例8-4は、親が既に子世帯に農地を分与しているケースである。この調査地で言うベン・ナー・ハイ (ben na hai) というのは、北タイで言う「経営委託 (hai tham kin)」が農地の経営を子供に委託しているが、まだ相続させていないのとは異なり、土地の譲渡 (ong) が終了していることを意味する。この事例の親は28ライの農地を持っていたが、子供6人のうち他出した長男と三男の2人は農地を相続せず、残りの女性3人は長女が6ライ、次女が8ライ、末の三女が7ライずつ相続し、親と同居している次男が7ライの農地を相続している。屋敷地に関しては、長男と次男の結婚に際して、それぞれ妻の親が土地を分けているし、長女と次女、三女の場合は彼女たちの親が土地を分けている。耕耘機はいずれの家も持ちあわせていないため日雇いに依頼している。長男の家には水牛5頭、次女は豚15頭、三男が水牛1頭と豚6頭、三女には牛4頭が分与されている。次男が親と同居している理由は、末の三女の結婚が姉の結婚よりも早く、また次男が最後に40歳と遅く結婚したためである。父親と同居している次男は1年を通して村にとどまって農業をしている。

　男性が農地の相続を断っている理由として、配偶者にある程度の農地の相続があるならば、男性は相続を断る習慣があると説明している。この習慣の存在は、東北タイで広く聞かれた。

世帯番号32に住む長女世帯のうちで、彼女の長男と末の独身の次男はバンコクで家具を作っている。また、長女家族はピサヌローク県で夫の家族と農業をして暮らしている。世帯番号7の親元には配偶者を亡くした長女と次男家族とが住んでいる。長男家族の2人の男の子供と長女の男の子供、次女の男の子供、末の三女の長男はバンコクで一緒に住み家具を作っている。世帯番号17の次女の長男と次男は飛行機会社に勤め、次女の長女はナコンラーチャシーマー（コーラート）市で教員をしている。そのほかの子供は学生である。

事例8-5は、8人の子世帯に既に農地を分与している場合である。世帯番号32に住む母親の夫は死亡しており、彼女は末娘家族と同居している。農地26ライを所有しているが、世帯番号38の長女に10ライ、世帯番号80の次女に7ライ、同居している末の三女に9ライずつの農地をそれぞれ分与している。末の三女の家族は牛2頭のほか、耕耘機を購入して持っている。この事例では男子は農地の相続を受けず、女子のみが相続している。もっとも、男子は全員バンコクに出ているので、男子が農地の相続を放棄するにはそれなりに合理的理由がある。

世帯番号38の長女は結婚したとき、世帯番号32の親世帯と「共働・共食」であった。しかし、次女・三女が結婚するのにともない、屋敷地を分けてもらいそこに住居を建て「共働・共食」をやめた。世帯番号38の長女の日常生活を見ていると、毎日のようにおかずと御飯を持参して親の家に行ったり、あるいは隣や前の家（事例8-9）といった親族の家、あるいは自分の家の縁台で一緒に食事を囲んでいる。どの家にも東北タイ語でティアン（タイ語でティーナンやティーノーンとも言う）という腰掛けて話ができる縁台がある[2]。毎日、そこで必ずと言ってよいほど朝食を食べている。また、賃雇いに行かない日は、昼間そこに近くに住む親族と一緒にいる。子供の育児にしても、孫をはじめオイやメイなどもまるで自分の子供のように育てている。

世帯番号38が田植えする際、「労働力交換（soi kan）」に来た人は世帯番号の32と17、48、7、29、65、それと世帯番号がない家屋の夫婦が来ていた。そのほか、不在のために夫婦どちらか片方が来たのは7（世帯番号は同じであるが、別の家

---

[2] 1990年代前半当時は、高床式の住宅がまだあった。2階に人が住み、1階では縁台（ティノーン）が置かれ水牛や牛が飼われていた。その後、コンクリートで家屋をつくるケースが増えてきたので、高床式の住宅が少なくなった。

第8章　東北タイ農村 1 ── ローイエット県ラオカーオ村の事例　　　227

縁台

屋に住んでいる）と32、80、近い親族ではないが副行政区長夫妻が来ている。これらの人は自分たち夫婦を入れて都合21人いる。このほか賃金を支払って雇った人が15人いる。バンコクへ出稼ぎに行っている男の子供たちは田植えをしに帰ってこない。

　事例8-6は、親が年老いて亡くなり、屋敷地と農地の相続が終了している事例である。世帯番号57の父親は9人キョウダイで、このうち5人が生きている。男女を問わずほかのキョウダイが20ライずつ相続しているにもかかわらず、父親は何も相続しなかった。その理由として、政府に土地の一部を取られ使い勝手がたいへん悪くなってしまったことをあげている。一方、彼の妻はキョウダイ2人で4ライずつ相続している。その4ライの土地は果樹園である。この事例の世帯は親が田を所有していないため、5人いる男の子供たちのうち4人は小学校を卒業するとバンコクに順々に出て働き、結婚後もそこに住んでいる。米倉は親元に1つある。田植えの際は耕耘機がないので、賃雇いに頼んで耕起してもらっている。

　子供は全員バンコクに出ていて、長男はタクシーの運転手、妻は洋裁、次男

は工場、末の五男は車の修理工場でそれぞれ働いている。世帯番号57は、父親が先祖の代から続いている店舗を営み、1983年からは70,000バーツで精米機を現金で購入して精米所を経営している。精米機をローンではなく現金で購入できたのは、長年営んできた雑貨店の経営が順調であるためであろう。精米料は無料であるが、その代わり精米して出た籾殻・糠は精米業の彼が取得している。豚を13頭飼育しているため、籾殻はその餌にしている。また、父親は33歳から49歳まで副行政区長をしていた。[3]

四男は兵役が終わって親元に帰ってきた。彼は昨年（1995年）大型の車を買い、ラオカーオ村とポーンサーイ郡の主要な場所とのあいだで子供たちの送迎をしている。車の150,000バーツは現金で購入した。車の購入代金には、水牛6頭、牛15頭、豚15頭を売却して充てた。車には子供1人1ヵ月60バーツで、87人を乗せている。母親と妻はお店と油売りの仕事と1日に1枚ゴザを作り、1枚50バーツで販売している。

事例8-7もまた土地の相続が終了し、近親者のあいだに共同耕作が見られないケースである。世帯番号60の父親は農地を相続していないが、母親は3ライ相続している。父親は水牛1頭のほか牛29頭を毎日世話している。娘婿は農業をしている。娘は田植えの賃雇いに参加しながら子供の世話をしているが、彼女の夫はバンコクで建築をしており、1ヵ月に2,000バーツほど送っている。そのため、彼は半年ぐらい家を離れた暮らしをしている。

耕耘機の購入代には牛を売って充てた。牛を1頭売ると、小さいので3,000バーツ、大きいので6,000バーツぐらいになる。また、長男と次男が大工の出稼ぎをしており、家に戻ってくることは少ない。戻ってきたときには、親に500〜600バーツを渡している。

妹世帯は世帯番号4の家で母方の祖母と同居している。妹は11ライの農地を所有し耕作している。父親とは「共働」していない。なお、世帯番号60の祖父は行政区長引退後、寺院での僧侶生活に入っている。

事例8-8は、両親が既に亡くなり、男子を含めて子世帯全部のあいだで屋敷地も農地も分割し相続が終了している。農地の相続規模については、長女をはじめとして次女、三女ともにそれぞれ3ライずつ、長男と次男三男四男はそれ

---

3　1980年に、ある人が副行政区長になったときの給料は150バーツ、1990年には700バーツであった。

それ2ライずつ相続している。屋敷地は長女、次女、三女の家族が3分割している。長女の子供たちと次女の子供たち、次男家族と三男、四男、五男はバンコクで一緒に住んで共同生活しながら、菓子工場で一緒に働いている。長女の2人の娘も小学校を終えて働いている。

　三女家族は3年前に夫の自宅があるシーサケート県から移ってきた。その理由は、彼女の健康がよくないため実家の近くに引っ越してきたと述べている。まだ電気の配線が完了していないので夜はローソクを用いている。また、世帯番号はまだ申請していないために現在はない。三女の夫はシーサケート県に3ライの農地を購入して持っているので、田植えや稲刈りはわざわざそこまで行っておこなう。農地がシーサケート県にあるため、耕起などは賃雇いでおこない、収穫した米は持ち帰って来る。また、ムーン川の岸辺にある森に芋掘りに行ったり、賃雇いに出て生活費を稼いでいる。農閑期は、カーンチャナブリー県にサトウキビの収穫に、100束で50バーツ（1996年時点）の賃雇いの仕事に出かける。ラオカーオ村からは複数の親族30人ぐらいが一緒に車に乗り合わせて行く。むこうでは全員で共同生活している。次女と三女は夫婦で出稼ぎに出ているので、その間長女に子供の面倒を見てもらっている。長女は、自宅で機織りをしているが、小学校を卒業したばかりの娘が家の仕事を手伝っている。夫は大工の出稼ぎをしているが、農繁期には戻ってきて農作業をしている。

　この年、キョウダイが稲作の作業が遅れたため、他のキョウダイが相互に「労働力交換（soi kan）」をしている。サトウキビの作業でも、「労働力交換」が必要に応じておこなわれている。また、女性たちの日々の生活を見ていると、キョウダイで互いにおかずと御飯を持ち寄って朝食を一緒に食している。また、もらったものを互いに分け合ったり、日常でのものと人の行き来が頻繁である。こうした日々の物心両面でのコミュニケーションが、労働力を調達する上で信頼を築く土台を形成している。

## 3. 考察

　事例8-1・事例8-2・事例8-3に見るように、「共働・共食」関係にある子供は、

親の屋敷地以外に住んでいる。子世帯が住んでいる屋敷地は、妻方の親が分けてくれたものであるか、あるいは親が購入して分けてくれたものである。また、事例に見るように、妻方の親が分けてくれた土地に住みながら「共働・共食」をし、また夫方の親世帯に「無償の手伝い」に行っているケースもある。このように、実にさまざまに「共働・共食」や「無償の手伝い」などがおこなわれている。これらはどのように解釈したらよいのだろうか。

　これまで、親子の世帯間の「共働・共食」における屋敷地の共住の意味については、水野は屋敷地の共住を重視しているのに対して、口羽・武邑は屋敷地の共住の側面を重視せずに、屋敷地の共住よりもむしろ民俗語彙として用いられている「共働・共食」の関係を重視している。「共働・共食」が屋敷地の共住に関係なくおこなわれていることから、彼らは「屋敷地共住集団」という概念の放棄を主張している。これらの事例では親が屋敷地を購入して子世帯に分与している。この場合も屋敷地の一種の分割にあたると考えられる。たとえば、末娘が結婚して親元に帰ってきて親と同居するため、長女世帯は親元を離れることになる。その際、親が屋敷地を購入しておいたところか、あるいは新たに屋敷地を購入したところに住むことが多い。そして、それまで住んでいたときと同じように親世帯と「共働・共食」することもある。妻方の親が土地を分けてくれるのは、妻方の親が土地に余裕があったからであろう。こうした判断は都合に応じて柔軟に対処されている。そうした例と考えられる。と同時に、「共働・共食」といっても親と子の世帯が1つの家内集団を形成しているのではなく、より個々の世帯の独立性が高くなっていることを示している。こうしたことを考えると、新たに土地を購入した場合も「屋敷地共住集団」に含めてよいのではないかと思われる。名称もあえて放棄する必要はないだろう。現在でも親子の世帯間の屋敷地共住は、基本的には土地の共有意識に基づいていることに変わりはない。

　長女世帯が親と同居していたが、末の次女が結婚して親と同居するため、長女世帯は親元を離れて新たに別の土地に住んだ事例がある。こうした場合、移住する土地は子世帯が独力で購入したわけではなく、親世帯が子世帯に分与している。この事例では、移住以降であっても親世帯と「共働・共食」している。子供が実家に帰る理由としては、歳をとって都会で働くことが辛くなることを

あげている。たとえば、事例8-1の長女世帯は、バンコクで働いても別に構わないにもかかわらず親元に戻り、末娘の結婚にともなって親とは別に所帯を構えた。しかし、長女世帯は移動した以降も親世帯と「共働・共食」している。土地を分与することは、特に娘に対して屋敷地を平等に分与するという慣習に則ったものであろう。

　年齢順に結婚するのが普通なので、最終的には、男女にかかわらず末子が最後に親と同居することが多くなる。しかし、実際には、子供の都合に応じて、一番都合のよい子供が親と同居している。事例8-2・事例8-4に見るように、子供の都合によって必ずしも末娘とは限らないし、また娘とも限らない。息子であっても親世帯と同居している事例がある。

　従来、相続は理念的に均分相続と考えられてきた。均分相続はあくまで理念であって実際には相続規模はさまざまである。男子が他出し、女子が親元に残り土地を相続している場合が多く見られる。さらに事例8-5のように、キョウダイのあいだで相続規模に差がある場合もある。また事例8-8のように、女性が土地を平等に相続し、男性は土地を放棄して家畜などを相続している場合もある。土地以外に牛や水牛、豚などの財産も分割の対象になっている。これらを含めてトータルで子供に平等に財産が分与されている。相続のやりかたは実に多様であり、さまざまな条件を加味して「親が決めている (laeo tae pho mae)」と言われている。

　親が子供に農地の所有権を分与すること、つまり相続は、片親・両親にかかわらず生前であってもおこなわれている。そうしたケースでは親が高齢になり、また複数の子供が結婚して以降のことがほとんどである。しかし、ほかのキョウダイが既婚しているのに対して、独身の弟妹が形式上土地を相続することもある。基本的に、農地の分与の時期は両親の意思で決まるのが普通である。東北タイの農村では、この分与にともなう子世帯から親世帯への返礼がないのが普通である。北タイでは経営委託の際、子世帯が親世帯に地代代わりの収穫米を渡すのが多いのに対して、東北タイでは本章の事例に見るように、親に対して子世帯は地代にあたる収穫米を渡すことが少ない。こうしたことは広く東北タイ全体で見られる。東北タイ農民は、北タイ農民と異なり、親が生前子供に財産相続をする傾向にある。東北タイは北タイと比べると土地の生産性は低い

が土地の規模が大きく、親の死後に子供に相続させると、キョウダイのあいだでトラブルになることがあるという。それを防ぐためであろうか、親の生前に相続させることが多い。

　次に子供が相続の手続きを終了した以後、親子やキョウダイがどのような生活協同をしているか、という側面について整理してみよう。

　事例の8-5は、住民の日々の生活に関して次のようなことを教えてくれる。既にキョウダイで屋敷地と農地を分割相続し終わっていても、ごはんとおかずを持ち寄って縁台 (ティーノーン) で朝食を一緒に食べている。これは日々の生活の中で頻繁に見られる光景である。キョウダイではないが、近くに住む親しい友人がときどきこうした食事の輪に入ってくることもある。こうした食事は、武邑らが指摘しているように、メタレベルでは「これからもよろしく」という象徴的なメッセージである [口羽編 1990: 385]。とはいえ、子世帯が互いに独立した後においても農作業その他において「労働力交換 (soi kan)」をおこなっているのは、こうした普段の行き来、交際がおこなわれているからであろう。キョウダイは基本的に「一般的互酬性」の関係にある。気前よく助け合わなければならない。しかし、それも事情や場合にもよる。ふだんの仲が悪ければ、そもそも助け合うことはしない。食事をすることは仲がよいことを象徴的に示す行為なのである。タイの大学での経験であるが、わたしも昼食を食べに行くのにいつも決まった仲のよい人と行った。このことを通して、食事が一緒に食べる人の関係を象徴的に示していることを身をもって知った。とすれば、食事が人と人を結びつける契機を成していると言えないだろうか。

　事例8-8では、近くに住んでいるキョウダイが稲作のみならずサトウキビの仕事でも「労働力交換」をおこなっていた。この場合、それぞれの世帯ごとに家計が違うので、もちろん共同経営ではない。出稼ぎに出ていく場合には、子供を預けるのもキョウダイである。また、ものをもらえばそれをほかのキョウダイに分配する。それが頻繁におこなわれている。小さな作業ではまずキョウダイで「労働力交換」がおこなわれる。それに対して、比較的大きな仕事はキョウダイを越えて友人などを含めて「労働力交換」がおこなわれる。たとえば事例8-8では、親しい友人が「労働力交換」をしている。自分の家の田植えが終わっていれば、終わっていないキョウダイや親しい友人の田植えを手伝いに

行く。サトウキビの収穫作業で多くの住民がカーンチャナブリー県に出稼ぎに行っていた。これもいつも助け合っているキョウダイだからこその協同であろう。キョウダイが「一般的互酬性」の関係にあることを示すよい例である。

ここで取り上げなかったケースに、4人の子供がそれぞれ結婚して世帯を成していて、どの世帯も子供を親元に置いて夫婦そろってバンコクに働きに行っている場合があった。そうした場合、祖父母が孫全員の面倒を見ている。祖父母は子供たちが送ってくる金で、孫の食費など孫の世話の費用に充てている。祖父母が孫の面倒を見ている光景は、いまや農村のどこにも見られる。このように子世帯が出稼ぎに出ていき、農業に労働力不足を招くようになったのは1980年代後半以降のことである。

家族登録簿のなかに、1つの家族として登録されている家族員が16人いた。その理由は、子供たちが結婚しても、またバンコク等に出稼ぎに行っても家族登録を移していないことである。このように家族登録を移動しないことはほかの村でも多く見られる。家族登録を移していない理由は、手続きが煩雑で面倒だからということである。また併せて、地元での選挙権を失わないためである。

独身でバンコクなどへ出稼ぎに出ている子供を見ると（事例8 2）、彼らは両親に送金したり、あるいは帰郷したときに持参してお金を渡している。また、田植えや稲刈りの手伝いに、帰郷する子供としない子供がいるが、帰郷して手伝うのは農地を相続できるからである。手伝いに帰ってこないと相続できない可能性がある。子供への相続は親の意思しだいである。そのため、独身の子供は帰郷して手伝うことが多い。これは親子が1つの世帯を構成しており、互いに協同しあう関係にあるからである。家族周期のこの段階では、親子・キョウダイともに「一般的互酬性」の関係にある。そのため、親としては協同行為を怠る子供にはそれなりの罰を与えることになる。親孝行が規範として求められるが、この場合、帰省して農作業をする行為を親孝行の規範で説明することは困難である。むしろ、以上のように、協同行為を怠ることにともなう罰則として理解したほうが適切である。

# 第9章
# 東北タイ農村 2
## ローイエット県旧サワーン村の事例

## 1. はじめに

　調査地はローイエット県ポーンサーイ郡シーサワーン行政区旧サワーン村（バーン・サワーン）である。ポーンサーイ郡の農業などの概要は第8章1を参考してほしい。旧サワーン村はこのあたりの地域の中心であるスワンナプーム市から12キロくらい東にある。地区の概要については第4章を参照されたい。この村だけ周囲のラーオ人と違いクメール語を話す人が住んでいる。先祖はスリン県ターートゥム郡プラサート村から160年くらい前に移住してきたと伝承されている。

## 2. 土地利用と生活の協同

### 2.1.「共働・共食」

　まず、親子の世帯間の「共働・共食」を取り上げて見ていく。
　事例9-1は、両親（父親53歳・母親51歳）の世帯番号142と長女（26歳）の世帯番号237との「共働・共食」のケースである。子供は女子が3人、男子が1人の計4人いる。長女は一昨年結婚して親の家屋の裏に家屋（世帯番号237）を建てた。屋敷地はまだ子供に分けていない。家屋の建設費は妻方の両親からもらい建設資材の購入に充てた。自費で人夫を雇う一方で、自らも少しずつ手をいれて建てている。こうして何年もかかって家屋を新築することは頻繁に見られる。世帯番号142の長男は南タイに船乗りの出稼ぎに行っていて家にはいない。次女

(18歳)はバンコクに洋裁の出稼ぎに出ている。末娘(16歳)は親元から高校に通学している。

両親は42ライの田を所有し、5年前に耕耘機を47,000バーツで購入した。長女の婿は結婚にともなって、実の親からキョウダイと同じ7ライの農地を分与されている。しかし、彼はまだそのまま放置しており、自分では耕作していない。

両親の田植えと稲刈りに長女夫婦はもちろんのこと、出稼ぎに出ている長男と次女も帰ってきて手伝う。収穫した籾米は親の米蔵にすべて入れる。そうして、両親の世帯番号142の世帯と長女の237の世帯は一緒に食事をしている。

事例9-2は、両親(父親62歳)が次女(24歳)家族と独身の長男(31歳)と世帯番号61に同居している。両親とも健在で、子供は男子が3人、女子が2人いる。両親は70ライの農地を所有しているが、この農地はまだ子供たちに分割していない。そのため、子供たちは全員田植えと稲刈りに参加し手伝いに来ている。次女家族は両親と同居しており、長女(30歳)世帯と一緒に食事をしている。この事例は、長女世帯と親世帯が「共働・共食」している。

次女の夫はバンコクでタクシーの運転手をしている。彼は20日ごとに家に戻ってきて妻に稼いだ資金を手渡している。次女は夫からもらった金の一部を両親に渡している。世帯番号132の長女世帯は結婚後親の屋敷地から少し離れた土地を親が親戚から購入してくれたので自分で家屋を建ててそこに住んでいる。長女の夫は家にいるときは農業や魚捕りをしているが、農業の仕事が終わるとバンコクへ出稼ぎに出ていく。バンコクからは20日ごとに家に戻って来て金を妻に渡している。長女は、夫が5,000バーツぐらい渡してくれるときには、両親にそれぞれ100バーツずつ、それに子供たちにも100バーツずつあげている。

長男は生まれつき足が悪く親元に住んできたため出稼ぎの経験はない。現在は村の協同店で働いている。収入は月の売上によって違うが、1ヵ月3,000バーツ以上の収入がある。月々生活費として母親に1,000バーツ手渡している。次男(27歳)はバンコクでタクシーの運転手をしている。彼は車で事故をしたため修理代の費用がかさみ、親に金を渡すことができないでいる。末の三男(22歳)もバンコクでタクシーの運転手をしている。次男や三男は、田植えや稲

刈りのときはもちろんのこと、それ以外でもときどきバンコクから戻ってきている。親元にいるときは、日雇いの仕事などにはあまり出ない。家では休んでいて、バンコクに再び仕事に出かける。バンコクとサワーン村とのあいだは、金曜日の夜にサワーン村からバンコク行きの乗合タクシーが出るのを使う。出稼ぎに出ていた人は、土曜日の夜にバンコクを発ってサワーン村に戻ってくる。この乗合タクシーは片道1人100バーツで、しかも毎週往復しているので村人にとってはたいへん便利である。

長女の夫の両親は隣接するシーサワーン村に住んでいて、夫は既に農地20ライを相続している。5人キョウダイの中で彼は次男である。長男は妻の実家であるチャンタブリー県(タイ東部にあり、カンボジアと隣接する)に住んでいて、三男はスリン県で警官をしている。四男はサムットプラカーン県(バンコクの南に隣接している)にいて、末の娘だけが独身で、バンコクで洋裁の仕事をしている。次男の妻は両親から8ライの農地の経営を任されている。この8ライから3,000キロの米が収穫できるが、夫の両親には少しだけ渡している。わずかとはいえ、親に見返りを渡しているのはほかの事例ではなかった。次女の夫の両親はおよそ100ライの農地を所有し、大型耕耘機(価格600,000バーツ)を2台所有している。6人キョウダイであり、まだ両親は子供に土地を分与していない。夫は両親の農作業を手伝いに行くが、見返りはこれといってない。しかし、手伝いに行っていれば、将来農地の分割相続に与れる見込みがある。

事例9-3は、世帯番号1の長女(36歳)家族と世帯番号59に住む寡婦の母親(53歳)と同居している末の三女(23歳)家族が「共働・共食」している。母親には、男子の子供が2人、女子が3人いる。親は農地を50ライ所有しているがまだ子供に分与していない。米倉の中に保管している籾米は2つの世帯の共有である。そのため、長女家族は米がなくなったら米倉から自由にもらっている。長女家族は夫の両親が25,000バーツで購入してくれた宅地(44ターラーンワー)に家屋を建てて住んでいる。宅地の価格は1ライ(4ガーンまたは400ターラーンワー)で200,000バーツ要した。ちなみに、農地の当時の価格は1ライ20,000バーツである。キョウダイから購入すると、普通は半分以下の値段で買える。世帯番号6に住む次女(25歳)の夫は、田植えや稲刈りに戻ってこない。

親は3年前におよそ40,000バーツのローンを組んで耕耘機を購入した。資金

は、水牛2頭、牛4頭を売却して充てた。1年に10,000バーツ、利子はその1割の1,000バーツであった。今年で完済する。米を売るのは肥料や農機具を購入したりするためであり、各自が自由に販売することはできない。食する以外には、家族全体のためだけに米を売ることができる。長男 (35歳) 家族と次男 (28歳) 家族は両方とも妻の自宅があるチャンタブリー県で魚捕りに従事している。次女の夫も義理の兄たちと一緒に魚捕りの出稼ぎに出ている。

長女の夫と末娘の夫、それに長女の夫の弟の2人、それともう1人の親族の合計5人でバンコクで共同生活している。1ヵ月700バーツの家賃は5人で分けてまかなっている。仕事はタクシーの運転手で、1日自動車を借りる費用が420バーツ、ガソリン代が200バーツかかるので、合計620バーツ以上の収入をあげないと利益にならない勘定になる。長女の夫の場合、実収入で1日400バーツ、1ヵ月でおよそ12,000バーツある。このうち、食費などを除いて銀行に預金し、家族はその口座から金をおろして生活している。親族の中で2人がタクシー、3人がサームロー (3輪タクシー) の同じ会社で働いていて、親に毎月仕送りしている。長女の夫はサワーン村に2ヵ月、バンコクに10ヵ月滞在しているが、末娘の夫はバンコクが好きでないので、この村とバンコクとで同じ期間滞在している。親と同居していない娘は、夫が送ってきた金の一部を親に渡している。これは、親孝行ないし報恩の行為と考えられている。人によって、また都合によって手渡す金額は相違するが、1回におよそ1,000バーツから3,000バーツぐらいである。

## 2.2. その他の生活協同

事例9-4は、世帯番号48の両親 (父親58歳・母親55歳) は末娘 (24歳) の家族と同居している。両親は牛5頭と50ライの農地を所有しているが、まだ子世帯に分与していない。子供は男子が2人、女子が2人いる。耕耘機は疲れるので1991年に売り払い、田の耕起を日雇人に依頼している。田植えと稲刈りには、世帯番号48と世帯番号248の長女 (30歳) 家族のほか、長男 (34歳) と次男 (27歳) 夫妻も手伝いに来る。長女の家族は家を旧サワーン村に所有しているが、実際には子供だけが住んでいる。同じ屋敷地にあるので、世帯番号48に住む両親が孫の面倒を見ている。農薬は1994年から使い、肥料はそれより早く1984年

から使っている。

　長女の夫は農業をしていたが、4年前(1991年)に車を購入し、旧サワーン村とバンコクを往復する車の運転手をしている。現在収入は1月10,000バーツぐらいになる。昨年新しい車をローンで購入した。現金での定価390,000バーツであり、48ヵ月ローンにすると利子を含めて500,000バーツ支払うことになる。妻は1年ほど前からバンコクで食料品の販売を始め、収入が1月10,000バーツ以上ある。このケースでは、長男と次男の家族ともにバンコクに住んでいる。長男と次男はタクシーの運転手をし、次男の妻は工場で働いている。彼らは稼いだ収入の一部を毎月親に送金している。

　事例9-5は、世帯番号34の両親は47ライの農地を所有しているが、そのうち12ライを除いて子供5人にそれぞれ7ライずつ分与している。長男(39歳)の妻は5ライ、長女(32歳)の夫は7ライ、それぞれ親から土地の分与を受けている。この事例では、親が田を分与しているが、屋敷地はまだ分割していない。長男は親の屋敷地の中に家屋を構えて魚の養殖をしている。長女は結婚後親の屋敷地に家屋を建てて住んでいる。世帯番号がまだないため、親の世帯番号34をそのまま用いている。家屋の建設には親が資金援助をしていない。自分の資金だけでは建設費が十分ではないため、資金が貯まると人夫を雇ったり、あるいは自分で少しずつ家を建築している。このように、何年もかけて家を新築するケースはよく見かける。長女の夫は以前バンコクで働いていたが、大気汚染などの公害を案じて、現在は自宅で日雇人夫一般の仕事をしている。長女は蚕を飼っていないため、別の人から絹糸を購入し布に織って売っている。これは、わずかな収入にしかならない。

　次女(18歳)はバンコクに洋裁の出稼ぎに行っている。三女(15歳)は就学中で親と同居している。次男(29歳)は結婚して、事例9-1の世帯番号237に住んでいる。

　事例9-6は、既婚のみでなく未婚の子供を含めて子供全員に農地を分与しているケースである。父親(63歳)が80ライ、母親が25ライ相続して所有していた。母親が30年前に亡くなり、女親の農地は少し遠かったので売却し、売却したのと同じ25ライの農地を近くに購入した。子供たちは7人いて、各自にそれぞれ15ライずつの農地を分与した。

長男（39歳）家族はスリン県に住んでいるのに、わざわざここローイエット県ポーンサーイ郡まで農作業に来ている。収穫米は父親の米倉に貯蔵しておいて、後で売却して現金にしている。長女（36歳）家族は隣村のムー 10、次女（32歳）家族はこの村にそれぞれ住んでいる。次男（25歳）と三男（23歳）、末の四男（22歳）はバンコクでタクシーの運転手をしている。次男は既婚であるが、三男と四男は独身である。彼らキョウダイはバンコクで同居している。三男と四男は田植えや稲刈りには手伝いに戻ってくるが、たとえ肥料を散布する費用を出しても、肥料を撒いたり、農薬を散布したりするのには来ない。この作業は、田植えや稲刈りと比べると、大勢の人数を要するものではないからである。世帯番号127の父親と同居している三女の夫は普段は南タイへ出稼ぎに行き漁船に乗っている。両親は40ライの農地を所有し、彼は6人キョウダイであるが、いまのところ分割相続を辞退する予定である。
　事例9-7の場合は、既婚の子世帯にのみ農地を分与しており、未婚の子供には分与していないケースである。男子が5人、女子2人の計7人いる。父親（59歳）は40ライ、母親は30ライ相続しているため、両親は合計で70ライの農地を所有している。両親は次女（23歳）家族と同居している。長男（32歳）はシーサケート県に住んでいるが、次男（30歳）と長女（28歳）には両親がキョウダイから土地を買って屋敷地を与えた。これら3人の子供にはそれぞれ田を10ライずつ分与している。これは譲渡であるため、子世帯は親に対して地代代わりとして収穫米を渡していない。バンコクでタクシーの運転手をしている独身の四男と末の五男（19歳）はまだ経営を任されていない。三男（25歳）はバンコクでタクシーの運転手をしていたが、事故で足を切断したため両親の実家にずっと住んでいる。
　事例9-8は、両親が既に105ライの農地を7人の子供に分与しているケースである。母親は死亡し、父親（85歳）が末娘（37歳）家族と同居している。長男（60歳）には16ライ、次男（59歳）以下にはそれぞれ13ライ、同居している末娘には24ライを相続させている。末娘には親の「養老田」も含まれているため、他のキョウダイより多くなっている。また、水牛10頭を子世帯にそれぞれ1頭ずつ分けている。長男家族は妻の実家の村に住んでいて、妻の親からの相続、それと購入した分を合せて50ライの農地を耕作している。近隣の都市スワン

ナプーム市に住む三女（44歳）と三男（43歳）の家族は、田植えや稲刈りの時期に帰省し、末娘から無料で耕耘機を借りて耕作している。この2人以外は耕耘機を所有しているし、米倉も各自所有している。農地は分与したが、屋敷地はまだ分与していない。長女（48歳）家族と次女（46歳）家族には、親が住んでいる68の屋敷地を分けた。しかし、それはまだ正式には分与されていない。長男と次男の場合は妻方の親が準備したものである長女の末娘の夫（40歳）は日雇いで3,000バーツぐらい稼いでいる。妻はそのうちの1割程度200～300バーツを親に渡している。

父親と同居している末娘家族を例に取ってみると、3年前に水牛3頭、牛2頭を売却して耕耘機の頭金15,000バーツをこしらえ、返済には3年間にわたって年10,000バーツと利子1,000バーツを支払ってきた。彼女の夫が外国に魚捕りの出稼ぎに出ており、家族の生活費は彼の送金でまかなっている。16歳の彼女の長男はバンコクの工場で働いているが、まだ月に2,000バーツしか取れず、親にまだ送金できない。長女は高校に通っている。

キョウダイは自分の農地の田植えや稲刈りが終われば、まだ終わっていないキョウダイの農作業を手伝いに来る。日常生活においては御飯やおかずを作っていないときなど、お互いに調達しあっている。また、多少の金銭であれば、キョウダイから借用することもある。いずれにしても、近くに住んでいることもあって、行き来が頻繁になされている。また、夫婦のそれぞれの親しい友人も同様である。その数は夫婦合わせて50～60人いるのが普通である。キョウダイや親しい友人への手伝いは「労働力交換（soi kan）」であり、ローンケーク（long khaek）ではないという。ローンケークは労働力の無償提供で、1度に多くの労働力を必要とする場合を指すのに対して、人数がわずかな場合はこのように「労働力交換」をする。農地の分与が既に終わっている場合でも、キョウダイや友人のあいだでは、自家の労働力でやり残したところなどは「労働力交換」でまかなうことが多い。

事例9-9の世帯では、世帯番号54に住んでいる両親が50ライの農地を所有している。1993年に8人の子供たちに1人6ライずつ土地を分与した。それまでは「共働・共食」であった。といってもその内容は、「共働」した後収穫米を分配（pan kan）していた。これも普通は「共働・共食」と呼んでいる。独身の子

供が2人いるが、彼らにも形式上は土地が分与されている。たとえば、独身の次男はバンコクでタクシーの運転手をしているが、農繁期に帰省して農業していないため、実際には両親だけが農業している。末娘は独身で両親と同居している。

　長女家族は夫もまた両親から土地の分与を受けており、合わせて16ライ以上の農地を耕作している。はじめは夫の両親と同居していたが、その後夫の両親が屋敷地を分与してくれたので、そこに家屋を建てて住んでいる。また、7年前には54の両親から耕耘機を購入してもらった。長男家族は、妻が両親からおよそ15ライの土地の分与を受けており、合計で21ライ以上の農地を耕作している。長男は、54の両親が土地を購入して屋敷地を提供している。彼はバンコクでタクシーの運転手をしている。世帯番号39の次女家族は、夫の両親が土地を購入し屋敷地を提供している。夫は南タイへ魚捕りの出稼ぎに出ており、数ヵ月に1度帰省している。夫はふだん不在のため田に苗を植えることはせず籾をばらまくやり方で済ませている。1996年は25ライの農地で6,000キロの籾米を収穫した。

　三男家族は妻の両親と同居しており、妻の両親は土地を分与していない。三男は普段は商売している。四男は警察官をしており、ポーンサーイ郡の宿舎に住んでいる。妻の両親は農地がなく、夫の親から分与された農地を6ライだけを耕作している。籾をばらまく方式で田植えをしており、収穫は1996年から業者に依頼して済ませている。業者は1ライ400バーツで機械を使って収穫する。1997年には450バーツに値上がりするだろうと予想している。29歳の警察官の収入は8,360バーツで(1996年時点で)、そのうち妻には5,000バーツ渡し、自分の小遣いに3,000バーツ余りを充てている。

　事例9-10は、既に両親とも亡くなり、子世帯が農地の相続を終え、孫たちが世帯を持ち始めているケースである。世帯番号149の59歳の世帯主は亡親の養子であった。養子ということで、彼は農地の相続を自分から断っている。旧サワーン村にいる次女と三女はそれぞれ40ライずつ相続し、ほかの村にいる長女は水牛1頭と牛7頭を相続した。次女と三女の配偶者はそれぞれ20ライずつ相続しているので、彼らは合計60ライずつ所有している。また、三女と四女の男の子供はバンコクでタクシー運転手の仕事をしているが、田植えや稲

刈りに帰ってきて手伝っている。149の養子である長男は水牛3頭を相続しただけであり、田は妻の相続した20ライを所有しているにすぎない。耕耘機はどの世帯も持っていないため世帯番号149の家の水牛を無償で借りて耕作している。これらの家は、既に相続が終わっていることもあって、それぞれの生計を別にして自力で農業をおこなっている。個々の世帯の独立性が高くなっていることが知られる。

## 3. 考察

　親は屋敷地や農地などを子供に理念的に均分に相続させる。事例9-5・事例9-6がそうである。しかし、配偶者の相続規模などいろいろな条件を考慮して相続規模を決めるので必ずしも子供の相続規模が同じになるわけではない。事例9-8では、親を扶養する分も含まれているため同居している末娘に多く分与されている。牛や水牛も財産の一部であり相続の対象として配分される。農地の分与がキョウダイで均等ではないが、家畜など土地以外を含めて相続分が考慮されているため土地の規模だけで安易に比較できない。親と同居して扶養しているのは末子ではなく末娘が多いが、事情によって末娘以外の子供が親と同居しているケースもあった。親との同居は子供の事情を考慮して臨機応変に対処しているのがわかる。

　事例9-3では、長女が夫の親から屋敷地を分けてもらいながら、自分の親と「共働・共食」していた。こうしたケースはラオカーオ村でもあったので頻繁にあることがわかる。こうした事例は、親子の世帯間における屋敷地の分与と「共働・共食」とは必ずしも関係しているわけではないことを示している。かつてであれば、娘は結婚後親の屋敷地内に居住し親子のあいだで「共働・共食」がおこなわれていた。しかし、かつてのように自給自足していたときとは異なり、「共働・共食」といっても親と子の世帯が1つの家内集団を形成しているのではなく、より個々の世帯の独立性が高くなっている。「共働・共食」は親と子の世帯間のあいだで労働力をいったん集約してプールし、その労働の成果である収穫米を再分配する仕組みである。

東北タイでは、北タイと異なり、経営権を子世帯に提供し、その地代代わりのカーフア（kha hua）を親に渡すことが少ない。わたしが調査した限りでは、東北タイでこうしたケースを聞くことが少なかった。経営委託するのではなく、親は子世帯に土地を分与し相続を早めに終了することが多い。事例9-2では、1人だけ経営委託がおこなわれていた。このケースでは、わずかとはいえ子供が親に収穫米を渡していた。親子が「一般的互酬性」の関係にあることを踏まえて、子供による親への恩返しか、あるいは親世帯が食べる米が潤沢にないという事情があるためであろう。これは北タイのような地代代わりという性格とは異なると考えて差し支えないだろう。

　重冨は、東北タイでは「ハイ・ヘット・キン・スースー」と呼ぶ「無償経営受委託」があることを述べている［重冨 1996: 68］。しかし、わたしが調査した場所では、こうした「無償経営受委託」は見られなかった。子供の結婚を契機に、すぐに親が子供に土地を譲渡していた。東北タイは他の地域と比べると、小作がきわめて少ないことが知られている。このことが意味するのは、東北タイは自作農が多いということである。親が生前に子供へ土地を譲渡する習慣がある。親が生きているあいだは、子供は出稼ぎに出ていても相続した田で農業に従事できる。自作農が多い背景にはこうした事情がある。

　事例9-3などに見られるように、土地をキョウダイから安く購入して子供の屋敷地に充てることがしばしば見られた。また、キョウダイをはじめとして、親族が出稼ぎ先を紹介斡旋し、バンコクで同じ会社に勤めている。そうして、仕事でも生活でも手伝い合って互いに支えている。こうした現象は、事例9-4・事例9-6などでも見出すことができる。バンコクのタクシーの運転手は、事例で見るように、特にローイエット県出身者が多い（1990年代当時は多かったが、現在はそうでもなくなった）。このように、東北タイからバンコクに出てきた人のほとんどが、部屋代や電気代、食費代などを共にし分かち合いながら生計を支え合っている。家族や親に送金しなければならないので、出稼者は生計をなんとかやりくりして切り詰めている。また土地を相続したあとでも、キョウダイや義理のキョウダイたちが日常生活で協同している。出稼ぎ先でも助け合っている。こうしたことは、親が生存していることにともない、キョウダイがまだ「均衡的互酬性」の関係に移行していない、「一般的互酬性」の関係にあること

を伝えている。

　畑作がほとんどできない東北タイでは、農民が毎日おかずを買うのが普通の光景である。そのほか、日常生活品の購入や子供の学費など、農村生活でも現金はなくてはならないものである。その点で、出稼ぎはもはや農民にとって生活の一部に組み込まれている。

　親が子供に早く土地を譲渡する背景には、親は子供に対して自立を期待していることがあげられる。キョウダイも結婚後は互いに世帯ごとの自立を前提にしてつきあっている。また、生前に譲渡する理由として、親の死後だと土地の相続規模に関してキョウダイでトラブルが起こる可能性があるためという。

　事例9-10では、養子が土地を相続することを断っていた。こうしたことは、この村だけではなく、ほかの村でも見られた。これはどういう理由があるのだろうか。その理由は、土地は親子の共有という意識が残っているからである。そのため、養子が養親と血縁関係のある実の子供に遠慮して土地の相続を断っている。養子は、養親が育ててくれたことに感謝している。そして、育ててもらったこと以上のことは望んでいないケースが多く見られる。

　養子は養親から育ててもらった「贈与」がある。養子と養親は「一般的互酬性」の関係にあるので、その「贈与」に対して、養子はいつか返礼をしなければならない。それを相続の放棄という形でしている。キョウダイも「一般的互酬性」の関係にあるが、キョウダイに対しても相続放棄という形で「贈与」している。養子は養親たちからもらった「贈与」を放棄という形で「贈与」を返している。

# 終章
# タイ農村の村落形成と生活協同
## ソーシャルキャピタル論の観点から

　終章では、これまで各章で論じてきたことを整理し、その上でソーシャルキャピタル論の観点から考察する。はじめに、第1部の村落形成と住民組織から得られた結論を整理する。

　1960年代に国家経済開発計画が実施されるまでは、農村は政府から何の配慮も受けることがなかった［パースック／ベイカー 2006: 67］。1961年に国家経済開発計画が開始されて以後、農村開発を進めるために、行政村として農村が整備された。なかでも農村を再編する契機となったのが村落委員会の位置づけを変えた1983年の法律である。行政は行政村ごとに次の7つの部会を組織させ自分たちで村を統治させた。村落委員会内の7つの部会とは、(1)村落開発・職業促進部会、(2)行政部会、(3)保安部会、(4)財務部会、(5)保健部会、(6)文教部会、(7)社会福祉部会である。

　実際にはこれらの部会のどれが機能しどれが機能していないかということは村によって相違する。また村長によっても相違する。このほかに部会を作ることは村に任されている。しかし多くの村では、村落委員会もしくはそれに代わる中央委員会が機能しているにすぎない。村落委員会内部会の中で重要なものは(4)の財務部会である。これは村の資金である村落基金を管理しているからである。しかし、この部会も機能していないところが多く、会計係が村落基金の通帳を預かっている村がある。最近は、タックシン政権が農村復興基金（いわゆる「百万バーツ」）を各行政村に配分したため、その役割がいっそう重要になっている。ほかの部会はほとんど活動していないところが多い。住民は村の保健活動をあまり信用していないが、このところの感染症の拡大やデング熱の拡大を防ぐために保健ボランティアの活動がいっそう重要になっている。村の役員が保健ボランティアを兼ねているところが少なくない。

組は行政指導によって作られた。組の代表者である組長を村落委員会のメンバーに入れるかどうかは、村によって異なる。ターカート村やラオカーオ村、旧サワーン村のように組長が参加しているところもあるし、トンケーオ村のように参加していないところもある。北タイでは親族集団が集住していたが、世代が経って近隣に居住している世帯は親族ではなくなり、組が親族集団ではないのが現在では普通である。東北タイでは空き地が広大にあったのに対して人口が少なかったこともあり、近隣は親族集団とは限らない。組ごとに休憩所をこしらえたり道路清掃をするが、そうした組の仕事は村によって相違している。

村が行政村としての機能を果たすプロセスを通して、村長は権力を身につけた。村長の主たる仕事は、村人が行政的な手続きをおこなう上で便宜を図ることである。そうした公的職務に付随して、貧しい者に対して行政からの施し物を供与する対象者なども決めている。また村長は、副村長の任命や村落委員会内の部会長や部会委員なども選出している。このような村長の職務を見ると、村長の権限が増えていることがわかる。自分の意向に沿って事務手続きにおいて優遇したり、部会委員を選んだり、あるいは施し物を受ける人を選べる立場にあるからである。その後、1994年にタイ政府はタンボン自治体を導入し、その会議に出席するタンボン自治体委員をもうけて村長1人に集中していた権力の分散をおこなった。そのため、地方自治が進んだとともに、より民主的になったと評価できる。

村の政治は長いあいだ長老制でおこなわれてきた。1980年代における村落委員会の実施機関への移行以後も、長老制を残す形で村内の行政制度の再編がおこなわれた。わたしが調査した限りでは、1990年代前半までは村内の政治的運営において長老制は残っていたが、1990年代後半以降ほぼ解体した。相談役という役職は残っているが、その役職に古老が就くとは限らなくなったからである。経済力のある権力者が台頭したこと、そしてタンボン自治体が成立したことによって、村長以外に新たにタンボン自治体委員が権力者になった。こうしたことなどが長老制がなくなったことに関係しているかもしれない。

以下、本書で取り上げた4ヵ村を比較して考察してみよう。

北タイ農村と東北タイ農村ではムラの守護霊の成立過程が相違している。東北タイは移住してきた先祖を祀っているのが多い。そして、東北タイでは集落

表27　行政村と集落・寺院・小学校の範囲の異同

|  | 行政村と集落の一致 | 行政村と寺院の一致 | 寺院委員会 | 小学校と行政村の一致 |
|---|---|---|---|---|
| ターカート村 | 一致 | 一致 | 1つの行政村で組織 | 2つの行政村が同じ小学校に |
| トンケーオ村 | 一致 | 一致 | 1つの行政村で組織 | 2つの行政村が同じ小学校に |
| ラオカーオ村 | 一致 | 一致 | 1つの行政村で組織 | 4つの行政村が同じ小学校に |
| 旧サワーン村 | 旧村（2つの行政村）が1つの集落 | 旧村（2つの行政村）で一致 | 旧村（2つの行政村）で組織 | 2つの行政村が同じ小学校に |

ないしムラの守護霊儀礼が1つのまとまりを形成する機能を果たしている。それに対して、北タイでは親族ごとに土地霊（サーン・チャオないしチャオ・ティ）を祀っているところがあるため、集落ないしムラ単位に守護霊を祀っているというわけではない。集落よりも大きい地域を守護する霊もある。こうした守護霊およびその祀り方は必ずしもどのムラも同じではないため、個々のムラに即して守護霊儀礼を見ていく必要がある。たとえば東北タイの旧サワーン村では、旧行政村である集落が2つの行政村に分かれても、ムラの守護霊は分祀されることなくそのまま2つの行政村が合同で祭祀されている。

　表27は行政村と集落ないしムラの範囲が一致しているかどうか、行政村と寺院や小学校の範囲と一致しているかどうかを表したものである。寺院が村落を代替する機能を有しているかどうかということは、一村一寺かどうかという点で異なる。トンケーオ村のように、一村一寺の場合は、寺院の行事はムラをまとめる役割を果たし村人に「我々意識」をもたらしている。旧サワーン村では2つの行政村に分かれたといえども、集落つまりムラのレベルで一村一寺になっており、集落ないしムラが村落機能を果たしている。ラオカーオ村はかつて枝村と1つの寺院を共有しタンブンしていたが、枝村がそれぞれ寺院を建設したので一村一寺になった。資金さえあれば、人々は自分たちの村にも自前の寺院を建てたいと希望している。資金がなければ寄付を募って建設費を集めようとする。そうした村をしばしば目にしてきた。このことは、経済資本があれば寺院を自分たちで建てるということである。ターカート村は一村一寺であることから寺院が村落機能を果たしている。しかしながら、ターカート村では3

表28　村落を越える住民組織

| | 地区基礎保健センター | 米銀行 | 葬式組合 | 灌漑組合 | 農民組合 |
|---|---|---|---|---|---|
| ターカート村 | なし | 3つの行政村で共有 | 複数の行政村 | 複数の行政村 | 農協 |
| トンケーオ村 | なし | 1つの行政村 | 複数の行政村（農協68番） | 2つの行政村 | 農協 |
| ラオカーオ村 | 行政村に1つある | 1つの行政村 | 複数の行政村 | なし | 農民組合 |
| 旧サワーン村 | 旧村（2つの行政村）に1つある | 2つの行政村で共有（最初が失敗、後に作ったのは成功） | 旧村内 | なし | 農民組合・肥料組合・精米所 |

ヵ村で寺院を共同使用しているため、近隣を含めたコミュニティのセンターとしての機能をも果たしていた。

　小学校はどこの村でも複数の行政村の子供が通学していた。東北タイは貧しいということで、東北タイの小学校には奨学金があった。短期間だけであるが、日本経済連からも小中学校に奨学金が分与されていた。そのほか、東北タイの小中学校に協同組合があった。しかし、2ヵ所ともうまくいかず活動を停止していた。どうしてなのだろうか。その理由として、文房具を普通の商店で買うほうが協同組合で買うよりも安いという価格の問題が大きいと考えられる。

　次に農協を除いて、村落を越える住民組織から見ていこう。表28は地区基礎保健センターと農民組合、葬式組合、灌漑組合の一覧である。地区基礎保健センターは1つの行政村の範囲をカバーする組織であるが、事例では新しく行政村に分かれる前の旧村単位にあった。タイ行政がいわゆる「30バーツ医療制度」を2002年から実施する前までは、農村医療の基本は村人が自分たちで健康を守る取り組みにあった。こうした医療保健体制は、行政が農村住民におこなう啓蒙活動や初期的医療行為を肩代わりするものであった。その意味では、保健部会や保健ボランティア、地区基礎保健センターの意義はあった。しかし、「30バーツ医療制度」そしてスラユット政権以後2006年10月以降から医療費が無料になり、人々は保健所に通うようになったため地区基礎保健センターに行かなくなった。

　ラオカーオ村や旧サワーン村で見られたように、タイ行政は複数の行政村の

農民を行政区レベルで組織させ、米の流通に関与させ、市場の中で米の価格競争をさせようとした。シーサワーン行政区やヤーンカム行政区などでは既に農民のNGOが活動しており、そのリーダーは県会議員になっていた［佐藤康1997: 139-149］。農民の中にリーダーがいて自主的に活発な活動をしていたので、行政はここで農民組合を作らせたのである。しかし、行政村やムラを越えるこうした組織はうまくいかないことが多い。その理由として、組織の規模が大きく、メンバーが互いに信用できるほどつきあいがないことが崩壊しやすい要因として指摘されている［重冨1996: 223-224］。現在、これらの農民による大きな農民組合は市場のさまざまな困難な問題を克服できず崩壊している。

　葬式組合は旧サワーン村を除く村で、行政村の範囲を越えて作られていた。旧サワーン村だけが集落ないしムラ単位で作られていた。トンケーオ村のケースは、自発的に結成した葬式組合以外に、サンパトーン農協の内部組織として葬式組合が作られている。現在、こうした福祉事業の取り組みがほとんどの農協でおこなわれている。サンパトーン農協の葬式組合の運営の仕方を例にあげると、死亡者1名につきいくら支払うという金額が決まっていて、メンバー全員が班長に手渡す。その後、班長がその香典を農協に持参し、農協は喪家にまとめて香典を渡す方法である。農協が運営している葬式組合の方式は基本的に農業・農協銀行の葬式組合の運営の仕方を取り入れたものである。住民が自分たちで運営している自発的な葬式組合のやり方も基本的には同じ方法である。

　灌漑組合は自発的に組織されたものであるが、いつ頃組織されたかは定かではない。その時期は古く遡ることができるだろう。灌漑組合は、北タイ農村のトンケーオ村とターカート村、そして東北タイの村のラオカーオ村にあった。北タイは古くから開けたところであり、雨季に川の増水を利用して灌漑をしてきた［田辺1976; Tanabe 1994: 125-155; 高井1996］。堰を作り用水路を共同する人々が1つのグループを成してきた。灌漑組合は構成メンバーが少なく、自然発生的に形成されたものであり政府の指導によって組織されたものではない。[1]この数十年間を見ても、タイ政府は灌漑整備を進めてきた。用水路の共同労働は現

---

1　田辺が調査した灌漑組合のメンバーは、いずれも10数名から多くても100名以下であった［Tanabe 1994: 132］。

表29 村落内住民組織

| | 協同店 | 貯蓄組合 | その他の村落内組織 |
|---|---|---|---|
| ターカート村 | なし | 5つ | 木彫・牛銀行 |
| トンケーオ村 | なし | 生産のための貯蓄組合/それ以外 | 漬物・木彫 |
| ラオカーオ村 | 1つの行政村、失敗 | クレジット・ユニオン | 精米組合 |
| 旧サワーン村 | 2つの行政村で共有、成功 | 生産のための貯蓄組合/クレジット・ユニオン | 水牛銀行・水道組合・婦人会（絹織物）・葬式組合 |

注）その後、旧サワーン村は3つの行政村に分かれたのにともない、協同店が行政村ごとにつくられている（2008年の調査）。また、婦人会がほかの村と異なり、絹織物の販売などをしている。

在でも依然として欠かすことはできない重要な協同作業である。

　寺院への食事を運ぶ組も住民が自発的に結成したものであり、行政指導によるものではない。言い換えれば、村人は自分の利害関係からこれらを組織したのではなく、必要のために組織したのである。

　次に村落内住民組織である米銀行、協同店、貯蓄組合などを取り上げて考察していこう（表29）。これらの住民組織は、個人個人が自分の利害に基づいて自由に加入できる機能集団である。これらの組織のメンバーは自分の利害に基づいて加入しているため、メンバーどうしが強い絆で結ばれているわけではない。

　タイのNGOは1990年代の半ばまで政府の方針に沿った方向で農民を指導してきた。なぜなら、政府の方針に反することを実施すれば行政から睨まれ活動の停止ができなくなるからである。また、資金援助を受けられなくなるという問題もある。そのため、タイのNGOは政府の政策の一翼を担う活動をしている団体がほとんどであった。しかしグローバル化が進んだ1990年代の後半以降は、世界的にネットワーク化が進み、政府の方針に反する政策を掲げるものも出てきた。また、行政もNGOを無視して行政を進めることができないと判断し、むしろ積極的に参加させる方針に転換している。とはいえ、1990年代前半までは農村で活動しているNGOのほとんどが行政と同じような活動をしていた［Sato 2005: chap. 10, appendix］。

　米銀行はプミポン現国王あるいはタオ師が発案したという説があったが、実際はランパーン県のタオ師が発案したのを国王が奨励したということが真相のようである［重冨 1996: 229, 243］。これまで行政ないしNGOによって米銀行が奨

励されてきたが、そのほとんどは成功している。米を借りて翌年に利子を含めて米で返済する。利子は安く、2％くらいが多い。普通の銀行から資金を借りるのは貧しい人には困難であるし、現金ではなく米で返済できるというメリットがある。米銀行については農村開発として最も奨励され普及し、かつまた調査研究されてきた［Boonrerm 1981］。事例の中で旧サワーン村の最初の米銀行だけが崩壊していた。崩壊した理由として考えられることは、特に帳簿のつけ方、返せない場合の処理の仕方など、運用の仕方を知っている人がいないことであったのではないだろうか。メンバーは互いに知り合いであり、よそ者が加入していたわけではない。とすれば、組織の成功と崩壊を分けたのは人的資本であることがわかる。

　協同店は東北タイの村にはあったが、北タイの村にはなかった。それは、東北タイは貧しいため協同店を奨励して農村開発をすすめる必要があるとした内務省の政策によるものである。また、旧サワーン村の協同店は成功しているのに対して、ラオカーオ村の協同店は閉鎖に追い込まれている。閉鎖の原因は、金を支払わずにツケで商品を購入した人が返済できなくなったためである。ツケで購入を認める場合には、それに対応したマニュアルが不可欠になる。しかし、そうした対応の仕方が整備されておらず、最終的に杜撰な会計処理になったことが閉鎖の主たる原因である。リーダーが会計の仕方を研修で習得していなかったことが、つまり技術的な側面が中心的なメンバーに徹底されていなかったことが崩壊の主たる原因として指摘することができるだろう。実際、農民は収支のバランスを考えるという習慣がない。売上はわかるが、そこから経費を引いて純利益を計算するという習慣がない。それは学習し習得しなければならないことなのである。同じ村人だから信用があるとすれば、どうして協同店が崩壊することになったのか説明できない。同じ村人という要素だけに注目すると、協同店の成功と崩壊を説明することは困難である。人的資本の側面に留意する必要があることを物語っている。

　タイ全土では、貯蓄組合が内務省地域開発局の指導下に1960年代から作られた。なかでも東北タイでは、政府のみならず、クレジット・ユニオンなどのNGOも貯蓄組合の結成を住民に促してきた。事例の中には、自分たちでこしらえた貯蓄組合の中に活動を停止せざるをえなくなったものがある。たとえば、

トンケーオ村の婦人会の貯蓄組合が活動の停止にいたっている。それに対して、ターカート村では順調にいっていた。なぜなら、ターカート村では親族や親しい人だけが貯蓄組合を別々に結成し、あとから新しい人が加入することができないからである。親族や親しい人だけが加入し、しかも長く継続して加入している。こうしたやり方が人的ネットワークを担保し強い絆にした可能性がある。また、貯蓄組合にリーダーがいたことも注目に値する。それに対して、トンケーオ村の婦人会内の貯蓄組合はそのように構成されていない。誰でも加入することができた。それが、返済不能な人を生み、活動を停止せざるをえないという事態にいたった理由かもしれない。また、返済不能な人がいた場合のマニュアルも準備されていなかった。そのため、運用面での障害を克服することができなかった。この事例も人的資本が重要であることを示唆している。

　行政もNGOも必要かつ重要な問題として運営する上でのノウハウを住民に教えなかった。組織を作ったらそれで終わりにしてすぐに手を引いてしまった。行政やNGOにはアフターケアまで視野に入れた持続的な活動が望まれる。この側面に留意するならば、人と人を結ぶ人的ネットワークの重要性が浮かび上がる。人的資本を作ることは人的ネットワークに支えられていなければできないからである。

　東北タイではクレジット・ユニオンというNGOの指導で作られた貯蓄組合がある。クレジット・ユニオンというNGOが指導する貯蓄組合は、既にノウハウがマニュアル化されており、地域のリーダーがそれを住民に教えている。ローイエット県シーポーントーン村では住民たちの貯蓄組合が崩壊したあと、このクレジット・ユニオンの貯蓄組合を取り入れ、運営するノウハウを教えてもらい成功につなげた事例がある［重冨 1996: 150］。クレジット・ユニオンが地域に入りこむことに成功している背景には、貯蓄組合の経理管理のノウハウを住民に教えているという事情がある。その点でクレジット・ユニオンは人的資本の涵養に努めている。また、クレジット・ユニオンの職員が地域の知り合いの住民に貯蓄組合結成を奨励したりノウハウを教えていることは、知り合いという人的ネットワークを活かしていることを物語っている。クレジット・ユニオンが成功を収めている背景にはこうした人的ネットワークの活用がある。

　旧サワーン村の貯蓄組合が使用している貯蓄手帳には以下の「道徳5ヵ条」

が記載されている。すなわち、「誠実であること」「責任を持つこと」「公共のことに尽力すること」「同情しあうこと」「信用すること」の5つである。これらのいずれも人々が互いに助け合うことの重要性を訴える基本的価値観である。手帳に記載されていることは加入した最初に学ぶ。しかし、手帳を開くたびにこの標語が目に入るので繰り返し学習できる効果があるかもしれないが、しだいにこれは忘れられていく可能性が高い。それゆえ、こうした記載がどの程度効果的かは実際確かなことは言えない。むしろ、現実に実行されていないからこそ記載されていると考えるべきかもしれない。旧サワーン村の協同店でも標語が店頭に記載されていたが、これも守るべき理念ないし目標として標語が掲げられていると考えるべきであろう。

　この「道徳5ヵ条」はグラミン銀行で定められている「16条の決意」と似ている。グラミン銀行の「16条の決意」の中の14条では、メンバーが困ったときに助けると誓われている。大きな声でみんなでこの「決意」を読む。この声にあげて読むという行為が連帯感を醸成し、やさしく手を差し伸べる重要性を感じさせる。連帯は、グラミン銀行がメンバー5人ずつでひとつの班を構成させ連帯責任で返済させていくやり方に具体的に表れている。グラミン銀行のメンバーの意識変化を調査したデータによると、「所得」「人的資本」「人的ネットワーク」「威信」の要素の中で「人的ネットワーク」がもっとも高く、次いで「人的資本」、「威信」、「所得」の順で高かった［坪井 2007: 99］。つまり、「人的ネットワーク」の重要性が最も高く評価されていることがわかる。なぜなのだろうか。グラミン銀行の仕組みの中で、目を引くことは班のメンバーが毎週集まることである。集会の中で人々はさまざまなことがらを学ぶ。主として子供に教育をつけさせること、規律を守ることなどを学んでいる。グラミン銀行では、同じ班などの中でメンバーどうしがつながりあい人的ネットワークが形成される。このことが、メンバーにとっては資金が得られることよりも何よりも重要なことであることがわかる。こうしたことはバングラデシュという国情だからこそ言えるのだろうか。それでは、タイではどうなのであろうか。

　プロテスタントによる援助が1973年から北タイのターカート村ではおこなわれていたが（トンケーオ村にはタイ人の牧師が居住していた）、東北タイの2つのムラではそれは見られなかった（もちろん、現在では東北タイにもプロテスタントがたく

さん入っている)。しかし、キリスト教の教会が人々の出会いの場としては機能していない。それは、出入りする人の数が少ないこと、そして決まった人しか出入りしないことがその理由としてあげられる。

　最後に農協を見てみよう。農協は組織の規模で見ると、行政村や集落のレベルよりもかなり大きい範囲の行政区から郡をカバーしている。農協の基礎単位は5名ずつから成る班ごとに構成されている。これは、班のメンバーが互いに知り合いのために不正を避けられ、互いに援助しあうことが前提にされている。借金をするときには連帯保証人が必要である。こうした方式は農業・農協銀行のやり方を取り入れたものである。農協が基本的に崩壊しないで済んでいる背景には、この班構成がある。この方式は前述したグラミン銀行の班構成と同じ原理であり、ムラの中で互いによく知っている親しい人という関係性を活かした組織作りをしている。

　本書で取り上げたサンパトーン農協は確かに成功している事例である。しかし、ポーンサーイ農協は事務局長が資金を持ち逃げしたため経営難に陥っていた。わたしは別の農協でも資金の持ち逃げ事件に遭遇したのでこうした事件が珍しいわけではないことを知った。こうした事態は事務局長個人の資質の問題であると考えてよいのだろうか。その後の対処を見ると、社会的にいくつか問題があることに気がつく。この場合、犯人が誰かということははっきりしているが、もう一方の被害者が個人ではなく組織であるため組織のメンバーに当事者意識が弱い。誰も直接の被害者ではないからである。ここには、人々が互いに不干渉の態度が、別言すればレオテーのハビトゥスが作用している。それ以外には、弁護士資格を簡単に手に入れることができるほど弁護士が専門化されていないこと、裁判制度が十分整備されていないことなどがあげられる。たとえば、訴訟しても公正な裁判は期待できない [マーティン 2008]。裁判制度が定着していないため、窃盗や贈収賄など多くの社会問題が温存し続けることになる。

　1997年の経済危機にともない、プミポン国王が1999年以降唱えてきた「知足経済 (sethakit pho phiang)[2]」がタイ社会に深く浸透している [パースック／ベイカー

---

2　「知足経済」とは、欲ばらずほどほどの物で満足して生活することを意味する。仏教が説く「中庸」の精神に則った生き方である。

2006: 579-582; UNDP 2007]。わたしもここ数年間、農村で飼育される牛や水牛、鶏などの数が増えていることを実感している。こうしたことは本来農協が率先して指導すべきであった。農協の職員が農業指導をするのも人的ネットワークを活かした活動であると考えられる。葬式組合の互助組織の充実も大事なことであるが、農協の一番重要な事業はやはり農業の普及であるべきだろう。農協の活動としては、農業を通じた収入の増大や経済不況などのときに備えて、メンバーの生活が困窮しないようにリスク分散した農業指導を奨励することなどが求められるだろう。

　新しく作られた住民組織においては、基本的には規則（ルール）を媒介にしてメンバーが結ばれている。組織の規模は、行政村内の小さな住民組織から農協のような大きな組織まである。また、成功しているものも失敗しているものもある。協同店でも成功しているものもあるし、また失敗しているものもある。村落レベルを越える組織である農協にしても、成功しているものもあるし失敗しているものもある。メンバーは自分の利害によってこれらの組織に加入しており、利益がなければ入会しない。つまり、これらが経済的利害によって形成された住民組織であることは明らかである。しかし仔細に見れば、次のことが言える。親族や親しい者だけがメンバーであり、よそ者が入れない貯蓄組合は総じて崩壊していない。また、会計や運営のノウハウを習得した人がいる組織は成功している。なぜなら、農民はこれまでの経験から売上高や支出は計算してきたが、それから経費を差し引いて純利益を出す経理上の手続きを知らないからである。そのため、人的資本の形成という側面は不可欠である。

　それでは、次にソーシャルキャピタルを互酬性の規範ないし行為の観点からとらえて住民組織や世帯間協同、ムラの仕組みを理解することにしよう。個人間には「一般的互酬性」と再配分、そして「均衡的互酬性」の3つの場合がある。たとえば、親子やキョウダイは「一般的互酬性」にあり、「均衡的互酬性」は普通の村人とのあいだにある。キョウダイは独立して世帯を分けると、「一般的互酬性」から「均衡的互酬性」へと移行する。寺院は再配分の機能をしている。というのは、寺院は人々がタンブンした資金や財をいったんプールしてその後に再配分しているからである。こうした理解はこれまではほとんどなされてこなかった。たとえば、寺院の僧衣寄進祭で集めた資金を後で村落基金に組み込

でいるケースがある。これは寺院の祭りを利用して公的活動のために資金集めをしているのである。また、村人が僧侶に運んだ食事を貧しい人に分けている。こうした仕組みは、資金や食べ物といった財をいったん寺院にプールし、そのあとで再配分するシステムである。寺院にタンブンしていない人を対象者から排除していないし、貧しい人にも食べ物を無償で分配しているからである。さらに、幼児の健康診断を実施する場であったり、日曜学校を開催する場であったりと、村人にとって寺院が物的資本を成す共有財であることがわかる。端的に言えば、一村一寺の場合は、寺院は村落機能を代替している。複数の村が同じ寺院を利用している場合は、寺院が複数の村のコミュニティ・センターの機能を代替している。このように見ると、寺院は資金や財を再分配する仕組みとしてムラの中に埋め込まれていることがわかる。

　寺院は人々がタンブンという行為を介して出会う場である。近隣に住んでいない人と出会ったり、僧衣寄進祭などの際には都会に住んでいる村出身の人と出会ったりする。寺院がこうした出会う機会を提供する場になっている。寺院は村人が互いに出会う場を成しているという意味で物的資本をなしている。村から排除された人々が集団を結成するのを許容し、それを受け入れているのも寺院である。たとえば北タイでは、エイズにかかり村人から排除された人がセルフヘルプ・グループを寺院の中で結成し、そこを活動拠点にしてきた［田辺 2003, 2008］。このことは、寺院は誰もが利用することもできる物的資本ないし共有財を成していることを示している。

　そして、タイの上座仏教は何より喜捨の精神を説いている。タンブンするこころを重視している。この教えは人と人を結びつけるソーシャルキャピタルである。上座仏教は「気前のよさ」を評価し、気前のよい人を作り出すイデオロギーを成していると言ってよい。そこでは「一般的互酬性」の規範が教えられている。そのほか、上座仏教は親に育ててもらった恩を返すように、また人々は互いに助け合うように説いている。こうした教えは人と人を結びつける「一般的互酬性」の規範であると言える。子供や孫が親や祖父母の葬式時に得度をし、その徳を死者に送る習慣がある。こうした行為は、子供が両親や祖父母に恩返しをおこなわなければならないという倫理を具体的に実践したものである。貧しい人を助け喜捨の精神を説いている上座仏教は「一般的互酬性」の規範を

教えていると解釈できる。と同時に、寺院は「気前のよさ」というソーシャルキャピタルを獲得する場を形成している。

以上を整理すると、寺院は村落機能をもち物的資本を成しており、上座仏教はソーシャルキャピタルを形成している。かように、寺院は「一般的互酬性」が埋め込まれた制度体である。寺院はコミュニティが公共性と接する空間に位置する重要な社会空間である。[3]

日々おこなわれる儀礼は、村人の関係の絆を表象し強化する機能をあわせ持っている。1つはムラの守護霊儀礼である。それは村人が共通の先祖に結ばれていることを表象させる機能を有している。もう1つは家族や親族がおこなう儀礼である。この代表的な事例は、病気になったときや旅立つときにおこなうバイシー・スー・クワン（baisri su khwan）やセン・ピー（sen phi）の儀礼であろう。家族やキョウダイは同じ精霊によって守られているとされている。こうした儀礼を見ると、タイ人がピーと称している精霊が人間を含めた生命を持つ動植物を生かしていると考えていることがわかる。つまり、タイ人は人間がこの世を動かしているのではないという世界観を持っている。精霊がこの世に跋扈している。精霊を慰撫し鎮めて悪さをしないように祈願したり、よいことを授けてくれることを祈願する。しかも、こうした儀礼は家族や親族、あるいは友人、同じ村人といった人間関係を介しておこなわれる。たとえば、病気のときにおこなう治療儀礼（sado khroなど）はいずれも親やキョウダイがその治療儀礼を司祭に依頼し立ち合って実施される。わたしは村に調査で滞在しているあいだ多くの儀礼に参加してきた。どうしてこのようにたくさんの儀礼があるのか。この問いへの答えを考えてたどりついたのが、上記の回答である。つまり、人々

---

[3] 現在、欧米では、共同体をどのようにしたら公共性に開いてゆけるのかという、共同体と公共性の相克の問題が話題になっている。しかしながら、この問題意識は特に欧米に偏った見方であり、日本やタイなどアジアではこうした問題設定をおこなうことはむしろ問題があると、田辺繁治は言う。たとえば、ハーバーマスのように、討議空間の言説空間を公共性が構想されていることが多いが、アジアなどでは言説空間が公共性になりにくい。言説空間に代わって、「コミュニティのハビトゥス」から公共性をとらえる重要性を指摘している［田辺 2008: 149］。わたしは、ムラには人々が生活の中で共有してきたつながりの方法、別言すれば助け合いの方法があり、それがハビトゥスとしてあると考えている。コミュニティの中で伝統的に形成されてきた人々のハビトゥスを知ることは、タイなどアジアの公共性を構想していく上でいっそう重要になるだろう。わたしはムラにある「コミュニティのハビトゥス」は互酬性であり、ソーシャルキャピタルは「気前のよさ」であるととらえられることを指摘したい。

バイシー・スー・クワン儀礼（ランプーン県ターカート村。1990年）

は儀礼を通して互いの絆を表象し強化しているのである。

　このことは、ムラの儀礼が人々のソーシャルキャピタルを生み出す土壌を成していることを物語っている。言い換えれば、村人はムラの儀礼を通して観念的に一体化され、それが「一般的互酬性」を観念的に支えている。「一般的互酬性」はムラの共同体的性質を現実に根拠づけている。「一般的互酬性」は「贈与」の別名である［サーリンズ 1984: 233］。

　住民組織はソーシャルキャピタル論からどのように理解できるか考察してみよう。パットナムは世界に見られる回転信用組合を取り上げている。これは日本で言うと頼母子講にあたる。全員が月々積み立てた資金を自分の番のときにもらう仕組みになっている。どうしてメンバーが持ち逃げしないのかという理由として、それを犯したときに村の評判が悪くなり、以後仲間はじきにされることをおそれる点をパットナムはあげている。そのため回転信用組合は崩壊することなくムラの共同体を強化する社会制度になっている［パットナム 2001: 207-210］。このように、パットナムは個人の心理から制度が存続する理由をとらえている。本書で取り上げた貯蓄組合や米銀行などがこの回転信用組合の事

例にあたるが、タイの事例はどのように理解したらよいのだろうか。

事例で取り上げた貯蓄組合や米銀行の中に、活動停止を余儀なくしているものがある。同じ村人であるにもかかわらず、返済できないから返済しないという問題が起こっている。それで、当人が評判を落としていることは確かである。だからといって、他のメンバーがどうすることもできず組織が崩壊している。パットナムが述べるように、信用の評判を落とさないことが自分の利益につながるという解釈ではこのことを説明できない。こうした事例は協同店や農協でも同じである。このことは、パットナムが述べている理由では説明がつかないことを示している。それでは、この問題をどう理解したらよいのだろうか。

既に見てきたように、住民組織が崩壊しやすい理由として以下のようなことが考えられる。1つは、組織を運営する上で経理管理や運営のノウハウを知っている人材を欠いているということである。組織の維持運営に人的資本が欠かせないことである。

2つめに、人々に庇護を期待する姿勢と価値観があることである。これは、上座仏教が説く喜捨の精神が関係している。上座仏教は喜んで資金や資材を与えることを尊ぶ。これは、庇護する人が気前よく提供することをイデオロギーとして正当化する機能を有している。そして、庇護する姿勢と価値観はその表裏一体として庇護を受ける姿勢と価値観をも正当化している。これは、庇護し庇護されるといういわゆるパトロン・クライアント関係がなぜ伝統的に卓越しているかを教えてくれる。パトロンはクライアントに気前よく庇護することが求められる。こうしたパトロン・クライアント関係は「一般的互酬性」にあたる。

3つめに、自分の利害と直接関係ないことに干渉しないという不干渉主義の姿勢・価値観と関係している。これはレオテーの価値観をハビトゥスとして伝統的に身に付けてきたことと関係している。実際わたしが調査したほかの村のケースでは、政府からのSMLや「幸せの基金」を協同店の再建に充てていた。これは、裕福な人でもよいし政府系機関でも誰でもよいから資金を提供してもらい穴埋めをして再建しようとする姿勢である。さらに、これもわたしが調査している別の地域のケースであるが、持ち逃げされたある農協もわたしに個人的に救済してほしいと頼んできた。ある学校は図書館の建設費がないので資金援助を依頼してきた。こうしたことは、見返りなしの無償の提供を贈与として

期待するものである。それゆえ、こうした姿勢・価値観は資金提供を依頼される人の「気前のよさ」を当然のこととして前提にしている。一般化して言えば、「一般的互酬性」が村人の中に埋め込まれていることの表れである。「一般的互酬性」は表面的には自分から贈与する習慣であるが、その裏面として他者に贈与を期待する習慣を有している。

本書はタイ農民が自立する道を検討してきた。自立するためには親子やキョウダイなど近親者の助け合いのほかに、村落内の住民組織と村落を越えた灌漑組合や農協などによる住民組織も重要である。プミポン国王も農民の自立を説いている。彼の説く「知足経済」は、不況など経済的に困難なときでも農民が自立できるようにするための戦略であるとみなすことができる。

タイ農村が共同体を成しているかどうかという問題に関しては、灌漑組合が集落内で完結していないことに見られるように、農業共同体を成していない。東北タイ農村は、祖先霊を介した村落共同体を成しているが、北タイ農村はこうした村落共同体を成しているところが少ない。

次に、第2部で取り上げてきた親子やキョウダイなどの土地利用と生活協同を考察することにしよう。

従来、親子やキョウダイなどは土地の所有論の観点から議論されてきた経緯がある［北原 1990; Anan 1994］。土地所有の歴史的変化は有意義であり、確かに傾聴に値する。しかしながら、実際の生活の中で深く人間関係を知るためには、土地の所有より利用について調べることのほうがより重要である。

家族周期にともなって世帯は土地利用をめぐっておおよそ次のように典型的に変化する。この変化は典型であり、実際にはさまざまに変化する。

(1) 子供がまだ独立していないで、親子が一緒に暮らしている。
(2) 2-1 子供が結婚し、親子の世帯間の「共働・共食」がおこなわれている。親と子の世帯が一緒に耕作をおこない、その後収穫米を分ける。

　　2-2 親と子の世帯間で「無償の手伝い」がおこなわる。
(3) 3-1 親世帯から子世帯へ土地の経営委託がおこなわれ、子世帯は親に収穫米を渡している。これは東北タイより北タイに多く見られる。

　　3-2 親世帯から子世帯へ土地の経営委託がおこなわれ、子世帯は親に

収穫米を渡していない。これは北タイより東北タイに多く見られる。
(4) 4-1 親が亡くなり、キョウダイで「共働・共食」がおこなわれる。
　　 4-2 キョウダイで労働交換がおこなわれる。

　互酬性論の観点から世帯を説明すると、以下のようになる。親子とキョウダイは1つの世帯として同じ釜の飯を食べてきた。1つの世帯を成しているメンバーは互いに協力しあうことが要求される。東北タイの事例では、バンコクに出稼ぎに出ている場合、田植えや稲刈りに手伝いに戻ってこないと、親がその子供に土地を分与しないという話があった。このことは同一の世帯を形成している場合には、子供が親に協力しなければ土地が相続できないことを示している。つまり、結婚前の段階では、子供は親の土地で一緒に働かないと相続する権利がないことが知られる。親子が1つの世帯を成しているあいだは、全員がともに農作業に従事することが求められる。これは、世帯のメンバーが互いに「一般的互酬性」の関係にあることを示している。同じ釜の飯を食べた世帯のメンバーは「一般的互酬性」で結ばれている。
　親子間の「共働・共食」はまだ独立しておらず、親子の世帯群を包摂する大きな関係の中で労働力が集約され、労働の生産物がいったんプールされ、その後再分配される仕組みをしている。これは、メンバーが「一般的互酬性」の関係にあり、互酬性が組織化されているケースである。「屋敷地共住集団」は屋敷地が親子間で共有されているという要素がさらに加わっているため、互酬性の組織化の度合いがより高い。かつてであればそうであろうが、現在では屋敷地が親子間で共有されていないことも多くなり、互酬性の組織化の度合いが低くなっている。
　家族以外のオジ／オバや友人は同じ釜の飯を食べてきた間柄ではなく、はじめから贈与しあうことが義務づけられていない。この性質の違いが両者の間柄の性質の違いを決定している。それゆえ、親子とキョウダイは贈与関係にあるのに対して、オジ／オバ・オイ／メイと友人は交換関係にある。前者が「一般的互酬性」、後者が「均衡的互酬性」ということになる。オジ／オバ・オイ／メイ間で土地の相続と老後の扶養が一種の取引のようになっているのは「均衡的互酬性」の関係にあるからである。

北タイ農村では、親世帯が子世帯に農地の経営委託をし、子世帯は親に地代代わりを納めることもある。その理由は、耕地が狭く土地の子供への譲渡後に親世帯が食べるだけの十分な飯米を確保するのが困難なためである［重冨 1996: 100］。それに対して、東北タイ農村では子世帯は親世帯に地代代わりを納めていないことが多い。これは、親世帯が子への土地譲渡後もそれなりに耕地を確保できるために、子世帯に土地を譲渡しても飯米に困らないからである。そのため、「無償の経営委託」をしている。そして、北タイでは相続が親の死後になることが多いため、親の生前から経営委託してもらい相続の権利を子供が確保しておくことが大切になる。こうしたことは親の生前に相続を完了しておき、キョウダイのトラブルを防ぐことにもなる。東北タイのみならず北タイでも同様であるが、親が亡くなると、独立したキョウダイのあいだで土地の相続をめぐり争いが起きやすくなるからである。

　最後にソーシャルキャピタル論の観点から親子、キョウダイ関係などを整理することにしよう。まず、ソーシャルキャピタルは主として宗教と労働の2つの領域の中で形成される。というのは、人間形成にあたって、この2つの領域が生活の中で中心を占めているからである。歴史的に見ると、タイ農民は家族を中心にした農業をしてきた。そのため長いあいだ、労働は農作業を意味した。そして、宗教は今以上に人々の生活全体を縛っていた。それは精霊信仰と上座仏教であり、寺院は今でも重要な役割を果たしている。以下、簡単に見ていくことにする。

　親子関係は贈与関係にある。というのは、親は子供を無報酬で育てているからである。つまり、子供を産み育てるというプロセスがあり、それによって子供は親に対する恩が生じる。本書では、親子を「一般的互酬性」の関係として理解してきた。別言すれば、親子は損得を越えた贈与関係にあり、他人との関係のように等価交換の関係ではない。親が農作業をしているときは、子供は助けることが当たり前であり、助けないのは人の道に外れたおこないである。労働の世界では人の気持ちが労働量として表れる。相手に恩を返すならば、それだけたくさん労働しなければその気持ちを表すことができない。それゆえ、親へ恩返しを考えるならば、それだけ多く働かなければならない。そこでは、「一般的互酬性」は労働量として評価される。

もう1つの領域である上座仏教は、上座仏教が親の恩に対する子からの報恩を理念的に説いている。これは親子関係が「一般的互酬性」であることをイデオロギー的に強化している。こうした上座仏教の教えは親子関係のあり方を規定しているイデオロギーであるが、それは理念にとどまるものではなく現実の実践を通して作用している。実際、子供たちは親をとても大切にする。したがって、上座仏教を単なるイデオロギーとして片づけるわけにはいかない。理念が現実に機能しているからである。

 親から子供へ土地などの財産の提供が相続という形をとっておこなわれている。子供は世帯分け後、親世帯と「共働・共食」することがある。水野が「屋敷地共住集団」と命名したものがこれである。これは、メンバーどうしは「一般的互酬性」の関係にある。互いに気前よく助け合わなければならないからである。お互いに農作業も助け合い飯米も分け合う。このケースでは、人と人を結ぶソーシャルキャピタルは「気前のよさ」である。

 地主小作関係は「均衡的互酬性」の関係と考えられがちであるが、地主小作関係も実は「一般的互酬性」の関係にある。というのは、これが一般の村人とのあいだで取り交わされるのみならず、親子やキョウダイなどのあいだでも取り交わされるからである。ムラの中にあるものは、表面上「贈与」の形をして表れるからである。表面上、愛他主義の顔をしている。地主はいかに自分が気前がよいかを示さなければならない。この「気前のよさ」が地主と小作のあいだを結んでいる。しかし、実際にはさまざまな小作形態があり小作料に違いがある。それは、地主が見せる気前のよさの違いである。

 事例として取り上げた中には養子がいるので、養子養親関係を見てみよう。カイズが調査した東北タイの村には養子が16.8％いる［Keys 1975: 285］。いかに多くの養子がいるかを知ることができるだろう。本書で扱った事例の中で養親に対する養子の態度を見ると、養親に対し育ててくれた恩返しをしている。養子は実子と同じく親と農作業の協同をしている。にもかかわらず、調査した養子全員が相続を放棄し、親から土地の分与を受けていない。これは養子全員に共通して見られた。土地の相続を放棄するという養子の行為は、育ててくれた養親への恩返しである。養子養親関係は、親子が「一般的互酬性」の関係にあることを端的に示している。

このように親子関係を検討してみると、親子関係の場合は、親が子供を産み育てたというプロセスがはじめにあるため、ほかの関係よりも協同関係が前提とされている。しかし子の世帯分けが終わり相続が終了すると、親と子の世帯間の互助ないし協同が持つ意味合いは以前よりも大きくなる。親子関係は「一般的互酬性」の関係としてあるため、子世帯にはいつの日かいずれはお返しをすることが求められる。つまり、親と子の双方にとって「気前よさ」がソーシャルキャピタルとして働いているところに親子関係の特徴がある。
　他方、キョウダイは親子とは関係性が異なる。親が生存しているあいだはキョウダイは「一般的互酬性」の関係にある。キョウダイで相場より安く土地を売却したり仕事を手伝い合っているのは、そうした関係にあるからである。キョウダイが土地の相続を放棄したり、あるいは廉価で土地を売却したりするのは、基本的にはこの「一般的互酬性」の関係にあるからである。
　しかし親が死亡すると、キョウダイが互いに助け合うことが少なくなる。中心にいてキョウダイを結びつけていた親がいなくなったからである。親の死亡後もキョウダイで助け合っている事例もあるが、親が生前からキョウダイの協同ないし互助がうまくいっている場合に限られる。とはいえ、親が生存していても、キョウダイの協同がなくなると、当初の贈与関係は交換関係に転換しやすくなる。それゆえ、キョウダイは当初は「一般的互酬性」の関係にあるが、しだいに等価交換に基づく「均衡的互酬性」の関係に移行する。たとえば、キョウダイが手伝い合って農業をしてきたが、親の死亡後にキョウダイが手伝い合わなくなった場合があった。キョウダイがどのような関係で結ばれているかは、当事者どうしが協同してきたのか、あるいはいま協同しているか否かにかかわる。協同の如何によって、その関係は等価交換に基づく「均衡的互酬性」に移行する。
　子供が旅に出るときは、両親はもとよりキョウダイが集い、スー・クワン (su khwan) とかリアック・クワン (riak khwan) いう招魂儀礼をおこない旅先での安全を祈願する。こうしたことは、キョウダイが同じ祖霊によって守護されていることを表象している。したがって、こうした儀礼はイデオロギー的にキョウダイが「一般的互酬性」の関係にあることを表象している。儀礼に参加することは、「あなたはわたしにとってかけがえのないだいじな人である」というメ

ッセージを伝えている。「一般的互酬性」の関係を維持しようとするあいだは、そうした気持ちを表現しつづけることが大切になる。

　オジ／オバ・オイ／メイ関係は、独立したキョウダイ以上に「均衡的互酬性」の関係にある。老後の面倒を見る代わりに土地や屋敷を譲り受ける約束がなされている事例がそれを物語っている。オジ／オバ・オイ／メイとの関係は、一般の村人より近い親族であることから互いに助け合う関係にあると意識されている。さらに、親族が土地を相続するという合意がムラの中に慣習的にある[Anan 1994: 616]。子供の誰も親の老後の面倒を見ない場合、親はメイやオイを養子にすることもあり[ibid.: 613]、養子にすると老後の世話が確保され、メイやオイにとっても土地の相続が確実になる。これは、相手をだますことがないようにという工夫である。

　最後に、友人関係について見てみよう。友人は「一般的互酬性」の関係にはなく「均衡的互酬性」の関係にある。一般的に、親子・キョウダイを補う関係として重視されている。とはいえ、「均衡的互酬性」の関係というだけで説明できない側面を有している。まず、友人は既に決められている非選択的なキョウダイとは違い選択的関係である。つまり、キョウダイのようにはじめから選択できない関係とは異なり、友人は当事者どうしが選んだ関係にある。また、キョウダイより年齢も近いことも多く、この関係が近親者との関係にはない自由で対等な関係を作り出している。その意味で、友人は「均衡的互酬性」の関係とはいえ、キョウダイにはない要素をもった重要な関係である。[4]

　以上見てきた親子、キョウダイ、オジ／オバ・オイ／メイ、友人関係はソーシャルキャピタルの観点から次のように整理することができる。親子関係は「一般的互酬性」の関係にある。気前よく贈与することが重要視される。キョ

---

[4] わたしはスリン県のある村で1998年に借金の相手と金額について悉皆調査した。その結果によると、1世帯平均のおよその借用金額は、農業・農協銀行（BAAC）が170,000バーツ、スリン市農協が74,000バーツ、資産家が61,200バーツ、クレジット・ユニオンからが25,000バーツ、近親者が10,000バーツであった[Sato 2005: 123-124]。一番多く借金しているのが農業・農協銀行であり、ついで農協、資産家、貯蓄組合、最後に近親者の順に多かった。友人はきわめて少なかった。その反対に、公的機関ほど借金の金額が大きい。親子やキョウダイなどの近親者や友人からは多額の借金ができなくなっている。その主たる理由は、借金の金額が大きくなり、とても近親者や友人が貸せる金額ではなくなっていること、および彼／彼女たちとの関係を壊すことができないことである。それに対して、公的な機関は精神的に気楽に、しかも高額の資金を借りられる。こうした要因が借金の相手として公的機関が選ばれている理由であろう。

ウダイは最初「一般的互酬性」にあるが、親が死亡し世帯の独立が高くなると「均衡的互酬性」の関係に移行する。はじめは「気前のよさ」が重要であるが、独立後は等価交換に移行する。そこでは、お互いに相手に嘘をつかないこと、返礼をすることが重要になる。オジ/オバ・オイ/メイ関係は「均衡的互酬性」の関係にある。オジ/オバ・オイ/メイ間で養子養親関係を取り結ぶ事例があったが、相手をだますことなく正直に約束を励行することを強化したいために結んでいる。「均衡的互酬性」は、相手をだまさないこと、つまり「正直・誠実」ということが大切な関係である。今後は、こうした関係を育成していくことが求められる。

　パットナムがジャワ島のアリサン（協同の農作業）を取り上げているので簡単に見ておくことにしよう。彼によると、アリサンは一般的倫理の表れではなく、労働や消費財などの交換の実践であるとし、集合行為の論理として解釈する見方を退けている［パットナム 2001: 208］。このアリサンにあたるのはタイ農村ではローンケークである。それでは、ローンケークと呼ばれる協同労働はどのように考えたらよいのだろうか。ローンケークは、田植えや稲刈りが遅れている人が前日タバコを1本持参して田植えや稲刈りなどの手伝いを依頼しに知人のところに行くことから始まる。手伝ってくれる人に食事を朝昼晩の1日2回か3回提供する。ローンケークをしてもらう側からすると提供する食事が労賃の代わりになる［重冨 1996: 120］。田の所有者からすると、ローンケークは一般の日雇いよりも安い賃金で労働力を調達できることになる。働く側からすると、食事代を払わずに食事にありつけるということになる。これはどのように考えたらよいのだろうか。村人にとっては村の内外で働くところがないとローンケークは食事にありつける機会である点でありがたいということになる。昔ほど、こうした側面は大きな意味を有していたと思われる。しかし、村の内外で日雇いで働くところがあれば村人はそこで働いたほうが賃金が高いことからローンケークに来たがらないが、田舎で働くところはほとんどない。都会に出なければ働くところは見つからない。そう考えると、ローンケークに来る村人はローンケークに来て労働の対価として食事にありつけることは有意味である。対価にあたる食事が振る舞われるとはいえ、これは「一般的互酬性」にあたると考えられる。その理由は、ムラの中では田の所有者は手伝いに来てくれた人に気

終章　タイ農村の村落形成と生活協同——ソーシャルキャピタル論の観点から　269

米倉焼失にともない籾米を持参する村人（スリン県バーン・プルアン。1998年）

前よく振る舞わなければならないからである。ムラの中では吝嗇は悪である。手伝いに来てくれた人に存分に振る舞うと良い評判が広まる。しかし、少ない振る舞いは悪い評判を広める。ローンケークはタイのムラがどのような文化を持っているかを端的に示している。それは「気前のよさ」がその人となりを示すということである。このように見てくると、タイのムラの中には「一般的互酬性」が埋め込まれていることがわかる。

　わたしはムラの中で次のような経験をした。東北タイのスリン県バーン・プルアンでの出来事である。ある家の米倉が火事で焼失したとき、多くの村人が数日後バケツに米を入れて持参してきた。親族は多くの籾米と金を持参していたが、多くの村人は1人バケツ1杯の籾米を持参していた。その数は延べ120名ほどいた。バーン・プルアン（2つの行政村からなる）にはおよそ330世帯あるからほぼ3分の1の人がお見舞いに来たことになる。ムラの規模が大きいので行政村（約150戸）だけで割合を算出すると、8割くらいが来たことになる。パットナムはこうした行為をムラの共同体に基づくものと考えているが、別言すれば、これは共同体を具体的に作る関係形成行為であると考えられる。

お見舞いの品をいただくとき、もらう側は名前と物の数量をノートに控えていた。これは、後日何かあったときにお返しすることが想定されているからである。いつか返礼するときがあれば、返礼することになる。しかしながら、どの家も食する米に困ることになるわけではない。とすれば、こうした行為は返礼を期待しての有償の行為ではないことがわかる。これは、困ったときは相互に助け合うことを善とする習慣に基づいている。すなわち、短期的には愛他主義であり、長期的には見返りを期待する「一般的互酬性」である。この見返りは折に触れていろんな機会で返礼される。結婚式や葬式などさまざまな儀礼のときに返礼される。「一般的互酬性」がムラの中に埋め込まれていることをこの出来事は示している。

　また同じ村の中でのことであるが、住民会議に出席しなかった人が、友人が前の道を通りすがるときに会議で話し合われた内容を聞き出している。会議に出席しなくても、それでなんら支障がないのである。こうした情報のやりとりもまた助け合いであるし、出稼ぎの就職を斡旋してもらうのも助け合いである。こうした情報交換は、村人のあいだの助け合いの一部であり「一般的互酬性」の表れである。こうした助け合いはムラの日常生活の中に埋め込まれているため、とりたてて助け合いと意識されていない。「一般的互酬性」が村人の暮らしの基礎にある。

　わたしも縁台（ティーノーン）で、村人と一緒に朝ごはんや昼ごはんをいただく機会が数多くあった。お互いおかずだけを持ち寄り、米倉の米を分けて食べる。近くに住んでいるキョウダイなどの親族のあいだでおこなわれている。これは「共働・共食」の中の「共食」を具体的に表している。キョウダイや隣近所というだけでソーシャルキャピタルが形成されるわけではない。縁台は人々を日々の生活上で結びつける空間である。そして、食事が人々を結びつける人的ネットワークを象徴的に表わしている。

　わたしが村の中の道を歩いていると「どこに行くのか」「どこに行ってきたのか」「飯は食べたか」と、よく声をかけられた。こうした言葉はやがて村人の挨拶であることがわかった。たとえ挨拶とはいえ「飯を食べていない」と言うと、「それなら食べていけ」と言われ、縁台に座って食事を振る舞われたことがしばしばある。こうした経験を通して感じることは、人々はお互いに助け合いな

表30　ソーシャルキャピタルの種類

| ソーシャルキャピタルの種類 | ソーシャルキャピタルの性質 | ソーシャルキャピタルを習得する主要な場 |
|---|---|---|
| 伝統的ソーシャルキャピタル | 気前のよさ | 上座仏教／農作業（ローンケーク・小作慣行） |
| 近代的ソーシャルキャピタル | 正直・誠実 | 住民組織 |

がら生活してきたということである。食事は人と人を結ぶ絆を象徴している。ムラの中ではさまざまな儀礼が頻繁におこなわれている。そこでは、食事が精霊に捧げられ「安寧に暮らせますように (yu di mi suk)」と唱えられている。それこそが、人々がともに希求してやまない願いである。儀礼が終わると参加者全員で食事を囲む。食べ物を媒介にして人と精霊が結ばれ、人と人が結ばれる。

最後に、ソーシャルキャピタル論に関する本研究の特徴を整理して結びとしよう。互酬性の観点からソーシャルキャピタルを理解する立場に立って本書は議論を進めてきた。その結果、ソーシャルキャピタルは2つあった（表30）。1つは「気前のよさ」であり、これは伝統的ソーシャルキャピタルである。もう1つは「正直・誠実」であり、これは近代的ソーシャルキャピタルである。先の「気前のよさ」が求められる文化と表裏一体の関係にあるが、これはムラの中に埋め込まれていない。[5]むしろ、新しい理念や価値と考えられる。前者は上座仏教やローンケークや小作などの農作業を通して形成されてきたし、後者は1960年代の農村開発が進められて以降作られた住民組織の中で形成されるべき価値観である。それゆえ、伝統的ソーシャルキャピタルはハビトゥスと考えられるのに対して、近代的ソーシャルキャピタルは実現が要請される規範であると言ってよいだろう。

互酬性とソーシャルキャピタルの関係を見たものが表31である。互酬性は大きく「再分配」と「一般的互酬性」、「均衡的互酬性」の3種類に分けられる。さらに、タイ農村では「再分配」「一般的互酬性」ともに「気前のよさ」のソーシャルキャピタルに基づいている。同一世帯や「屋敷地共住集団」がこれにあ

---

5　わたしのようなよそ者のみならず、タイ人どうしでも自分の利益のために嘘をついていることをしばしば目にする。こうした行為が頻繁におこなわれる背景には「正直・誠実」がムラの文化・社会制度の中に埋め込まれていないこと、言い換えれば、ハビトゥスになっていないことがあるからではないだろうか。もっともこうしたことはタイのみに限られているわけではなく、程度の差はあれどの社会にも見出される。明治に来日した欧米人には日本人が嘘つきであると映った［渡辺 2007: 156-163］。また、「気前のよさ」が伝統的なソーシャルキャピタルであることはタイに限らない。日本でも前近代の江戸は贈答関係で結ばれていた社会であるためこうした光景が見られた［高橋 1996］。

表31　互酬性とソーシャルキャピタルの関係

| 互酬性の種類 | ソーシャルキャピタルの種類 | 家族関係 | 村の中の代表例 |
| --- | --- | --- | --- |
| 再分配 | 気前のよさ | 同一世帯（親子・キョウダイ） | 寺院 |
| | | | 屋敷地共住集団 |
| 一般的互酬性 | 気前のよさ | 同一世帯（親子・キョウダイ） | ローンケーク |
| | | | 地主・小作 |
| 均衡的互酬性 | 正直・誠実 | 独立したキョウダイ | 住民組織 |

たる。ムラの中の代表例は寺院である。「一般的互酬性」には多者間と二者間の形態があり、それぞれローンケークと地主小作関係が典型である。「均衡的互酬性」は二者間と多者間ないし集団の形態があり、それぞれ独立したキョウダイと住民組織が典型である。

　以上のように、ソーシャルキャピタルには「気前のよさ」と「正直・誠実」があることが明らかになった。そして、それぞれ伝統的に形成されたものと農村開発以降に取り入れられた近代的なものであり、性質が異なることを指摘した。

　社会が異なるとソーシャルキャピタルも異なる。とりわけ、欧米社会とアジア社会とでは実に多くの点で相違する。欧米のソーシャルキャピタル論をそのまま適応できない事情がある。また、ソーシャルキャピタルはこれまで人的ネットワークと同義に解釈されてきたが、それはあらためる必要があるだろう。ソーシャルキャピタル論はいまだ議論の余地が大きく、今後さらなる仮説のもとにさまざまな研究がなされることが期待される。本研究は新たなソーシャルキャピタル論に挑戦した試論である。

# 引用文献

**日本語文献**

赤木攻　1987　「第2章　村落構造」北原淳編『タイ農村の構造と変動』勁草書房、27-62頁。
────　2008（1989）『復刻版　タイの政治文化──剛と柔』エヌ・エヌ・エー。
安達智史　2006a　「信頼の再構築──信頼の一般的定義とその諸基礎の区別に基づいて」『社会学研究』79、東北社会学研究会、195-218頁。
────　2006b　「ネイションと市民社会──信頼と寛容のジレンマの克服に向けて」『社会学研究』80、東北社会学研究会、169-192頁。
綾部恒雄　1971　『タイ族』弘文堂。
飯島明子　1999　「植民地下の『ラオス』」石井米雄・桜井由躬雄『東南アジア史（I）大陸部』山川出版社、347-363頁。
石井米雄　1975　『上座部仏教の政治社会学』創文社。
────　2003　『道は、ひらける──タイ研究の五〇年』めこん。
岩田慶治　1991（1966）『日本文化のふるさと──東南アジアの稲作民俗をたずねて』角川書店。
ウェーバー、M.　木全徳雄訳　1971　『儒教と道教』創文社。
大泉啓一郎　2007　『老いてゆくアジア』中央公論社新社。
尾崎忠二郎　1959　『タイの農業経済』農林水産業生産性向上会議。
尾中文哉　2008　「ネットワークとしてのタイ農村住民組織──北タイ・ナーン県H村の事例による「住民組織」論の再検討」『年報　タイ研究』8号、日本タイ学会、35-50頁。
海田能宏　1975　「第3部　第1章　かんがい排水の現状と展望」石井米雄編『タイ国』創文社、252-310頁。
鹿毛利枝子　2002　「『ソーシャル・キャピタル』をめぐる研究動向（1）」『法学叢書』151巻3号、京都大学、101-119頁。
────　2003　「『ソーシャル・キャピタル』をめぐる研究動向（2）完」『法学叢書』152巻1号、京都大学、71-87頁。
加納啓良編　1998　『東南アジア農村発展の主体と組織──近代日本との比較から』アジア経済研究所。
北原淳編　1987　『タイ農村の構造と変動』勁草書房。
北原淳　1990　『タイ農村社会論』勁草書房。
────　1996　『共同体の思想』世界思想社。
────　1997　「書評　重富真一著『タイ農村の開発と住民組織』」『アジア経済』38（12）、110-114頁。
────　2002　「農業と農村社会──脱農化と共同体」『講座　東南アジア史　第9巻』岩波書店、283-310頁。
北原淳・赤木攻・竹内隆夫編　2000　『続　タイ農村の構造と変動』勁草書房。
小泉順子　1994　「第3章2　バンコク朝と東北地方」池端雪浦編『変わる東南アジア史像』山川出版社、195-218頁。
口羽益生・武邑尚彦　1985　「東北タイ・ドンデーン──親族関係と近親による生産・消費の共同について」『東南アジア研究』、23巻3号、311-333頁。
口羽益生編　1990　『ドンデーン村の伝統構造とその変容』創文社。
グラノヴェター、S, マーク　大岡栄美訳「第4章　弱い絆の強さ」野沢慎司編・監訳『リーディングス　ネットワーク論──家族・コミュニティ・社会関係資本』勁草書房、123-154頁。
コールマン、J. S.　金光淳訳「人的資本の形成における社会関係資本」野沢慎司編・監訳『リーディングス　ネットワーク論──家族・コミュニティ・社会関係資本』勁草書房、205-238頁。
サーリンズ、マーシャル　山内昶訳　1984　『石器時代の経済学』法政大学出版局。

斉藤仁　1989　『農業問題の展開と自治村落』日本評論社.
櫻井義秀　2005　『東北タイの開発と文化再編』北海道大学図書刊行会.
――――　2008　『東北タイの開発僧――宗教と社会貢献』梓出版社.
佐藤寛編　2001　『援助と社会関係資本――ソーシャルキャピタル論の可能性』、アジア経済研究所.
佐藤誠　2003　「社会資本とソーシャルキャピタル」『立命館国際研究』16巻1号、1-30頁.
佐藤康行　1984　「交換理論の形態と論理――有賀喜左衛門とレヴィ=ストロースの交換理論を比較して」『社会学評論』34(4): 437-451頁.
――――　1997　「百姓の民際交流――タイ農民との交流から学んだこと」『開発・文化叢書』20、名古屋大学大学院国際開発研究科、1-195頁.
――――　1998　「東北タイ農民生活におけるジェンダーの構造」『ジェンダー――移動と後期近代』国際開発高等教育機構・国際開発研究センター、85-108頁.
――――　1999　「タイ・クメール人農村の家族構造に関する社会学的研究――スリン県プラサート郡ブルアン村の事例」『比較家族史研究』第14号、23-47頁.
――――　2002　『毒消し売りの社会史――女性・家・村』日本経済評論社.
――――　2007　「アジアの共同体比較」日本村落研究学会編『むらの社会を研究する』農文協、140-152頁.
重富真一　1996　『タイ農村の開発と住民組織』アジア経済研究所.
――――　1998　「第7章　農村協同組合の存立条件」加納啓良編『東南アジア農村発展の主体と組織――近代日本との比較から』アジア経済研究所、179-219頁.
白石正彦　1993　「アジアの農協はいかにして生まれどこに向かおうとしているのか」『自然と人間を結ぶ』1993年12月・1994年1月合併号、農文協、60-79頁.
杉山晃一　1976　「祖霊祭祀と死者供養――北部タイの一水田農村における事例研究――」『日本文化研究所研究報告』第十二集、東北大学日本文化研究所、101-139頁.
鈴木規之　2006　「第Ⅳ章第1節　グローバル化の中での都市と農村――開発と市民社会化、文化変容との交差」山口博一・小倉充夫・田巻松雄編著『地域研究の課題と方法　アジア・アフリカ社会研究入門［理論編］』文化書房博文社、177-203頁.
スミット、ヘーマサトン　野中耕一監修・坂田久美子編訳　1995　『イサーンの医者――農村医療と開発にかけたドクター・カセーの半生』大同生命国際文化基金.
セーリー、ポンピット　野中耕一編訳　1992　『村は自立できる――東北タイの老農』燦々社.
関泰子　1986　「タイ農村の社会構造に関する一考察――「屋敷地共住集団」概念をめぐって」『国際関係学研究』13号別冊、津田塾大学、1-19頁.
――――　1987　「現代タイ農村の変動と「屋敷地共住集団」」『国際関係学研究』14号別冊、津田塾大学、37-48頁.
――――　1992　「タイ農村社会における親子の農地をめぐる共同関係とその変容に関する一考察」『国際関係学研究』18号、津田塾大学、81-109頁.
高井康弘　1985　「北タイの祖霊と女性血族」『社会学雑誌』2、神戸大学社会学研究会、87-109頁.
――――　1988　「北タイ農村における親子共同の形態と性格」『社会学雑誌』5、神戸大学社会学研究会、153-188頁.
――――　1996　「北タイ農民の灌漑組織――1980年代中頃の事例」『社会学雑誌』14、神戸大学社会学研究会、169-182頁.
高橋敏　1996　『江戸の訴訟――御宿村一件顛末』岩波書店.
竹内隆夫　1989　「タイの家族・親族」北原淳編『東南アジアの社会学』、世界思想社、222-246頁.
田中淳子　2007　「貧困削減に資する農業開発事例の考察――東部インドネシアにおけるカカオ栽培」『国際協力研究』46号、19-28頁.
田辺繁治　1976　「ノーンパーマンの灌漑体系――ラーンナータイ稲作農村の民族誌的研究(1)」『国立民族学博物館研究報告』1巻4号、671-778頁.
――――　1978　「ラーンナータイ農村における環境認識」石毛直道編『環境と文化』日本放送出版協会、81-132頁.

―――― 2003 『生き方の人類学――実践とは何か』講談社.
―――― 2008 『ケアのコミュニティ――北タイのエイズ自助グループが切り開くもの』岩波書店.
チャウィーワン・プラチュアップモ 矢野秀武訳 1998 「近代化と家族戦略――中部タイのラーオ・ソーイ族の場合」竹沢尚一郎編『アジアの社会と近代化――日本・タイ・ベトナム』日本エディタースクール、53-90頁.
チャティプ・ナートスパー 野中耕一・末廣昭編訳 1987 『タイ農村経済史』井村文化事業社発行、勁草書房発売.
―――― 林行夫訳 1992 「タイにおける共同体文化論の潮流」『国立民族学博物館研究報告』17巻2号、523-558頁.
坪井ひろみ 2007 『グラミン銀行を知っていますか』東洋経済新報社.
ティム・メイ 中野正大監訳 2005 『社会調査の考え方』世界思想社.
友杉孝 1973 「タイ農業信用組合と村落社会」滝川勉・斉藤仁編『アジアの農業協同組合』アジア経済研究所、99-144頁.
―――― 1975 「チャオ・プラヤーデルタの稲作と社会」石井米雄編著『タイ国』創文社、83-111頁.
鳥越皓之 2008 『「サザエさん」的コミュニティの法則』NHK出版.
野沢慎司 2001 「ネットワーク論的アプローチ――家族社会学のパラダイム転換再考」野々山久也・清水浩昭編著『家族社会学の分析視角』ミネルヴァ書房、281-302頁.
野津隆志 2005 『国民の形成――タイ東北小学校における国民文化形成のエスノグラフィー』明石書店.
パースック／ベイカー 北原淳・野崎明監訳 2006 『タイ国――近現代の経済と政治』刀水書房.
橋本卓 1992 「農村の政治学――タイ農村をめぐる支配と政治」矢野暢編『東南アジアの政治』弘文堂、120-140頁.
畠山洋輔 2008 「近代社会における帰責のロジックとしての信頼――信頼論はいかにして信頼を記述するのか」『ソシオロジ』162、21-36頁.
パットナム、R.D. 河田潤一訳 2001 『哲学する民主主義――伝統と改革の市民的構造』NTT出版.
―――― 柴内康文訳 2006 『孤独なボウリング――米国コミュニティの崩壊と再生』柏書房.
ピッタヤー・ウォンクン 野中耕一訳 1993 『村の衆には借りがある――報徳の開発僧たち』燦々社.
プラウィット、ロチャナブルック 永井浩訳 1999 『タイ・インサイドレポート』めこん.
ベーク、S. A. 1992 『変化する世界 協同組合の基本的価値』日本協同組合連絡協議会.
ヘンリー・ホームズ／スチャダー・タントンタウィー 末廣昭訳 2000 『タイ人と働く』めこん.
ポンピライ、ルートウィチャー 野中耕一訳 1992 『濁流を越えて――南タイの果樹の里』燦々社.
マーティン、コリン 一木久生訳 『地獄へようこそ――タイ刑務所／2700日の恐怖』作品社.
水野浩一 1981 『タイ農村の社会組織』創文社.
矢野暢 1984 『東南アジア世界の構図』NHKブックス.
山本純一 2005 「連帯経済の構築と共同体の構造転換」内橋克人・佐野誠編『ラテンアメリカは警告する――「構造改革日本の未来」』新評論、289-313頁.
山本博史 1989 「農協組織率の低さの真の原因は」『協同組合経営研究月報』No.433、50-55頁.
―――― 1990a「開発輸入と協同組合――日・タイ農協間協力の28年間が教えるもの」『協同組合経営研究月報』12月号、No.447、45-55頁.
―――― 1990b 『東北タイにおける農業・農民生活の現状と農協経営改善協力（総合報告書）』（タイ国農業協同組合振興プロジェクト）.
―――― 1996「タイの協同組合――80年を迎えた現状と課題」『協同組合経営研究月報』6月号、No.513、3-8頁.
ユッタチャイ、チャルームンチャイ 野中耕一編訳 2005 『共生の森――ウィブーン村長の挑戦』燦々社.
渡辺京二 2007（1986） 『なぜいま人類史か』洋泉社.

## 英語文献

Anan, G., 1994, "The Northern Thai Land tenure Systems: Local Customs versus National Laws," *Law and Society Review*, 28 (3): 609-622.

Boonrerm, S., 1981, *Rice Banks in the Northern Region of Thailand*, Chiang Mai: YMCA.

Embree, J.F., 1950, "Thailand: a Loosely Structured Social System," *American Anthropologist*, 52(2): 181-193.

Hanks, L.H., 1975, "The Social Order as Entrourage and Circle," Skinner, G.W. and Kirsh, A. T. eds., *Change and Persistence in Thai Society: Essays in Honor of Lauriston Sharp*, Ithaca and London: Cornell University Press, pp. 197-218.

Hirsch, H., 1991, "What is the Thai Village?," Craig Reynolds ed., *National Identity and its Defenders*, Clayton, Centre of Southeast Asian Studies, pp. 323-340.

Ingersoll, J., 1975, "Merit and Identity in Village Thailand," Skinner, G. W. and Kirsh. A. T. eds., *Change and Persistence in Thai Society*, Ithaca: Cornell University Press, pp. 219-251.

Kaufman, H. 1960, *Bangkuad -A Community Study in Thailand,* New York: J.J. Augustin Incorporated Publisher, Locust Valley, New York.

Kemp, J., 1993, "On the Interpretation of Thai Villages," Hirsh, P. ed., *The Village in Perspective-Community and Locality in Rural Thailand*, Social Research Institute, Chiang Mai University, pp. 81-96.

Keyes, C. F., 1975, "Kin Groups in a Thai-Lao Community," Skinner, G.W. and Kirsh, A. T. eds., *Change and Persistence in Thai Society: Essays in Honor of Lauriston Sharp*, Ithaca and London: Cornell University Press, pp. 274-297.

―――, 1983, "Economic Action and Buddhist Morality in a Thai Village," *The Journal of Asian Studies*, 42(4): 851-868.

Kingshill, K., 1960, *Ku-Daeng: The Red Tomb*, Bangkok: Suriyaban Publishers.

Kirsh, A.T., 1975, "Economy, Polity, Religion in Thailand," Skinner, W. and Kirsh, A.T. eds., *Change and Persistence in Thai Society: Essays in Honor of Lauriston Sharp*, Ithaca and London: Cornell University Press, pp. 172-196.

Moerman, M., 1969, "A Thai Village Headman as Synaptic Leader," *The Journal of Siam Society*, 28(3): 535-549.

Phillips H., 1965, *Thai Pesant Personality: The PatterniNGOf Interpersonal Behavior in the Village of Bang Chan*, Berkeley: University of California Press.

Potter, J.M., 1976, *Thai Peasant Social Structure*, Chicago: Chicago University Press.

Preeda, P., Weera P., & Shigetomi, S., 1992, *Village Management Systems for Rural Development in Northerneast Thailand*, Tokyo: Institute of Developing Economics.

Sato, Yasuyuki, 2000, "On the Khmer Family System in Northeast Thailand: Its Historical Change and Ritual Chaactreistics," *Tai Culture*, Vol.5. No.1, Berlin: SEACOM, pp.104-116.

―――, 2005, *The Thai-Khmer Village: Community, Family, Ritual, and Civil Society in Northeasr Thailand*, Niigata: Graduate School of Modern Society and Culture, Niigata University.

―――, 2008, "Villager Organizations from the Perspective of Social Capital," Suzuki, N. and Somsak, S. eds., *Civil Society Movement and Development in Northeast Thailand*, Khon Kaen: Khon Kaen University Book Center, pp.93-112.

Seri P., ed., 1986, *Back to the Roots: Village and Self-Reliance in a Thai Context*, Bangkok: RUDOC & VIP.

Seri P. and Bennoun, R., eds., 1988, *Turning Point of Thai Farmers*, Bangkok: THIRD.

Seri P. with Hewison, K., 1990, *Thai Village Life: Cultural and Transition in the Northeast*, Bangkok: Thai Institute for Rural Development, Village Foundation.

Sharp, L. *et al.*, 1953, *Siamese Rice Village: A Preliminary Study of Bang Chan 1948-1949*, Bangkok: Cornell Research Center.

Sharp, L. and Hanks, L.M., 1978, *Bang Chan: Social History of a Rural Community in Thailand*, Ithaca and London: Cornell University Press.

Shigetomi, S., 1998, *Cooperation and Community in Rural Thailand: An Organizational Analysis of Participatory Rural Development*, Occasional Papers Series No. 35, Tokyo: Institute of Developing Economics,

Skinner, G.W. and Kirsh, A. T. eds., *Change and Persistence in Thai Society: Essays in Honor of Lauriston Sharp*, Ithaca and London: Cornell University Press.
Sulak Sivaraksa, 1992(1981), *Seeds of Peace: A Buddhist Vision for Renewing Society*, Berkley: Parallax Press.
―――, 1987, *Religion and Developemnt*, 3rd. Bangkok: Thai Cultural Forum.
Tannenbaum, N., 1992, "Households and Villages: The Political-Ritual Structures of Tai Communities," *Ethnology*, 31(3): 259-275.
Turton, C., 2000, *The Sustainable Livelihoods Approach and Programme Development in Cambodia*, ODI Working Paper 130, London: Overseas Development Institute.
Utong P., 1993, "The Thai Village from the Villagers' Perspective," Hirsh. P. ed., *The Village in Perspective-Community and Locality in Rural Thailand*, Chiang Mai: Social Research Institute, Chiangmai University, pp. 55-80.
Van R., E., 1971, *Economic Systems of Northern Thailand*, Ithaca and London: Cornell University Press.
Vandergeest, P., 1993, "National Identity and the Village in Rural Development," *5th International Conference on Thai Studies*, London: SOAS.
Warr, G. P., 1993, *The Thai Economy in Transition*, Cambridge: Cambridge University Press.
Wijeyewardene, G., 1967, "Some Aspects of Rural Life in Thailand," Silcock. T.H., ed., *Thailand: Social and Economic Studies in Developmen*, Canberra: Australian National University Press, pp. 65-83.
Young, S. B., 1968, "The Northeastern Thai Village: A Non- Participatory Democracy," *Asian Survey*, 8(11): 873-886.

**資料**

Center for Agricultural Statistics, Office of Agricultural Economics, Ministry of Agriculture and Co-operatives, *Agricultural Statistics of Thailand*, 1987-1988.
Credit Union League of Thailand (http://www.fao.org/docrep/006/ad491e/ad491e04.htm, Accessed: 3 May 2008)
北沢洋子　2006「世界の潮流　連帯経済について」
(http://www.jca.apc.org/~kitazawa/undercurrent/2006/what_is_solidary_economy_2006.htm, Accessed: 3 May 2008)
JICA, 2002, 「ソーシャル・キャピタルと国際協力――持続する成果を目指して――」(http://www.jica. go.jp/jica-ri/publication/archives/jica/field/2002-04.htm, Accessed: 17 February 2007)
(http://www.jica.go.jp/branch/ific/jigyo/report/field/2002_04.html, Accessed: 17 January 2007)
内閣府・経済社会総合研究所、2005、「コミュニティ機能再生とソーシャル・キャピタルに関する調査研究報告書」(http://www.esri.go.jp/jp/archive/hou/hou020/hou015.html, Accessed: 18 Feburary 2008)
National Statistical Office, Office of the Prime Minister, *Statistical Yearbook Thailand*, No. 33, 36, 1984, 1986.
日本協同組合連絡協議会 (JJC), 2002 (http://jicr.roukyou.gr.jp/hakken/2002/115/115W-3-2.pdf, Accessed: 2006)
OECD, 2001, *The Well-beiNGOf Nations: The Role of Human and Social Capital*.
(http://www.oecdtokyo.org/pub/sim/962001011p1.html, Accessed: 17 April 2008)
The Manager Company, Siam Studies & Department of Economics, Chiang Mai University, 1990, *Profile of Northern Thailand*, Chinag Mai: The Manager Company.
UNDP, 2007, *Thailand Human Development Report: Sufficiency Economy and Human Development*,
(http://www.undp.or.th/download/NHDR2007bookENG.pdf, Accessed: 3 April 2008)
World Bank, World Bank and Civil Society
(http://Web.worldbank.org/WBSITE/EXTERNAL/TOPICS/CSO/0,,pagePK:220469~theSitePK:228717,00. html, Accessed: 17 January 2007)

## タイ語文献（文献名）

Fai pramuan phon khomun khong phaen ngan krom songsoem sahakon krasuang kaset lae sahakon, 1997, *Sathiti sahakon nai prathet thai, 2540.*（タイ国内の協同組合にかんする統計）

Klum omsap phuea kan phalit, n.d., *Samut satca sasomsap.*（信用貯金記録帳）

Tambon makamluang amphoe sanpatong cangwat chiangmai, n.d., *Khomun ban tonkaeo*（トンケーオムラの資料）

*Khu mu khana kamakan muban*, n.d.（行政区長村長必帯）

Rankha chonnabot ban sawan, 2535 (1992), *Rankha chonnabot pi thi 8.*（地方の協同店 8年目）

Sahakon kan kaset sanpatong camkat, amphoe sanpatong cangwat chiangmai, 1990-1992, *Rai ngan kitcakam pracham pi 2533-5.*（チェンマイ県サンパトーン郡サンパトーン農協 1990-1992年度活動報告）

Sahakon kan kaset sanpatong camkat, amphoe sanpatong cangwat chiangmai, 1990, *Banyai sarup amphoe sanpatong cangwat chiangmai, 2533.*（チェンマイ県サンパトーン郡概要 1990年）

Sahakon kan kaset sanpatong camkat, amphoe sanpatong cangwat chiangmai, 1993, *Akhan caeleam prakiat somdetpratheprattanarachasudasayamboromrachakumari, 2536.*（シリントーン王女を祝賀する建物）

Sahakon kaset phonsai camkat, 1995, *Rai ngan kitcakam pracham pi 2538.*（1995年度の活動報告）

Samnakngan kaset amphoe phonsai, 1997, *Sarup phonkan damnoen ngan klum kasetrakon tham na yankam, 2540.*（ヤーンカム行政区稲作農民組合の活動成果にかんする概要）

Samnakngan kaset phonsai cangwat roiet, 1993, *Sarup ngan songsoem kan pracham pi 2538 (1993).*（ポーンサーイ農協の支援事業概要 1993年度版）

Trada C., n.d., *Rai ngan phon kan wicai rueang wikhro kan damnoen thurakit khong sahakon kan kaset sanpatong camkat.*（サンパトーン農協の経営にかんする研究報告）

Sanibat sahakon haeng prathet thai, 1992, *Wan sahakon haeng chat, 2535 (1992).*（タイ国家協同組合の日）

タイ人のみ慣習に従って名・姓の順で記載した。

# 索引

## 人名

赤木攻……13, 16, 176, 273
綾部恒雄……8, 273
有賀喜左衛門……21
石井米雄……8, 44, 47, 86, 273, 275
岩田慶治……8, 273
インゲルソル、J……76
ウィジェイェワルデネ、G……76
ウェーバー、マックス……15, 273
ウトン・P……12, 29, 30, 76
エンブリー、ジョン……16, 26
尾中文哉……32, 273
カーシュ、トーマス……16, 59
カイズ、チャールズ……265
カウフマン、ハワード……16, 25, 43
鹿毛利枝子……18, 22, 273
北原淳……9, 11, 16, 17, 32, 174, 262, 273
キングスヒル、コンラート……25
口羽益生……9, 175, 230, 232, 273
グラノヴェター、マーク……19, 273
ケンプ、ジェレミー……28, 29
コールマン、J.S.……12, 197, 273
サーリンズ、マーシャル……19, 20, 34, 60, 62, 63, 191, 214, 260, 273
斎藤仁……143, 144
櫻井義秀……9, 17, 274
重冨真一……9, 11, 12, 16, 17, 30, 32, 42, 54, 78, 104, 125, 130, 139, 143, 145, 172, 174, 175, 177, 244, 251, 252, 254, 264, 268, 274
鈴木規之……9, 274
スミット・ヘーマサトン……274
セーリー・ポンピット……12, 15, 17, 27, 274
関泰子……173, 176, 274
タオ師……54, 252
高井康弘……30, 55, 172, 173, 176, 251, 274
竹内隆夫……16, 132, 173, 174, 273, 274
武邑尚彦……175, 230, 232, 273

田辺繁治／Tanabe……9, 18, 55, 66, 81, 88, 172, 251, 258, 259, 274
チャウィーワン・プラチュアップモ……13, 275
チャティプ・ナートスパー……9, 11, 27, 28, 29, 31, 58, 275
友杉孝……25, 144, 145, 275
鳥越皓之……19, 59, 275
ナーン師……27, 54
野津隆志……120, 275
ハーシュ、フィリップ……28
パースック／ベイカー……29, 31, 171, 173, 182, 247, 256, 275
パットナム、ロバート……9, 12, 16, 18, 19, 197, 260, 261, 268, 269, 275
ハンター、バーナード……146
バンダーギースト、ピーター……27
ピッタヤー、ウォンクン……15, 17, 27, 275
フィリップス、ハーバート……16, 25
プラウィット、ロチャナブルック……15, 275
プラヴェート・ワシー……27
ベーク、S.A.……143, 275
ヘンリー・ホームズ／スチャダー・タントンタウィー……84, 275
ポッター、ジャック……16, 26, 43, 44, 173
ポランニー、カール……20, 60
ポンピライ・ルートウィチャー……11, 15, 17, 31, 275
マーティン、コリン……256, 275
水野浩一……8, 9, 12, 14, 16, 26, 27, 174, 175, 178, 191, 194, 230, 265, 275
宮澤喜一……120
モアマン、マイケル……84
矢野暢……12, 29, 275
ヤング……28, 29
ユッタチャイ、チャルームンチャイ……15, 275

# 事項

## あ行

愛他主義……19, 59, 265, 270
一村一寺……74, 87, 249, 258
イデオロギー……27, 258, 261, 265, 266
牛銀行……49, 53, 187, 252
SML……105, 261
NGO……9, 16, 27, 33, 38, 40, 41, 42, 48, 51, 53, 54, 62, 68, 69, 70, 79, 86, 90, 96, 98, 99, 100, 102, 103, 105, 120, 121, 130, 134, 135, 136, 138, 139, 143, 167, 196, 200, 251, 252, 253, 254, 276, 277
 CCF……49
 FARM……69, 70, 79, 80, 200
 GRID……100, 102
オジ／オバ・オイ／メイ……193, 263, 267, 268

## か行

回転信用組合……260
灌漑組合……33, 53, 54, 55, 56, 61, 62, 79, 80, 81, 82, 83, 88, 89, 181, 199, 200, 250, 251, 262
喜捨（の精神）……59, 87, 92, 105, 141, 258, 261
木彫り組合……68, 69, 79, 80, 90, 91, 199
気前のよさ……19, 20, 59, 141, 196, 216, 217, 219, 220, 258, 259, 262, 265, 268, 269, 271, 272
共働……184, 185, 192, 196
共働・共食……172, 174, 175, 176, 177, 178, 183, 184, 185, 186, 187, 191, 192, 194, 195, 196, 204, 205, 214, 215, 216, 222, 223, 224, 226, 229, 230, 231, 235, 236, 237, 241, 243, 262, 263, 265, 270
共働・分割……175
協同組合……15, 66, 97, 103, 135, 143, 146, 147, 149, 154, 155, 156, 159, 161, 162, 163, 164, 165, 181, 250, 277
共同体……11, 17, 18, 21, 27, 28, 29, 30, 31, 32, 55, 73, 174, 216, 259, 260, 262, 269
協同店……18, 21, 99, 103, 104, 105, 121, 122, 123, 124, 126, 127, 135, 136, 137, 138, 139, 140, 141, 143, 165, 167, 236, 252, 253, 255, 257, 261
共有地……30, 33, 50, 51, 54, 61, 67, 72, 73, 78, 83, 85
均分相続……172, 173, 176, 177, 178, 194, 195, 214, 215, 219, 231
クーイ人……31, 174
薬基金……101
組（近隣組）……5, 36, 40, 41, 50, 51, 56, 57, 58, 70, 71, 72, 85, 88, 95, 96, 102, 113, 115, 116, 117, 134, 248, 252
クメール人／語……8, 13, 14, 29, 31, 109, 110, 114, 131, 132, 133, 134, 139, 140, 174, 235
グラミン銀行……13, 255, 256
クレジット・ユニオン……100, 103, 104, 129, 135, 137, 138, 252, 254, 267
経営委託……81, 172, 174, 177, 178, 183, 184, 186, 188, 189, 190, 192, 193, 194, 196, 200, 205, 206, 207, 208, 209, 210, 214, 215, 216, 217, 225, 231, 244, 262, 264
 無償の……172, 183, 188, 205, 264
 有償の……172, 207
経済資本……154, 249
経団連……120
小作料……68, 174, 204, 211, 214, 216, 217, 218, 219, 265
 刈分小作……173, 184, 185, 188, 189, 190, 196, 203, 207, 208, 211, 212, 218
 定額小作……68, 203, 204, 211, 214, 216, 218, 219
互酬性……18, 19, 20, 21, 34, 59, 60, 62, 63, 87, 177, 178, 179, 191, 192, 193, 194, 196, 197, 216, 217, 218, 219, 232, 233, 244, 245, 257, 258, 259, 260, 261, 262, 263, 264, 265, 266, 267, 268, 269, 270, 271, 272
 ——の規範……18, 20, 62, 87, 257
 一般的互酬性……19, 21, 59, 62, 178, 191, 193, 196, 216, 217, 218, 219, 232, 233, 244, 245, 257, 258, 259, 260, 261, 262, 263, 264, 265, 266, 267, 268, 269, 270, 271, 272
 均衡的互酬性……19, 21, 178, 193, 194, 196,

216, 218, 244, 257, 263, 265, 266, 267, 268, 271, 272
否定的互酬性……20, 63
国家経済社会開発計画……5, 39
コミュニティ……5, 8, 16, 17, 18, 25, 26, 42, 43, 46, 49, 52, 59, 60, 61, 76, 138, 141, 250, 258, 259, 277
──・センター……43, 49, 60, 138, 141, 258
米銀行……11, 18, 33, 42, 43, 52, 53, 54, 61, 75, 78, 79, 80, 83, 85, 90, 99, 103, 117, 121, 124, 125, 126, 135, 138, 139, 141, 143, 165, 167, 199, 250, 252, 253, 260, 261
米倉焼失……269

## さ行

再分配……20, 21, 34, 60, 87, 88, 138, 141, 178, 191, 192, 196, 243, 257, 258, 263, 271, 272
30バーツ医療制度……250
幸せの基金……105, 261
寺院……12, 21, 25, 26, 30, 33, 35, 36, 40, 41, 42, 43, 44, 45, 46, 47, 49, 51, 58, 59, 60, 70, 71, 72, 73, 74, 75, 76, 78, 81, 83, 85, 87, 88, 94, 95, 96, 97, 102, 103, 113, 114, 116, 117, 118, 119, 120, 122, 124, 128, 133, 141, 211, 228, 249, 250, 252, 257, 258, 259, 264, 272
　寺院委員会……40, 43, 44, 47, 58, 74, 118, 119, 249
　寺院へ食事を運ぶ組……252
地代代わりの収穫米（カーフア）……189, 192, 205, 206, 207, 208, 209, 215, 216, 217, 231, 244
地主小作関係……216, 218, 219, 265, 272
市民社会（論）……9, 10, 15, 165
JICA……12, 277
住民会議……5, 33, 38, 40, 62, 67, 68, 70, 73, 74, 84, 85, 87, 94, 114, 117, 119, 270
奨学金……47, 48, 77, 98, 120, 250
小学校……5, 25, 26, 36, 37, 38, 41, 42, 46, 47, 48, 49, 50, 51, 52, 57, 59, 60, 61, 65, 66, 72, 74, 76, 77, 83, 94, 96, 97, 98, 103, 110, 117, 118, 120, 137, 159, 161, 199, 211, 227, 229, 249, 250
　──委員会……47, 77, 94, 120
招魂儀礼（セン・ピー／リアック・クワン）……259, 266
上座仏教……59, 86, 87, 92, 141, 178, 258, 259, 261, 264, 265, 271
正直・誠実……20, 33, 63, 89, 90, 91, 104, 105, 137, 140, 164, 165, 167, 196, 268, 271, 272
人的資本……12, 13, 20, 33, 91, 92, 104, 136, 154, 164, 167, 253, 254, 255, 257, 261
人的ネットワーク……18, 20, 52, 91, 197, 254, 255, 257, 270, 272
信頼（論）……12, 17, 18, 19, 53, 61, 62, 84, 104, 137, 139, 140, 165, 229
水牛銀行……131, 252
スー・クワン……259, 260, 266
スラユット政権……105, 250
青年会……11, 42, 49, 199
精米組合……11, 101, 103, 252
精米所……100, 101, 130, 131, 135, 136, 190, 228, 250
世界銀行……12, 17
世帯基礎調査（票）……5, 10
僧衣寄進祭……48, 59, 87, 95, 96, 114, 119, 257, 258
葬式組合……33, 53, 56, 61, 79, 80, 81, 83, 89, 101, 129, 135, 136, 138, 139, 141, 199, 250, 251, 252, 257
贈与……19, 21, 103, 104, 178, 191, 192, 196, 216, 218, 219, 220, 245, 260, 261, 262, 263, 264, 265, 266, 267
ソーシャルキャピタル……9, 12, 13, 14, 16, 17, 18, 19, 20, 22, 33, 34, 56, 59, 62, 63, 83, 87, 89, 90, 91, 102, 104, 105, 129, 134, 136, 138, 139, 141, 164, 165, 167, 178, 179, 191, 193, 196, 214, 219, 220, 247, 257, 258, 259, 260, 264, 265, 266, 267, 270, 271, 272
村落（ムラ）……5, 6, 7, 8, 10, 11, 12, 13, 15, 17, 21, 22, 25, 26, 27, 28, 29, 30, 31, 32, 33, 36, 37, 38, 39, 40, 41, 42, 43, 44, 46, 52, 53, 56, 57, 58, 59, 60, 61, 62, 66, 67, 68, 70, 71, 72, 73, 74, 75, 76, 78, 80, 81, 82, 83, 84, 85, 86, 87, 88, 89, 90, 94, 95, 96, 99, 101, 102, 103, 107, 110, 111, 114, 115, 116, 117, 118, 120, 121, 126, 130, 131, 132, 133, 134, 135, 138, 140, 141, 144, 156, 161, 164, 165, 178, 216, 247, 248, 249, 250, 252, 255, 256, 257, 258, 259, 260, 262,

265, 267, 268, 269, 270, 271, 272
――の守護霊……12, 21, 30, 33, 83, 86, 87, 102, 110, 114, 132, 133, 140, 248, 249, 259
――委員会……5, 11, 28, 31, 32, 33, 37, 38, 39, 40, 41, 56, 57, 58, 67, 70, 71, 83, 84, 96, 102, 111, 114, 115, 116, 117, 134, 141, 247, 248
――機能……31, 59, 60, 61, 75, 82, 85, 87, 88, 89, 138, 141, 249, 258, 259
――基金／中央基金……5, 31, 60, 74, 85, 86, 94, 95, 96, 98, 103, 114, 116, 120, 247, 257
――復興基金……86, 247

## た行

第三世界……10, 18, 143, 144
タックシン政権……85, 105, 247
タンボン自治体……5, 22, 57, 59, 111, 112, 115, 134, 136, 139, 248
――委員……59, 111, 112, 115, 134, 136, 139, 248
タンボン評議会……5, 37, 39, 57, 67, 70, 111
地域開発局（CDD）……5, 78, 129, 253
地区基礎保健センター……5, 94, 112, 113, 250
知足経済……256, 262
「父親（pho khun）」……66, 69, 84, 85
地方開発促進事務所（Ro Pho Cho）……5, 99, 121, 122, 135
長老（制）……31, 58, 248
貯蓄組合……11, 21, 42, 45, 49, 52, 53, 60, 61, 62, 69, 70, 73, 78, 79, 80, 83, 85, 90, 91, 92, 100, 103, 104, 126, 127, 128, 129, 135, 138, 139, 140, 143, 165, 167, 188, 199, 200, 252, 253, 254, 257, 260, 261, 267
漬物組合……68, 78, 79, 80, 90, 91
得度（式）……44, 60, 75, 178, 258
ドーン・ター……29, 131, 132, 140
ドンデーン村……26, 175, 177

## な行

ニヤ・パー……173, 184, 190, 194, 196, 203, 211, 212
農協（農業協同組合）……5, 15, 18, 22, 42, 43, 66, 79, 82, 89, 120, 143, 144, 145, 146, 147, 148, 149, 150, 151, 152, 153, 154, 155, 156, 157, 158, 159, 160, 161, 162, 163, 164, 165, 166, 167, 181, 222, 250, 251, 256, 257, 261, 262, 267, 278
農業・農協銀行（Tho Ko So；英語BAAC）……5, 15, 89, 120, 144, 145, 146, 148, 149, 152, 153, 154, 161, 162, 164, 166, 181, 251, 256, 267
農民組合……99, 101, 130, 131, 135, 151, 162, 163, 250, 251

## は行

バーン・チャン……8, 16, 25, 26
パトロン・クライアント関係……166, 261
ピー・プーニャー……173
貧困者医療費免除証……57, 66, 108
ブーター……29, 30, 96, 102, 131
婦人会……11, 42, 48, 49, 53, 57, 68, 69, 70, 74, 78, 79, 80, 84, 90, 91, 102, 104, 117, 118, 123, 127, 128, 135, 140, 187, 199, 252, 254
仏教日曜学校……44
物的資本……12, 20, 33, 136, 258, 259
舟競技……133, 140
プミポン国王……256, 262
プロテスタント……255
保育園……36, 41, 49, 50, 51, 53, 61, 74, 76, 77, 113, 118, 128, 135
保健所……36, 118, 250
保健ボランティア（O So Mo）……5, 39, 43, 95, 112, 134, 141, 247, 250
　熟練――（O So Mo Cho）……5

## ま行

道普請……72, 73
村仕事……30, 33, 50, 51, 61, 67, 72, 73, 86, 96
メーテン・ダム……66, 81, 199, 200
モラル・エコノミー／経済倫理……59

## や行

屋敷地共住集団……14, 21, 26, 174, 175, 176, 177, 178, 191, 230, 263, 265, 271, 272
養子……242, 243, 245, 265, 267, 268

養親……245, 265, 268

## ら行

レオテーのハビトゥス……86, 87, 117, 125, 129, 130, 256
連帯経済……15, 277
ローンケーク……241, 268, 269, 271, 272

## わ行

我々意識……30, 33, 85, 88, 134, 140, 249

# あとがき

　本書は、1990年に初めて北タイ農村調査をおこなって以来1997年まで継続してきた農村の村落と生活の変化に関する研究成果である。1998年からはタイ・クメール人の農村研究に取り組み、それは既に英文で出版する機会があったのに対して、この初期の研究成果を出版する機会になかなか恵まれなかった。その後、タイでは1997年の通貨危機および2006年のクーデタの発生と激動し、本研究以降タイ社会は大きく変化している。そのため、現在のタイ農村はタックシン政権が農民に提供した政策の検討を抜きにして理解することはできない。むしろ、タックシン政権以後の農村・農民をとらえるためにも、それ以前の農村と農民生活に関するデータそれ自体が貴重であり、きちんと理解しておく必要があると考え、本書を出版する意義があると考えた。このたび出版するにあたってもとのフィールドノートにあたりなおしてデータを確認修正するとともに、いずれの論文もソーシャルキャピタル論の観点からの考察をくわえ大幅に加筆・修正をおこなった。そのため、原形をとどめていないほど修正した章も少なくない。その反対に、第5章のようにあまり手を加えていない章もある。

　以下、各章の初出のタイトルと年次、発表雑誌を記しておく。

　　序章　タイ農村研究と本書の課題（書き下ろし）
　第1部　村落形成と住民組織
　　第1部の問題設定（書き下ろし）
　　第1章　北タイ農村の村落構造に関する一考察——村落の政治的支配をめぐって（『人文科学研究』81輯、新潟大学人文学部、1992年、127-159ページ）
　　第2章　北タイ農村における村落の形成過程に関する一考察——チェンマイ県サンパトーン郡マッカムルン区トンケーオ村の事例（『人文科学研究』85輯、1994年、1-49ページ）
　　第3章　（書き下ろし）

第4章　東北タイ農村の生活組織の変容に関する実証的研究 (『協同組合奨励研究報告』23輯、家の光出版総合サービス、1997年、319-356ページ)
　　　第5章　タイ農協の発展に関する一考察——サンパトーン農協とポンサーイ農協とを比較して (『人文科学研究』92輯、1996年、39-68ページ)
　第2部　土地利用と生活協同
　　　第2部の問題設定 (書き下ろし)
　　　第6章　北タイの一村落における世帯間農業共同の諸形態——ランプーン県メーター郡タカ区タカ村の事例 (『人文科学研究』82輯、1992年、159-182ページ)
　　　第7章　北タイ農村の親子の世帯間農業共同——チェンマイ県サンパトーン郡マッカムルン区トンケーオ村の事例 (『村落社会研究』28集、農文協、1992年、131-168ページ)
　　　第8章 (書き下ろし)
　　　第9章 (書き下ろし)
　　　終章 (書き下ろし)

　本書に収録された論文の調査研究は、以下の資金援助を得ておこなった。松下国際財団の助成金 (1989年前期) によって1990年3月から9月まで北タイ農村調査に従事した。これ以外に、1992年と93年に私費で北タイ農村調査に従事し、日本学術振興会 (拠点大学交流) の助成金によって1994年8月と95年8月、全国農業協同組合奨励賞の助成金によって1996年8月、国際開発高等教育機構のジェンダー研究会の助成金によって1997年8月に東北タイのローイエット県の農村調査を実施した。記して各位に感謝したい。
　北タイでは部屋を1つ借りて、東北タイでは部屋を借りることができないこともあり、家屋のフロアーに蚊帳を吊って寝て、起きるとそれをかたづけるという生活で住まわせてもらいながら農村調査をおこなった。ご不便をおかけしたにもかかわらず、快く住まわせていただいた村の方々やわたしの質問に快く答えていただいたみなさまにお礼申し上げる。宿泊してきた人たちから、「タイではわたしたちがおかあさん、おとうさんだからいつでも来なさい」と言われたが、ほんとうにとても暖かく受け入れていただいたことに感謝申し上げる。

その後再訪する機会があったが、わたしにとってとても大切な思い出になっている。

　本書に収録されている論文で従事した調査以後、1998年にクメール人の調査を1年間、国際交流基金の援助でおこなった。その後、2000年度から3年間科研費（櫻井義秀氏代表）で、2005年度から3年間科研費（鈴木規之氏代表）で、それぞれ東北タイ農村において市民社会の可能性を模索する調査をおこなった。科研費調査で一緒に共同研究してきた琉球大学法文学部の鈴木規之教授、北海道大学大学院の櫻井義秀教授から多くのことを身近に接して学ぶことができた。協同することが幅を広げ理解を深めるという経験を学ぶことができたとともに、それを通して研究を進めることができたことは何より有益であった。この共同研究は市民社会と住民組織をどのように結びつけるのかといった問題意識から研究を進めてきたことから、ソーシャルキャピタルに対する理解が深まり、本書を執筆する上でたいへん参考になった。

　研究者の駆け出しの頃は、日本の農漁村の調査を歴史的変容に焦点を当てておこなってきた。その後、海外調査をしてみてやはり研究の幅が広がり、歴史研究の視点と比較社会の視点を持つことができたことは有意義であった。現在から見ると、当時の調査はバンコクに出稼ぎに行った先の調査がなされていないなど不十分な点が目につく。1998年以降、スリン県内の農村、バーン・プルアン、クワオシナリン村、ノーン・コーン村、チョンプラ町、ムアンリン村の調査と続き、これらの調査データの整理に追われたため、本書に所収した村に再調査に行く機会を失い最新のデータを本書で提供できなかった。1998年以降のスリン県内の農村研究成果の一部は既に英文の本として出版しているので機会があれば参考されたい［Sato 2005］。農村に泊まり込みながら調査をおこなってきたことは、わたしにとって懐かしい思い出である。現在からすると、このときの経験が何よりの財産になっている。

　先のおふたり以外に科研の仲間、茨城大学の岩佐淳一教授や泉経武氏、浦崎雅代氏、さらにわたしの最初のタイ農村調査のさいの共同研究者であった三重大学の武笠俊一教授、国際開発高等教育機構のジェンダー研究会にお誘いいただいた現筑波大学の内山田康教授にもお礼申し上げる。タイ側では、チェンマイ大社会科学部のバンスーン教授、セクシン准教授とゴスン准教授、シーナカ

リンヴィロート大学アジア研究所所長のプラップルン・コンチャナ助教授、スリン地域総合大学のアチャラー・パヌラット学長、スクサー・パハマ副学長、シワポーン・シーサマイ講師、ローイエット県の県議会議員のスパープ・チャンピロム氏、1998年以来お世話になっているバーン・プルアンの人々、そして2006年から調査を始めたチョンプラ郡チョンプラ町でお世話になっている小学校校長のプラサート・ブンセーン氏、東北タイ南部の一帯にあるクメール遺跡を見学に連れていってくれた中等学校副校長のヴィラート氏らのお世話になった。チュラーロンコーン大学経済学部教授のチャティプ・ナートスパー氏からも、これまで個人的に暖かい御意見ををいただいた。これらの方々に感謝申し上げる（いずれも当時の肩書きである）。

　タイ農村での研究のみならず、日本でも日本の農民がタイ農民と交流している姿を追いかけた。ローイエット県の農民と交流していた新潟県の有機農業研究会の代表者とご一緒してタイ農民との交流に参加した。その後、日本農民とタイ農民との交流調査を通して、日本各地でタイ農民と交流している全国の人々を宮城県、山形県、新潟県、佐賀県、鹿児島県と訪ね歩いた。そこでは、日本の農民がタイ農民との交流を通して村づくり・地域づくりをおこなっていた。その成果は、「百姓の民際交流――タイ農民との交流から学んだこと」(『開発と文化叢書』20巻、名古屋大学大学院国際開発研究科、1997年) として出版している。機会があれば目を通していただきたい。

　研究というものが書籍や論文というテキストのネットワークを通して、また学会やフィールドなどでの人的交流を通して、多くの目に見えない方々によって支えられ構築されていることを痛感する。1人1人のお名前をあげることができないが、あらためて各位にたいしてお礼申し上げる。最後に、めこん社長の桑原晨氏には本書の編集についてお世話になった。お礼申し上げる。

　なお、本書は独立行政法人日本学術振興会平成20年度科学研究費補助金（研究成果公開促進費）の交付を受けて出版した。


2008年9月

著者

佐藤康行（さとう・やすゆき）
1953年群馬県生まれ。
1984年、東北大学大学院教育学研究科博士後期課程単位取得退学。
現在、新潟大学人文学部教授　博士（教育学）
専攻　社会学、タイ地域研究

**主要著書・訳書**

ed. *Thai Studies in Japan: 1996-2006,* The Japanese Society for Thai Studies, 2008.
*The Thai-Khmer Village: Community, Family, Ritual, and Civil Society in Northeast Thailand*, Graduate School of Modern Society and Culture, Niigata University, 2005.
共編著　『変貌する東アジアの家族』早稲田大学出版部、2004年。
　　　　『毒消し売りの社会史──女性・家・村──』日本経済評論社、2002年。
　　　　「百姓の民際交流──タイ農民との交流から学んだこと」『開発と文化』叢書20輯、名古屋大学大学院国際開発研究科、1997年。
訳　書　ジェラード・デランティ『グローバル時代のシティズンシップ』日本経済評論社、2004年ほか。

---

## タイ農村の村落形成と生活協同
### 新しいソーシャルキャピタル論の試み

初版第1刷発行　2009年2月5日

定価4500円＋税

著　　　佐藤康行
装丁　　水戸部功
発行者　桑原晨
発行　　株式会社めこん

〒113-0033　東京都文京区本郷3-7-1　電話03-3815-1688　FAX03-3815-1810
URL: http://www.mekong-publishing.com

組版　字打屋
印刷　太平印刷社
製本　三水舎

ISBN978-4-8396-0220-8　C3036　¥4500E

3036-0901220-8347

**JPCA 日本出版著作権協会**
http://www.e-jpca.com/

本書は日本出版著作権協会（JPCA）が委託管理する著作物です。本書の無断複写などは著作権法上での例外を除き禁じられています。複写（コピー）・複製、その他著作物の利用については事前に日本出版著作権協会（電話03-3812-9424 e-mail：info@e-jpca.com）の許諾を得てください。

## オリエンタリストの憂鬱
―― 植民地主義時代のフランス東洋学者と
　　アンコール遺跡の考古学
藤原貞朗
定価4500円+税

19世紀後半にフランス人研究者がインドシナで成し遂げた学問的功績と植民地主義の政治的な負の遺産が織りなす研究史。

## 変容する東南アジア社会
―― 民族・宗教・文化の動態
加藤剛編・著
定価3800円+税

「民族間関係」、「移動」、「文化再編」をキーワードに、周縁地域に腰を据えてフィールドワークを行なってきた人類学・社会学の精鋭による最新の研究報告。

## 現代タイ動向 2006-2008
日本タイ協会編
定価2500円+税

2006年のクーデタからタックシン追放まで揺れに揺れたタイ情勢をタイ研究者たちがリアルタイムでレポートし、的確な分析を加えました。

## タイ仏教入門
石井米雄
定価1800円+税

タイであのように上座仏教が繁栄しているのはなぜか？ 若き日の僧侶体験をもとに碩学がタイ仏教の構造をわかりやすく説いた名著。

## ラオス農山村地域研究
横山智・落合雪野編
定価3500円+税

社会、森林、水田、生業という切り口で15名の研究者がラオスの農山村の実態を探った初めての本格的な研究書。ラオス研究の最先端に立つ書です。

## ヴィエンチャン平野の暮らし
―― 天水田村の多様な環境利用
野中健一編
定価3500円+税

ヴィエンチャン郊外の農村を拠点に長期にわたって続けられたフィールドワークの集大成。農業生態学、動物地理学、林学など、自然科学からのアプローチがユニークです。

## フィリピン歴史研究と植民地言説
レイナルド・C.イレート他　永野善子監訳
定価2800円+税

アメリカのオリエンタリズムと植民地主義に基づいたフィリピン研究を批判。ホセ・リサールの再評価を中心にフィリピンの歴史を取り戻そうという試みです。

## 緑色の野帖
―― 東南アジアの歴史を歩く
桜井由躬雄
定価2800円+税

ドンソン文化、インド化、港市国家、イスラムの到来、商業の時代、高度成長、ドイモイ……東南アジア各地を歩きながら、3000年の歴史を学んでしまうという仕掛けです。

## 東南アジアのキリスト教
寺田勇文編
定価3800円+税

フィリピン、タイ、ビルマ、カンボジア、ベトナム、マレーシア……多様な東南アジアのキリスト教について各地のフィールドからの報告。